Helmut Müller, Hrsg.

**Konstruktive Gestaltung und Fertigung
in der Elektronik**

Band 2: Prinzipien konstruktiver Gestaltung

Konstruktive Gestaltung und Fertigung in der Elektronik

Herausgegeben von Helmut Müller

Die Innovationen der Elektronik haben heute ihren Schwerpunkt in der Prozeßtechnik, in der Kommunikationstechnik und Datentechnik. Die Reihe *„Konstruktive Gestaltung und Fertigung in der Elektronik"* will deshalb einem notwendigen Informationsbedürfnis im Entwicklungsbereich der konstruktiven Gestaltung elektronischer Produkte und ihrer Fertigung entsprechen und anwendungsbezogenes Wissen für die Hochschulen und die Praxis aufbereiten.

Band 1
Elementare integrierte Strukturen

von Helmut Müller

Band 2
Prinzipien konstruktiver Gestaltung

von Georg Bieber, Gerhard Fischer, Hans Freutel, Ulrich Haack, Wolfgang Latsch, Hans-Joachim Ludwig, Herbert Mayer, Holger Meinel und Helmut Müller

Zeichnungen, Darstellungen, Schaltungsdokumentationen in der Elektrotechnik

von Helmut Müller, Karl Hermann Breuer und Helmut Fritzsche

Helmut Müller (Herausgeber)

Georg Bieber, Gerhard Fischer, Hans Freutel,
Ulrich Haack, Wolfgang Latsch, Hans-Joachim Ludwig,
Herbert Mayer, Holger Meinel und Helmut Müller

Prinzipien konstruktiver Gestaltung

Mit 322 Bildern und 36 Tafeln

Friedr. Vieweg & Sohn   Braunschweig / Wiesbaden

CIP-Kurztitelaufnahme der Deutschen Bibliothek

Prinzipien konstruktiver Gestaltung/Helmut
Müller (Hrsg.), Georg Bieber ... — Braunschweig;
Wiesbaden: Vieweg, 1983.
  (Konstruktive Gestaltung und Fertigung in
  der Elektronik; Bd. 2)
  ISBN 3-528-04201-X

NE: Müller, Helmut [Hrsg.]; Bieber, Georg
[Mitverf.]; GT

1983

Alle Rechte vorbehalten
© Friedr. Vieweg & Sohn Verlagsgesellschaft mbH, Braunschweig 1983

Umschlaggestaltung: Peter Lenz, Wiesbaden
Satz: R. E. Schulz, Dreieich
Druck: Lengericher Handelsdruckerei, Lengerich
Buchbinderische Verarbeitung: W. Langelüddecke, Braunschweig
Printed in Germany

ISBN 3-528-04201-X

Vorwort

Ausgehend von der Erkenntnis, daß die Prozesse konstruktiver Gestaltung in der Elektronik von einem Prinzipienkanon betroffen sind, der durch die Maschinentechnik und die weitgehend mechanisch orientierte Gerätetechnik nicht hinreichend erfaßt wird, ist es die Absicht des Bandes 2 der Werkreihe „Konstruktive Gestaltung und Fertigung in der Elektronik", den komplexen Wechselwirkungszusammenhang mit elektromagnetischen Einflußgrößen durch exemplarische Varianten des Konstruktionsprozesses aufzuzeigen.

Der vorliegende Band ist als Lehrbuch für die studentische Ausbildung an Hochschulen und als weiterbildendes Werk für die Ingenieurpraxis gedacht.

Besonderen Dank gilt den Unternehmen der Elektronik/Nachrichtentechnik, die ihren Mitarbeitern die Möglichkeit einräumten, als praxiserfahrene Autoren tätig zu sein. Dank gilt aber auch dem Verlag, insbesondere dem Lektorat Technik, für seine stete Bereitschaft, schwierige Sachverhalte zu lösen und eine zahlenmäßig umfangreiche Autorenschaft zu betreuen.

Helmut Müller

Dortmund, September 1982

Inhaltsverzeichnis

1 Einleitung

von Prof. Helmut Müller, Fachhochschule Dortmund

Prinzipien konstruktiver Gestaltung bilden schon frühzeitig die Basis wissenschaftlich orientierter Konstruktionslehren oder Konstruktionsmethodologien.

So leitet *Kesselring* seine Gestaltungslehre von fünf übergeordneten Gestaltungsprinzipien ab, beispielsweise dem Prinzip des minimalen Gewichts (Leichtbau) [1.1]. Die von *Leyer* entwickelte Gestaltungslehre fußt ebenfalls auf Prinzipien, hier im Sinne von Regeln zu verstehen [1.2]. Die Grundlagen konstruktiver Gestaltung bei *Tschoner* gehen von den vier Realitäten Funktionsprinzip, Prinzip der Werkstoffgerechtheit, Prinzip der Formgerechtheit und Prinzip der Abmessung aus [1.3].

Im Sinne einer Grundlage für eine spezielle Konstruktionslehre oder Konstruktionsmethodologie der Elektronik ist die folgende Prinzipiendarstellung nicht zu verstehen. Wenn hier auch zweifellos die Ansätze für ein solches Entstehen aufgezeigt sind, so ist die Intension, Konstruktionsprinzipien der Elektronik zu benennen und darzustellen die, exemplarische Varianten des Konstruktionsprozesses aufzuzeigen und praxisnahe Lösung mit einem hohen Anwendungswert wiederzugeben. Es lag auch in der Intension diesen Part praxiserfahrenen Autoren zu übertragen.

So stellt *W. Latsch* das Prinzip der toleranzgerechten Gestaltung dar.

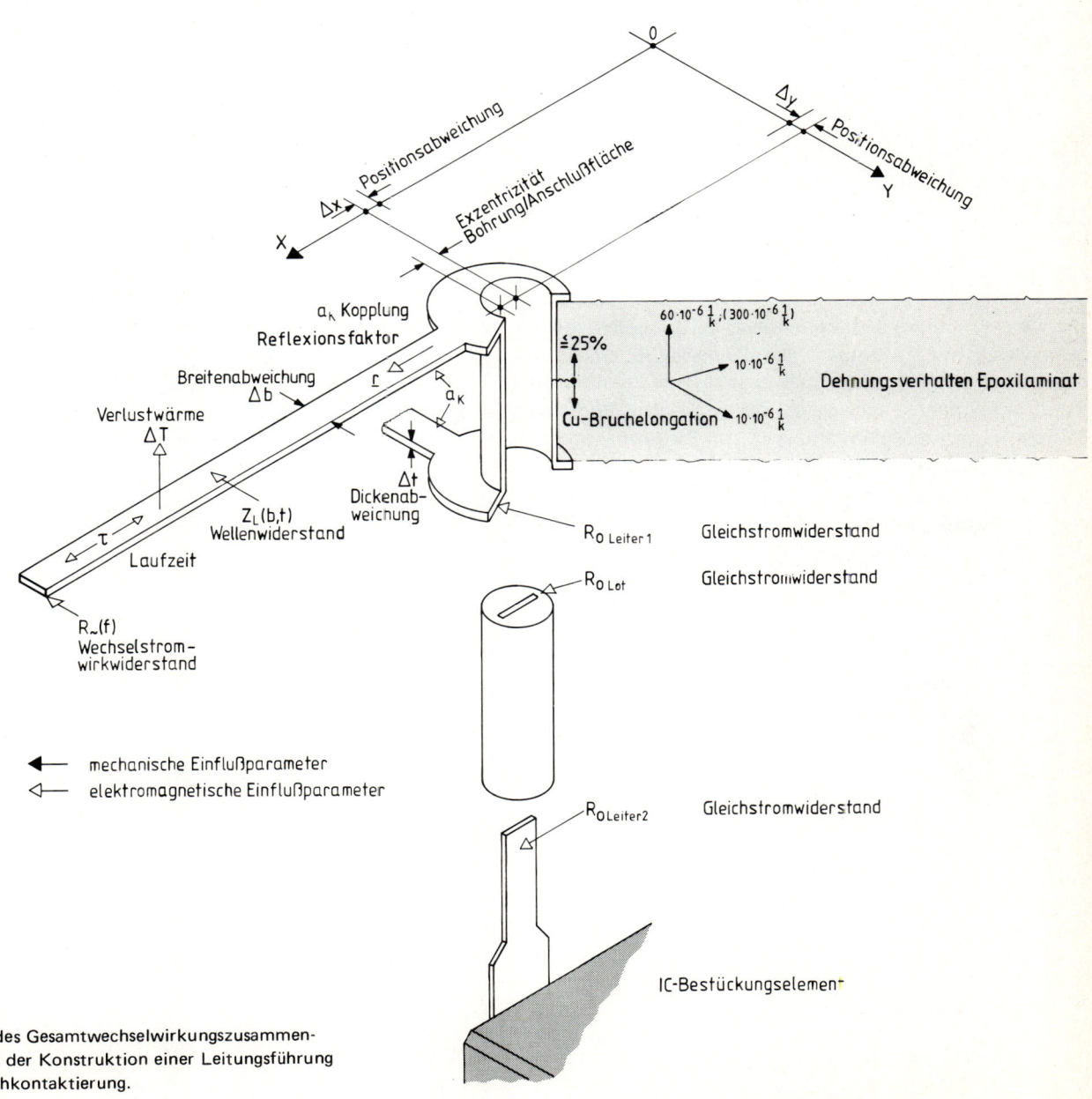

Bild 1.1
Beispiel des Gesamtwechselwirkungszusammenhangs bei der Konstruktion einer Leitungsführung mit Durchkontaktierung.

G. Bieber berichtet über die Prinzipien der Gehäusekonstruktion von Mikrowellen-Systemkomponenten der Übertragungstechnik bei spanender Fertigung und bei Fertigung über Stanz- und Biegeteile. Einbezogen sind hier die Prinzipien der Werkstoffwahl und Oberflächenbehandlung.

U. Haack greift das Prinzip konventioneller Chassisgestaltung auf und transponiert Konstruktion und Fertigung in der Weise, daß Kunststoffunktionselemente auf einem festen tragenden Werkstoff, häufig Metall, angewandt werden.

H. J. Ludwig behandelt die Aufbauprinzipien mechanischer Systemträger für elektronische Einrichtungen.

Die notwendige Ergänzung im Hinblick auf die vielfältigen Verbindungsprinzipien der Elektronik stellt *H. Freutel* dar; dabei werden die mannigfachen Bestrebungen der Verbindungsintegration deutlich.

Elementare Prinzipien der Integration bei Systemkomponenten behandeln *H. Müller* und *H. Meinel*. Hierbei werden die Prinzipien der elementaren Volumenintegration der Elektronik mittels Mehrebenenschaltung und die Planarintegration der Mikrowellenelektronik von ihrer konstruktiv gestalterischen Seite (H. Müller) und von ihrer konzeptionell vergleichenden Seite (H. Meinel) behandelt.

Die Gestaltungsprinzipien vollständiger Systeme stellen *H. Mayer* und *G. Fischer* dar. Im Mittelpunkt stehen Systeme der Kommunikationstechnik, wie beispielsweise Richtfunksysteme (H. Mayer) und rechnergesteuerte Vermittlungssysteme (G. Fischer).

Der Leser der folgenden Kapitel wird bei kritischer Abwägung dessen, was im Rahmen dieses Werkes unter Prinzipien dargestellt wird und dessen, was die relevante Literatur der Konstruktionslehren aufzeigt zu der Erkenntnis kommen, daß die konstruktive Gestaltung in der Elektronik von einem Prinzipienkanon betroffen ist, der durch die Maschinentechnik und die weitgehend mechanisch orientierte Gerätetechnik nicht erfaßt wird [1.4], [1.5], [1.6], [1.7]. Dort

aber, wo man dem Prinzip der Signalübertragung und Signalverarbeitung konsequent folgt, wird jenem komplexen Wechselwirkungsprozeß bei der konstruktiven Gestaltung Rechnung getragen, der durch elektromagnetische Einflußgrößen bestimmt wird.

Um diesen Sachverhalt zu verdeutlichen, seien die Einflußparameter einer einfachen Leiterführung mit Durchkontaktierung bei gedruckten Schaltungen schneller digitalelektronischer Vorgänge dargestellt. Bild 1.1 zeigt beispielhaft die Struktur mit den bedeutsamen mechanischen und technologischen Einflußgrößen. Überlagert sind diesen die Einflußgrößen, die sich aus elektromagnetischen Vorgängen ergeben. Dabei wird der komplexe Gesamtwirkungszusammenhang deutlich, der das Konstruktionsgeschehen beeinflußt.

Von hier her wird auch erkenntlich, daß Prinzipien konstruktiven Gestaltens in der Elektronik durch reine Abstraktion auf die maschinentechnischen und gerätetechnischen Methodologien heute dokumentierter Konstruktionslehren nicht hinreichend erfaßt werden.

Literaturverzeichnis

[1.1] *Kesselring, F.*: Technische Kompositionslehre, Verlag Springer, 1954

[1.2] *Leyer, A.*: Machinenkonstruktionslehre, Reihe Technica, Heft 1-6, Verlag Birkhäuser, 1963–1971

[1.3] *Tschoner, H.*: Konstruieren und Gestalten, Verlag Girardet, Essen 1954

[1.4] *Rodenacker, W. G.*: Methodisches Konstruieren, Konstruktionsbücher Bd. 27, Verlag Springer 1976

[1.5] *Koller, R.*: Konstruktionsmethode für den Maschinen- Geräte- und Apparatebau, Verlag Springer, 1979

[1.6] *Pahl, G., Beitz, W.*: Konstruktionslehre, Verlag Springer, 1977

[1.7] *Hubka, V.*: Theorie der Konstruktionsprozesse, Verlag Springer, 1976

2 Funktions- und fertigungsgerechte Toleranzen

von Wolfgang Latsch, AEG-TELEFUNKEN Nachrichtentechnik GmbH, Backnang

2.1 Allgemeine Bedeutung von Toleranzen und Passungen

Bei Einzelanfertigung von Geräten brauchte man früher keine Toleranzen für die einzelnen Maße. Die Teile wurden so gut es ging von Hand oder mit einfachen Maschinen nach „Maß" gefertigt. Beim Zusammenfügen der Einzelteile zu einer Baugruppe oder einem Gerät waren die Bedingungen entweder so, daß auch recht grobe Maßdifferenzen ertragen werden konnten oder, wie es meistens der Fall war, man bearbeitete individuell nach, bis die Teile zusammenpaßten.
Heute sind die Anforderungen an die Geräte anders. Für ein Seriengerät in der Modul- oder Kompaktbauweise kann man sich eine Nacharbeit nicht mehr erlauben. Die Einzelteile oder Baugruppen müssen voll austauschbar sein. Das Ersatzteil muß auch nach Jahren in das heute gefertigte Gerät passen. Die Fertigungsplanung, Fertigung und Qualitätsprüfung brauchen, bei den heute üblichen, hochwertigen Fertigungs- und Prüfmethoden, für jedes Maß eine zugehörige Toleranz.
Auch eine Passung ist eine Toleranz, allerdings eine sehr genaue. Bei Passungen muß neben der Einhaltung der Grenzmaße auch die Hüllbedingung (siehe Abschnitt 2.4) eingehalten werden. Deshalb stellen die Passungen innerhalb der Toleranzbetrachtung eine Besonderheit dar und sind für Führungen, Wellenlagerungen, Paßstiftverbindungen und sehr genauen Zuordnungen von Teilen bei Seriengeräten unentbehrlich.
Arbeiten an einem Projekt auch noch verschiedene Firmen, in vielleicht noch verschiedenen Ländern, so ist es leicht verständlich, wenn es ohne Festlegung von Schnittpunkten mit Toleranzen nicht mehr denkbar ist, sinnvoll zusammenzuarbeiten.

2.1.1 Fertigungskosten in Abhängigkeit von den Toleranzen des Teiles

Das Ziel sollte es immer sein, mit möglichst geringem Fertigungsaufwand Funktionsqualität zu gewährleisten und damit Kosten zu reduzieren.
Jede Fertigung ist speziell mit den Maschinen ausgerüstet, die für die zu fertigenden Teile und Geräte notwendig sind. Dies bedeutet, daß z. B. ein Großmaschinenbau mit anderen Fertigungsmaschinen ausgerüstet ist als die Firmen der Elektrotechnik. Es gibt deshalb Toleranzen für die einzelnen Fertigungsverfahren, die mit den jeweils vorhandenen Maschinen ohne Schwierigkeiten eingehalten, und von der Qualitätskontrolle ohne besondere Meßeinrichtung kontrolliert werden können. Man spricht von Toleranzen, die ohne „Mehraufwand" eingehalten werden können. Sie sind also „werkstattüblich".
Auch die Allgemeintoleranzen nach DIN 7168 (siehe Abschnitt 2.2) sind aus diesen werkstattüblichen Toleranzen entstanden.

Bei konventioneller Fertigung können z. B. folgende Toleranzen in mm problemlos eingehalten werden:

- Drehen: Durchmesserbereich 0—15 mm Drehlänge bis etwa 30 mm
  ± 0,15
  bei ± 0,05 Verteuerung um 50 %
- Fräsen: Teilgröße 200 mm x 200 mm
  ± 0,2
  bei ± 0,05 Verteuerung um 100 %
- Stanzen: ± 0,2

Bei NC-Fertigung können z. B. folgende Toleranzen in mm problemlos eingehalten werden:

- Drehen: Durchmesserbereich 0—100 mm Drehlänge bis etwa 200 mm
  ± 0,02
- Fräsen: Teilgröße 200 mm x 200 mm
  ± 0,05 bis ± 0,02 je nach Fabrikat und Maschinentyp
- Stanzen: Teilgröße 1000 mm x 750 mm
  ± 0,1

Es ist deshalb sehr wichtig, daß sich ein Konstrukteur in den verschiedenen Fertigungsverfahren gut auskennt. Um die Fertigungskosten für notwendige, enge Toleranzen so gering wie möglich zu halten, muß er bei der Auswahl des geeigneten Fertigungsverfahrens für seine Konstruktion nicht nur die erreichbaren Toleranzen des jeweiligen Verfahrens kennen, sondern unbedingt die firmenspezifischen Gegebenheiten des Maschinenparks berücksichtigen.
Einen Überblick über die Fertigungskosten in Abhängigkeit von den Toleranzen zeigen die Bilder 2.1 bis 2.6.
Die Fertigungskosten sind als Verhältniswerte angegeben, da sie sich nicht auf eine bestimmte Maßgröße des Werkstückes beziehen. Der Fertigungskostenwert 100 % ent-

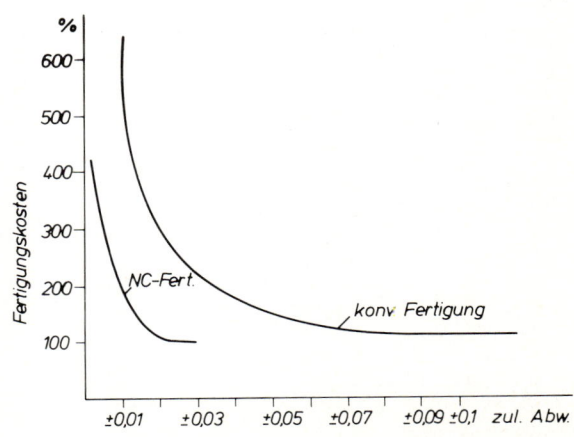

Bild 2.1 Längs- und Plandrehen

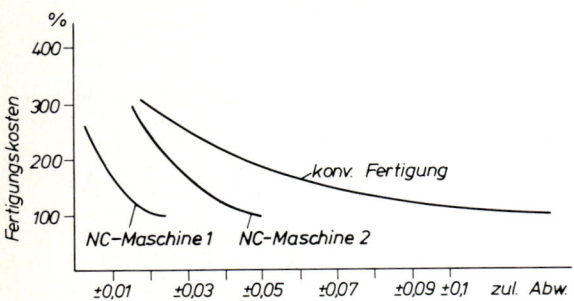

Bild 2.2 Planfräsen

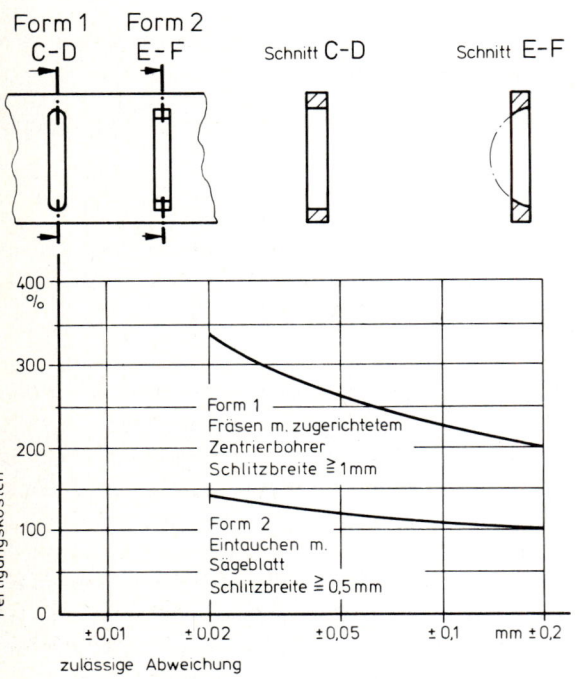

Bild 2.4 Schlitzfräsen

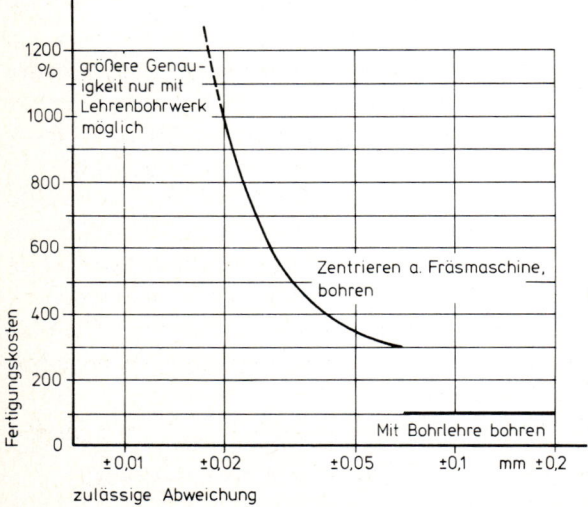

Bild 2.6 Mittenabstände von Bohrungen

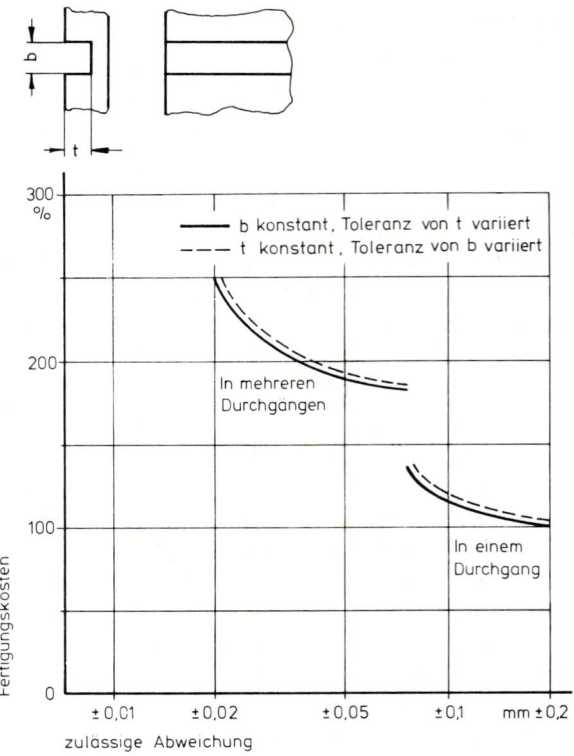

Bild 2.3 Nutenfräsen

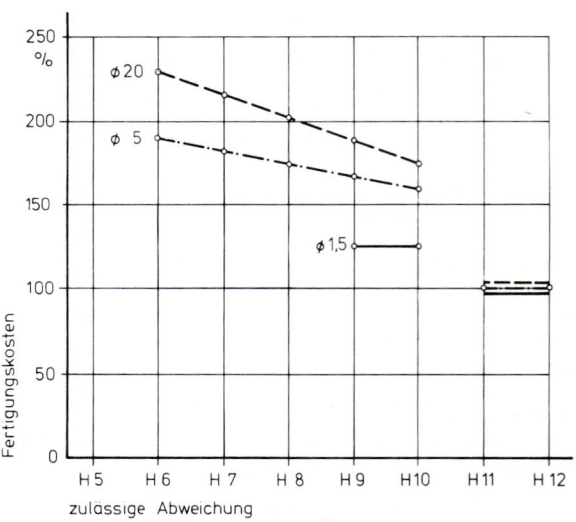

Bild 2.5 Bohren

spricht dabei, als Ausgangspunkt, der im einzelnen Bild aufgeführten größten zulässigen Abweichung. Ein Vergleich der relativen Fertigungskosten der einzelnen Fertigungsverfahren untereinander ist nicht möglich, d. h. von den Werten einer Kurve (eines Verfahrens) kann nicht auf die Werte einer anderen Kurve (eines anderen Verfahrens) geschlossen werden. Als Ausgangspunkt für die Werteermittlung dienten die Werkstoffe Stahl, Cu- und Leitmetall-Legierungen.

2.1.2 Überlegungen bei der Toleranzfestlegung in der Konstruktion

Wie im Abschnitt 2.1.1 dargestellt, kosten enge Toleranzen und Passungen Geld. Es lohnt sich also, wenn sich der Konstrukteur darüber Gedanken macht, wie fein Passungen und wie eng Toleranzen sein müssen, um funktions- und austauschbaugerecht zu sein. Untersuchungen haben ergeben, daß die Kostenverantwortung bei etwa 75 % im Konstruktions- und Entwicklungsbereich liegt.

Für den Konstrukteur stellt also die Festlegung der Toleranzen ein Entscheidungsprozeß dar, der von der Erfüllung der geforderten Funktion über den Preis bis zur normgerechten Eintragung reicht. Daraus läßt sich leicht erkennen, daß es sich hierbei um eine der schwierigsten Aufgaben innerhalb des Konstruierens handelt.

Enge Toleranzen, und damit hohe Kosten, lassen sich natürlich am einfachsten vermeiden, wenn man beim Beginn der Toleranzfestlegung nochmals überprüft, ob sich gegebenenfalls mehrere Teile zu einem Teil vereinigen lassen, oder ob sich die Forderungen durch einfache Montage- und/oder Einstellarbeiten erreichen lassen.

Jede Festlegung einer Toleranz durch den Konstrukteur löst für die Konstruktion, für die Fertigung und für die Qualitätskontrolle unterschiedliche Probleme aus. Ursache der Problematik sind die verschiedenartigen Interessen dieser 3 Stellen an den Toleranzen.

- Der Konstrukteur richtet sein Augenmerk auf die Funktion seiner Konstruktion. Jeder Konstrukteur würde es begrüßen, wenn die Fertigung in der Lage wäre, nur in Absolutmaßen zu produzieren, so daß die Istmaße der Einzelteile den vorgegebenen Konstruktionsmaßen entsprächen. Dieses Ideal ist aber nicht zu erreichen. Die beiden Forderungen, funktionsgerecht und fertigungsgerecht zu tolerieren, zwingen ihn zu Kompromissen (nach DIN 406 Teil 1 wird zwischen einer funktions-, fertigungs- und prüfbezogenen Maßeintragung unterschieden). Da er mit engen Toleranzen eine bessere Funktion seiner Geräte erreichen will, neigt er dazu, diese enger zu halten, als es der Fertigung recht ist.
- Die Fertigung garantiert eine wirtschaftliche Herstellung in allen Fällen, bei denen die Einzelteiltoleranzen genügend groß sind und den Fertigungsmöglichkeiten entsprechen. Werden die Toleranzen vom Konstrukteur zu eng vorgeschrieben, so besteht die Gefahr eher, daß die Fertigung davon abweicht. Deshalb fordert sie, daß alle Maße so grob wie möglich toleriert werden sollten.
- Die Qualitätskontrolle möchte dagegen solche Toleranzen eingeführt sehen, die eindeutig den Unterschied zwischen „brauchbar" und „unbrauchbar" herausstellen. Bei vielen Teilen sind oft die außerhalb der Toleranzgrenzen liegenden Stücke noch brauchbar, weil die Toleranzgrenze nicht identisch mit einer Brauchbarkeitsgrenze ist.

Tafel 2.1: Bemaßungsarten und deren Auswirkungen auf die Toleranzzone

Bemaßungsart	Skizze	Toleranzzone	max. Tol.
Abszisse Ordinate			τ
Abszisse Radius			$2,3\,\tau$
Abszisse Winkel			$2,1\,\tau$
Ordinate Radius			$2,3\,\tau$
Ordinate Winkel			$2,1\,\tau$
Radius Winkel			$1,1\,\tau$
nach DIN 7184			$0,707\,\tau$

Es gibt im wesentlichen 3 tolerierte Größen zur Festlegung mechanischer Abmessungen: Länge, Radius, Winkel. Als Ergänzung sind nur noch Formtoleranzen für die Gestalt und Oberfläche des Werkstücks wichtig.

Wenn von einem Ausgangspunkt P1 ein zweiter Punkt (z. B. eine Bohrung) bemaßt werden soll, so sind die Toleranzzonen bei unterschiedlicher Verwendung von Längen, Radien und Winkeln trotz gleicher Abmaße (t) recht unterschiedlich (Tafel 2.1). Während bei Bemaßung der Ordinate und Abszisse (also durch Längen) noch eine gut überschaubare Toleranzzone entsteht, zeigen doch die Beispiele bei Bemaßung durch Radien und Winkel recht eigenartige Toleranzzonen. Eine fast ideale Art der Bemaßung zeigt das Beispiel nach DIN 7184. Hierbei wird die Toleranzzone vom Konstrukteur festgelegt. In diesem Fall wäre die Toleranzzone ein Kreis mit 2 t Durchmesser. Die maximale Abweichung ist hier 0,707 τ. Da diese Art der Bemaßung eine optimale Übersicht über die Toleranzsituation ermöglicht, sollte auch entsprechend großzügig toleriert werden, um die Fertigungskosten gering zu halten.

Der Konstrukteur hat drei Möglichkeiten der Tolerierung:

- symmetrische mit ± Abweichung
- einseitig mit + Abweichung
- einseitig mit – Abweichung

Eine symmetrische Tolerierung ist immer anzustreben, wenn, bedingt durch das Fertigungsverfahren (z. B. spanender Fertigung), eine wirtschaftlich gelenkte Fertigung die Istmaße auf Toleranzmitte steuern kann.

Dies ist auch bei der Fertigung mit Hilfe von Formwerkzeugen (z. B. Druckguß) oft der Fall, da die Toleranzmitte durch entsprechende Werkzeugbemessung angestrebt wird.

Lediglich bei Maßen von Teilen, die mit Form- oder Schneidwerkzeugen hergestellt werden, welche einer starken Abnutzung unterliegen (z. B. bei Stanzteilen, die mit Komplettwerkzeugen hergestellt werden), ist bei den Maßen der Schnittkontur mit einer unsymmetrischen Toleranzlage zu rechnen.

Bei symmetrischer Tolerierung ist das Mittenmaß als Nennmaß ein besserer rechnerischer Ausgangswert für die Errechnung von Werkzeugen, für die Umrechnung in Koordinatenmaße, für die Steuerung von Werkzeugmaschinen und für die Toleranz- und Überschlagsrechnung des Konstrukteurs.

2.2 Allgemeintoleranzen

(früher auch Freimaßtoleranzen genannt) [2.1], [2.2]

Toleranzen, die ohne „Mehraufwand" eingehalten werden können, also „werkstattüblich" sind, nennt man Allgemeintoleranzen. Sie sind demnach für die einzelnen Fertigungsverfahren mit den jeweils vorhandenen Maschinen ohne Schwierigkeiten einzuhalten. Außerdem müssen sie von der Qualitätskontrolle ohne besondere Meßeinrichtungen kontrolliert werden können.

Man unterscheidet grundsätzlich zwischen zwei Arten von Allgemeintoleranzen:

— Allgemeintoleranzen für Längen- und Winkelmaße
— Allgemeintoleranzen für Form- und Lagemaße

Anmerkung: Von der Definition her gehören die Winkeltoleranzen eigentlich zu dem Oberbegriff Lagetoleranzen.

2.2.1 Allgemeintoleranzen für Längen- und Winkelmaße nach DIN 7168 Teil 1 [2.3]

In der DIN 7168 Teil 1 sind die Allgemeintoleranzen für die Maßarten

— Längenmaße, allgemein
— Längenmaße, Rundungshalbmesser und Fasenhöhen
— Winkelmaße

festgelegt.

Wenn in Zeichnungen auf die Norm hingewiesen wird, läßt sie sich für durch Spanen oder Umformen (Begriffdefinition siehe DIN 8580) gefertigter Teile anwenden.

Die zugelassenen Toleranzen werden in vier Genauigkeitsgrade unterteilt:

f (steht für fein)   g (steht für grob)
m (steht für mittel)   sg (steht für sehr grob)

Bei den jeweiligen Maßarten sind für folgende Nennmaßbereiche, unterteilt in Nennmaßbereichsschritte, Toleranzen der verschiedenen Genauigkeitsgrade angegeben:

Längenmaße, allgemein: Von 0,5 mm bis 20 000 mm (Tafel 2.2)
Beispiel: Nennmaß 30 mm, Genauigkeitsgrad m
Ergebnis: 30 ± 0,2

Tafel 2.2: Obere und untere Abmaße für Längenmaße

Nennmaßbereiche in mm	Abmaße in mm bei den Genauigkeitsgraden			
	f	m	g	sg
0,5 bis 3	± 0,05	± 0,1	± 0,15	—
> 3 bis 6	± 0,05	± 0,1	± 0,2	± 0,5
> 6 bis 30	± 0,1	± 0,2	± 0,5	± 1
> 30 bis 120	± 0,15	± 0,3	± 0,8	± 1,5
> 120 bis 400	± 0,2	± 0,5	± 1,2	± 2
> 400 bis 1000	± 0,3	± 0,8	± 2	± 3
> 1000 bis 2000	± 0,5	± 1,2	± 3	± 4
> 2000 bis 4000	± 0,8	± 2	± 4	± 6
> 4000 bis 8000	—	± 3	± 5	± 8
> 8000 bis 12000	—	± 4	± 6	± 10
> 12000 bis 16000	—	± 5	± 7	± 12
> 16000 bis 20000	—	± 6	± 8	± 12

Längenmaße, Rundungshalbmesser und Fasenhöhen: Von 0,5 mm bis 400 mm (Tafel 2.3)
Beispiel: Nennmaß 6 mm, Genauigkeitsgrad f
Ergebnis: 6 ± 0,5

Tafel 2.3: Obere und untere Abmaße für Rundungshalbmesser und Fasenhöhen

Nennmaßbereiche in mm	Abmaße in mm bei den Genauigkeitsgraden			
	f	m	g	sg
0,5 bis 3	± 0,2		± 0,2	
> 3 bis 6	± 0,5		± 1	
> 6 bis 30	± 1		± 2	
> 30 bis 120	± 2		± 4	
> 120 bis 400	± 4		± 8	

Winkelmaße: Unbegrenzter Bereich (Tafel 2.4)
Beispiel: Kurzer Schenkel 10 mm Winkel 60°, Genauigkeitsgrad g
Ergebnis: 60° ± 1° 30'

Bei Maßen außerhalb des Nennmaßbereichs müssen die Toleranzen direkt angegeben werden.

Anmerkung: Winkelabweichungen dürfen sowohl bei Teilen mit Maximum-Material-Maßen als auch bei Teilen mit Minimum-Material-Maßen auftreten. Winkelallgemeintoleranzen gelten also unabhängig von den Istmaßen der Längen.

Zeichnungseintragung: Bild 2.7

Tafel 2.4: Obere und untere Abmaße für Winkelmaße

Nennmaßbereiche des kürzeren Schenkels in mm	Abmaße in Winkeleinheiten bei den Genauigkeitsgraden			
	f	m	g	sg
≦ 10	± 1°	± 1° 30′		± 3°
> 10 bis 50	± 30′	± 50′		± 2°
> 50 bis 120	± 20′	± 25′		± 1°
> 120 bis 400	± 10′	± 15′		± 30′
> 400	± 5′	± 10′		± 20′

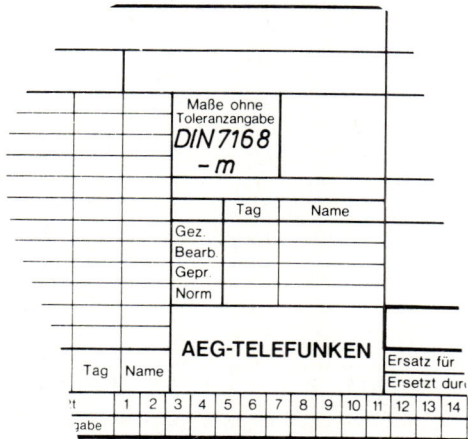

Bild 2.7 Zeichnungseintragung von Allgemeintoleranzen für Längen- und Winkelmaße

Anmerkung: Allgemeintoleranzen für Form und Lage dürfen sowohl bei Teilen mit Maximum-Material-Maßen als auch bei Teilen mit Minimum-Material-Maßen auftreten. Sie gelten also unabhängig von den Istmaßen der Formelemente. Jede Toleranz muß für sich eingehalten werden. Passungen sind hiervon ausgenommen!

Die zugelassenen Toleranzen werden in vier Genauigkeitsgrade unterteilt:

R   T
S   U

Formtoleranzen

Geradheit und Ebenheit: Für jedes Nennmaß sind, unterteilt in Nennmaßbereichsschritte, Toleranzen der verschiedenen Genauigkeitsgrade angegeben (Tafel 2.5).

Tafel 2.5: Toleranzzonen für Geradheit und Ebenheit

Nennmaßbereiche in mm	Toleranzzonen in mm bei den Genauigkeitsgraden			
	R	S	T	U
≦ 6	0,004	0,008	0,025	0,1
> 6 bis 30	0,01	0,02	0,06	0,25
> 30 bis 120	0,02	0,04	0,12	0,5
> 120 bis 400	0,04	0,08	0,25	1
> 400 bis 1000	0,07	0,15	0,4	1,5
> 1000 bis 2000	0,1	0,2	0,6	2,5
> 2000 bis 4000	—	0,3	0,9	3,5
> 4000 bis 8000	—	0,4	1,2	5
> 8000	—	—	1,8	7

2.2.2 Allgemeintoleranzen für Form und Lage nach DIN 7168 Teil 2 [2.4]

In der DIN 7168 Teil 2 sind die Allgemeintoleranzen für die Formtoleranzarten

— Geradheit und Ebenheit
— Rundheit

für die Lagetoleranzarten

— Parallelität
— Symmetrie
— Rundlauf und Planlauf

festgelegt.

Für die restlichen Form- und Lagetoleranzarten wurden keine speziellen Toleranzen festgelegt.

Wenn in Zeichnungen auf die Norm hingewiesen wird, läßt sie sich für durch Spanen gefertigter Teile anwenden. Für durch Umformen oder anders gefertigter Teile gilt dies nur bedingt (die werkstattübliche Genauigkeit muß innerhalb der Allgemeintoleranzen nach DIN liegen).

Anmerkung: Bei der Geradheitstoleranz gilt die Länge der betreffenden Linie, bei der Ebenheitstoleranz die größte Seitenlänge der Fläche und bei der Kreisfläche der Durchmesser als Nennmaß.

Beispiel: Nennmaß 120 mm (größte Seitenlänge einer Fläche) Genauigkeitsgrad S

Ergebnis: Die Fläche darf eine Unebenheit von 0,04 mm aufweisen.

Rundheit: Hier gilt der Zahlenwert der Durchmessertoleranz, der aber nicht größer sein darf als die Werte für Rundlauf aus Tafel 2.7, als Allgemeintoleranz für Rundheit.

Lagetoleranzen

Parallelität: Die Allgemeintoleranzen für die Geradheit oder Ebenheit und die Toleranz des Abstandsmaßes von parallelen Linien oder Flächen begrenzen auch die Abweichungen von der Parallelität. Dabei gilt jeweils die größere Toleranz von beiden.

Anmerkung: Das längere Formelement gilt als Bezugselement.

Symmetrie: Für jeden Genauigkeitsgrad ist eine Symmetrie-toleranz angegeben (Tafel 2.6).

Anmerkung: Das längere Formelement gilt als Bezugsele-ment.

Tafel 2.6: Toleranzzonen für Symmetrie

Toleranzzonen in mm bei den Genauigkeitsgraden			
R	S	T	U
0,3	0,5	1	2

Beispiel: Schlitz in einem Klotz
               Genauigkeitsgrad T

Ergebnis: Die Mittelebene des Schlitzes muß sich innerhalb zweier paralleler Ebenen von 1 mm Abstand, die symmetrisch zu den beiden Außenflächen des Klotzes liegen, befinden.

Rundlauf und Planlauf: Für jeden Genauigkeitsgrad ist eine Rund- und Planlauftoleranz angegeben (Tafel 2.7).

Anmerkung: Das längere Formelement oder die Lagerstel-len gelten als Bezugselement.

Tafel 2.7: Toleranzzonen für Rund- und Planlauf

Toleranzzonen in mm bei den Genauigkeitsgraden			
R	S	T	U
0,1	0,2	0,5	1

Beispiel: Stirnfläche eines Drehteils
               Genauigkeitsgrad R

Ergebnis: Die Stirnfläche muß sich, bei Drehung der Achse, zwischen zwei koaxialen Kreisen im Abstand von 0,1 mm befinden. Dies gilt für jede einzelne Meß-stelle parallel zur Achse.

Zeichnungseintragung und Beispiel: Bild 2.8.

2.2.3 Allgemeintoleranzen, firmenbezogen

Die einfachste Form der Eintragung einer Allgemeintoleranz für Längenmaße besteht darin, daß z. B. in dem dafür vorge-sehenen Feld des Zeichnungskopfes (,,Maße ohne Toleranz-angabe'') eine Toleranz eingetragen wird.
Diese Toleranz wird so gewählt, daß dies die an dem jeweili-gen Teil am meisten vorkommende Toleranz der eingetra-genen Maße ist. Allerdings werden mit einer solchen Angabe nicht alle Allgemeintoleranzen, z. B. keine Winkeltoleran-zen, erfaßt. Es wird daher in vielen Fällen notwendig sein,

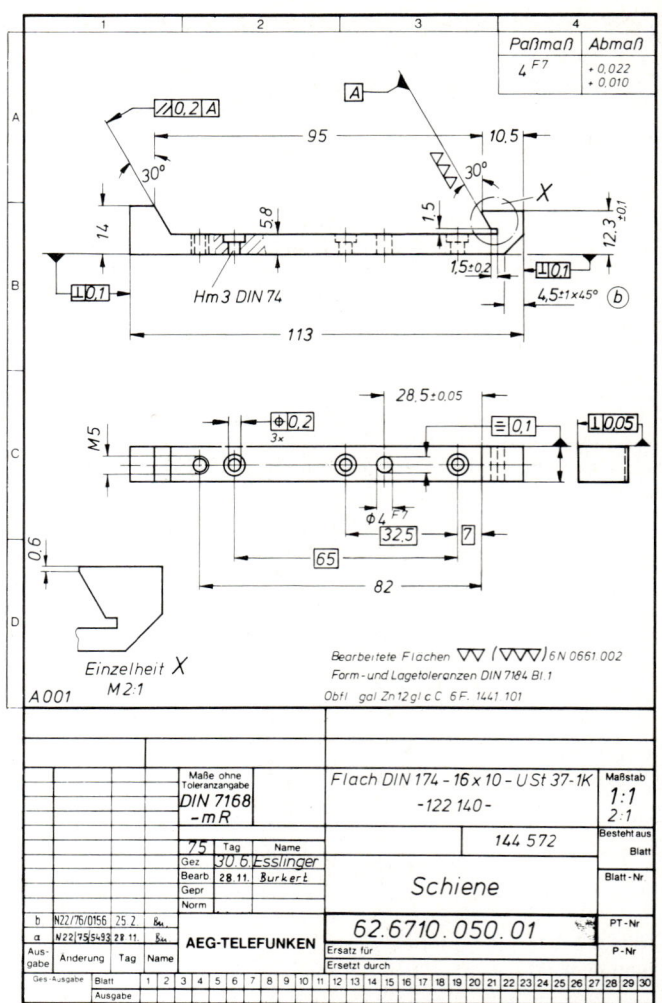

Bild 2.8 Zeichnungseintragung und Beispiel von Allgemeintoleran-zen für Längen- und Winkelmaße sowie für Form und Lage

die fehlenden Toleranzen mittels der Form- und Lagetole-ranzen nach DIN 7184 anzubringen (Bild 2.9).
Um die oben genannten Nachteile zu eliminieren und um besser auf den in der jeweiligen Firma vorhandenen Ma-schinenpark Rücksicht nehmen zu können, gibt es firmen-bezogene Allgemeintoleranzen. Sie werden in hausinternen Normen festgehalten und beinhalten meist nur die Allge-meintoleranzen, die für die Herstellung der Produkte der je-weiligen Firma notwendig sind (Tafel 2.8 und 2.9). Die Zeichnungseintragung erfolgt dann nach dem im Bild 2.10 gezeigten Beispiel.

Tafel 2.9: Obere und untere Abmaße für Winkelmaße firmenbezogen

Nennmaßbereich (Länge des kür-zeren Schenkels) mm	bis 10	über 10 bis 50	über 50 bis 120	über 120	Eintragung auf Zeichnung
Winkelmaße	± 1°	± 30'	± 20'	± 10'	6N. 0652.001

Tafel 2.8: Obere und untere Abmaße für Längenmaße firmenbezogen

Bearbeitungsverfahren oder Werkstoff		über 0,5 bis 3	über 3 bis 6	über 6 bis 10	über 10 bis 18	über 18 bis 30	über 30 bis 50	über 50 bis 80	über 80 bis 120	über 120 bis 180	über 180 bis 250	über 250 bis 315	über 315 bis 400	über 400 bis 500
Bohren, Schleifen, Feilen, Drehen, Fräsen, Hobeln, Stanzen, Zuschnitte u. ä.		± 0,2					± 0,3			± 0,5			± 0,8	
Löten, Kleben u. ä.														
Blechbearbeitung Biegen, Drücken, Ziehen u. ä.		± 0,2			± 0,3		± 0,4			± 0,5			± 0,8	
Schweißen														
Kunststoffformteile	Preßteile (z. B. Typ 31)	± 0,15		± 0,2		± 0,25	± 0,35	± 0,45	± 0,6	± 0,8	± 1,0	± 1,3	± 1,7	± 2,2
	Spritzgußteile (z. B. Polystyrol)	± 0,1		± 0,1		± 0,15	± 0,25	± 0,3	± 0,4	± 0,6	± 0,8	± 1,0	± 1,2	± 1,5
Feinguß:	Leichtmetall, Schwermetall, Stahl	± 0,2				± 0,3	± 0,4	± 0,6	± 0,8	± 1 % der Länge				
Sandguß: Schwermetall	Maße, allgemein	± 1,5				± 2		± 3		± 4,5				
	Wanddicken	± 1		± 1,5		entfällt								
Sandguß: Leichtmetall	Maße, allgemein	+ 0,8 / − 0,6						+ 0,9 / − 0,7	+ 1,1 / − 0,9	+ 1,3 / − 1	+ 1,5 / − 1,2	+ 1,6 / − 1,3	+ 1,8 / − 1,4	+ 2 / − 1,6
	Wanddicken	± 0,6		± 1,2	± 1,8	entfällt								
Stahlguß		siehe DIN 1683 Bl. 1												
Temperguß		siehe DIN 1684 Bl. 1												
Grauguß		siehe DIN 1686 Bl. 1 u. Bl. 2												
Druckguß		siehe DIN 1688 Bl. 1												
Gummiteile		siehe DIN 7715												

2.3 Form- und Lagetoleranzen nach DIN 7184
[2.1], [2.2], [2.5], [2.6]

Sie werden dann zusätzlich zu den Maßtoleranzen angegeben, wenn nur so die Austauschbarkeit oder die Funktion sichergestellt werden kann.

2.3.1 Begriffe

Geometrisches Element

> Ein geometrisches Element kann ein Punkt, eine Linie, eine Fläche oder eine Mittelebene sein.

Toleranzzone

> Die Toleranzzone ist die Zone, innerhalb der alle Punkte eines geometrischen Elementes liegen müssen.

Arten von Toleranzzonen:

— Fläche innerhalb eines Kreises
— Fläche zwischen zwei konzentrischen Kreisen
— Fläche zwischen zwei Linien mit gleichem Abstand oder zwei parallelen Geraden
— Raum innerhalb einer Kugel
— Raum innerhalb eines Zylinders oder zwischen zwei koaxial liegenden Zylindern
— Raum zwischen zwei Flächen mit gleichem Abstand oder zwei parallelen Ebenen
— Raum innerhalb eines Quaders

Formtoleranzen (Toleranzzone der Form des Elementes)

> Formtoleranzen begrenzen die Abweichungen eines Elementes von seiner geometrisch idealen Form.

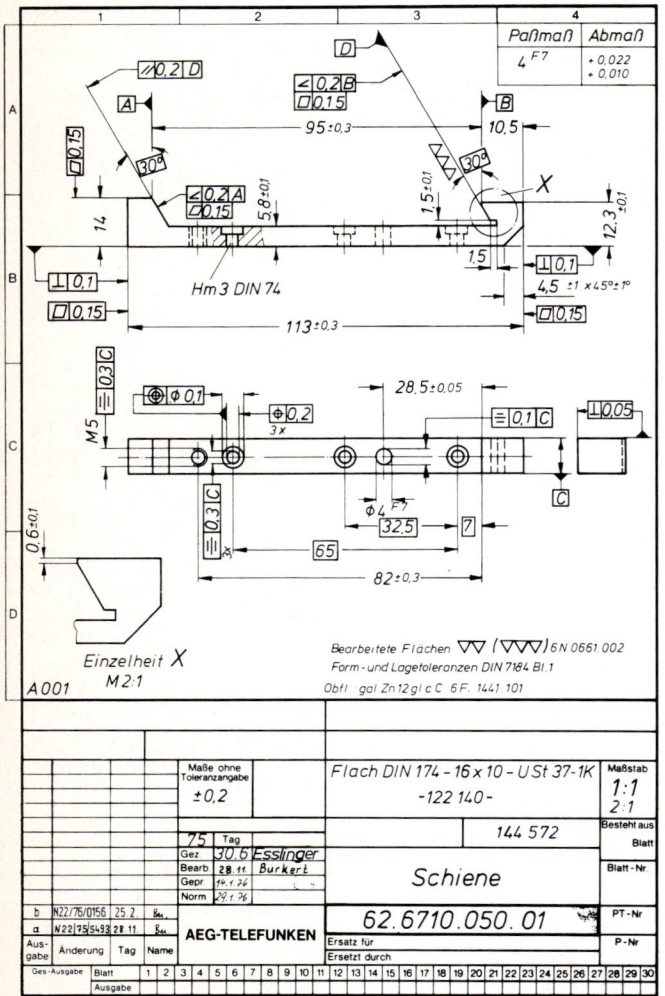

Bild 2.9 Zeichnungseintragung und Beispiel von einer Allgemeintoleranz

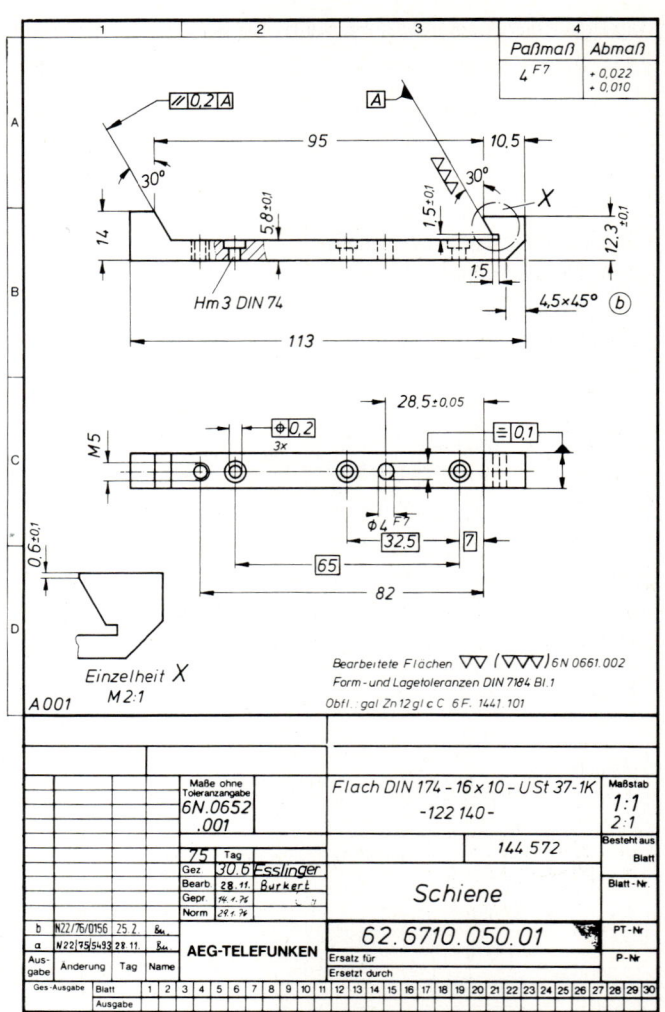

Bild 2.10 Zeichnungseintragung und Beispiel von Allgemeintoleranzen firmenbezogen

Lagetoleranzen (Toleranzzone der Lage der Elemente zueinander)

> Lagetoleranzen sind Richtungs-, Orts- und Lauftoleranzen. Sie begrenzen die Abweichungen zweier oder mehrerer Elemente von ihrer geometrisch idealen Lage zueinander.

Bezugselement

> Ein geometrisches Element, das bei Anwendung einer Lagetoleranz als Ausgangsbasis dient, ist ein Bezugselement.

Theoretisches Maß

> Theoretisch genaue (ideale) Lage der Mitte einer Toleranzzone.

Bemerkung:

Zu jedem theoretischen Maß gehört immer eine Toleranzangabe mittels Toleranzrahmen.

Toleranzrahmen, Bezugspfeil

Feld | 1 | 2 | 3 | 4 |

Feld

1 Bezugspfeil (weist immer auf das tolerierte Element)
2 Symbol für die tolerierte Eigenschaft
3 Toleranzwert in der für die Zeichnung geltenden Maßeinheit
4 Bezugsbuchstabe als Hinweis für das Bezugselement

Bezugsdreieck, Bezugsbuchstabe, Bezugsart

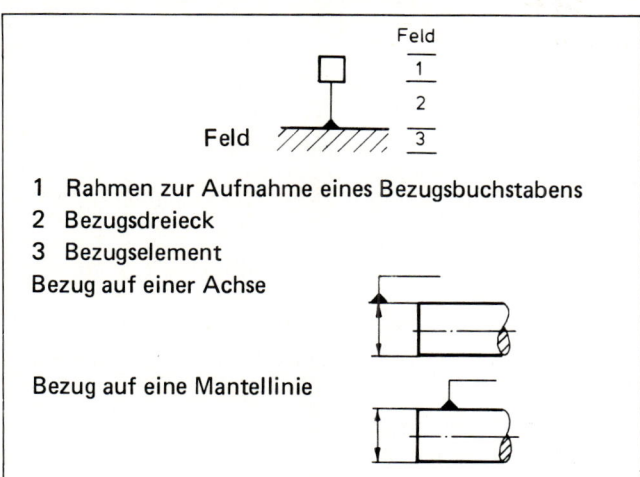

1 Rahmen zur Aufnahme eines Bezugsbuchstabens
2 Bezugsdreieck
3 Bezugselement
Bezug auf einer Achse

Bezug auf eine Mantellinie

Beispiele für Form- und Lagetoleranzen:
Für die Erläuterung der Zeichnungseintragung von Form-
und Lagetoleranzen dient das im Bild 2.11 dargestellte Teil.

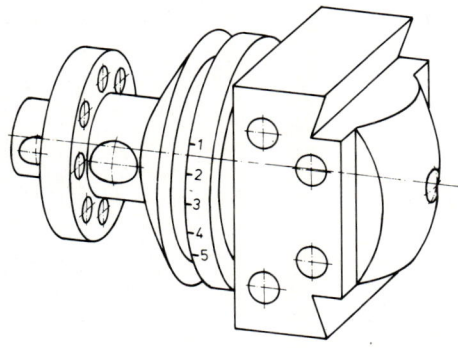

Bild 2.11 Teil für alle Beispiele der Form- und Lagetoleranzen

2.3.2 Formtoleranzen

Tafel 2.10 Übersicht Formtoleranzen

Benennung	Symbol	Kapitel
Geradheit	—	2. 3 2. 1
Ebenheit	⬦	2. 3 2. 2
Rundheit (Kreisform)	○	2. 3 2. 3
Zylinderform	⌀	2. 3 2. 4
Linienform (Form einer beliebigen Linie)	⌒	2. 3 2. 5
Flächenform (Form einer beliebigen Fläche)	⌓	2. 3 2. 6

2.3.2.1 Geradheit

Mit der Geradheitstoleranz wird eine Kante, Mantellinie
oder Achse toleriert.

Beispiel: Kante (Bild 2.12)
Toleranzzone: Raum zwischen zwei parallelen Ebenen
(Bild 2.13)

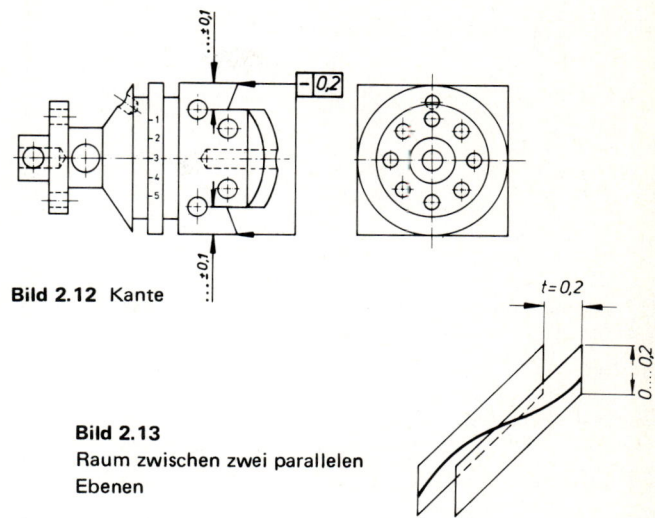

Bild 2.12 Kante

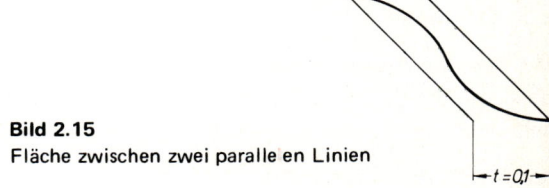

Bild 2.13
Raum zwischen zwei parallelen
Ebenen

Erklärung: Jede tolerierte Kante muß sich jeweils in der
Pfeilrichtung zwischen zwei senkrecht zur tolerierten Richtung im Abstand von 0,2 mm liegenden Ebenen befinden.

Beispiel: Mantellinie (Bild 2.14)

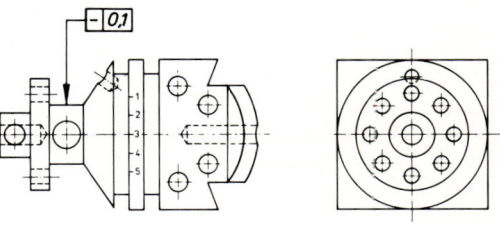

Bild 2.14 Mantellinie

Toleranzzone: Fläche zwischen zwei parallelen Linien
(Bild 2.15)

Bild 2.15
Fläche zwischen zwei parallelen Linien

Erklärung: Jede tolerierte Mantellinie des Zylinders muß
sich jeweils in der Pfeilrichtung zwischen zwei senkrecht zur
tolerierten Richtung im Abstand von 0,1 mm liegenden Linien befinden.

Beispiel: Achse (Bild 2.16)

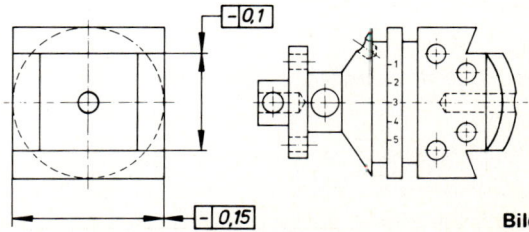

Bild 2.16 Achse

Toleranzzone: Quader (Bild 2.17)

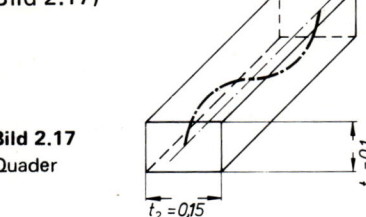

Bild 2.17
Quader

Erklärung: Die tolerierte Achse des Quaderansatzes muß sich in einem Toleranzquader vom Querschnitt t_1 x t_2 befinden.

Beispiel: Achse (Bild 2.18)

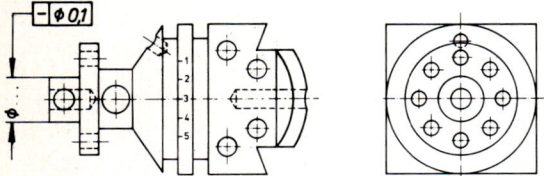

Bild 2.18 Achse

Toleranzzone: Zylinder (Bild 2.19)

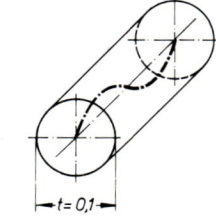

Bild 2.19
Zylinder

Erklärung: Die tolerierte Achse des Zylinderansatzes muß sich innerhalb eines Toleranzzylinders vom Durchmesser t befinden.

2.3.2.2 Ebenheit

Mit der Ebenheitstoleranz wird die Ebenheit einer Fläche toleriert. Die Ebenheitstoleranz ist die Summe aller Geradheitstoleranzen der Mantellinien einer ebenen Fläche.

Beispiel: Fläche (Bild 2.20)

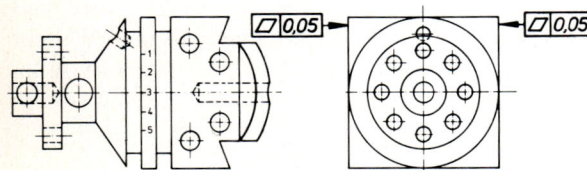

Bild 2.20 Fläche

Toleranzzone: Raum zwischen zwei parallelen Ebenen (Bild 2.21)

Erklärung: Jede tolerierte Fläche muß sich jeweils in der Pfeilrichtung zwischen zwei senkrecht zur tolerierten Richtung im Abstand von 0,05 mm liegenden Ebenen befinden.

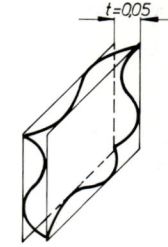

Bild 2.21
Raum zwischen zwei parallelen Ebenen

2.3.2.3 Rundheit

Mit der Rundheitstoleranz wird die Schnittlinie, dessen Schnittebene achsensenkrecht liegt, eines Zylinders oder Kegels toleriert.

So wie die Geradheitstoleranz für das Tolerieren gerader Linien gebraucht wird, benutzt man die Rundheitstoleranz zum Tolerieren von Kreislinien.

Beispiel: Kegelumfangslinie (Bild 2.22)

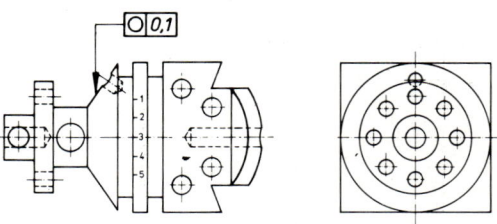

Bild 2.22 Kegelumfangslinie

Toleranzzone: Fläche zwischen zwei konzentrischen Kreisen (Bild 2.23)

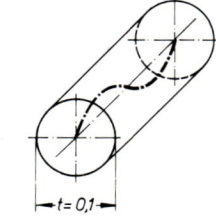

Bild 2.23
Fläche zwischen zwei konzentrischen Kreisen

Erklärung: Jede tolerierte Umfangslinie des Kegels muß sich in der jeweiligen achssenkrechten Schnittebene zwischen zwei im Abstand von 0,1 mm liegenden konzentrischen Kreisen befinden.

Beispiel: Umfangskante (Bild 2.24)

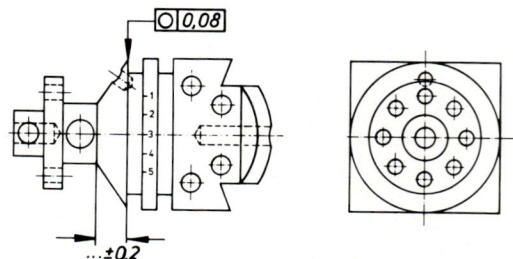

Bild 2.24 Umfangskante

Toleranzzone: Raum zwischen zwei koaxialen Zylindern (Bild 2.25)

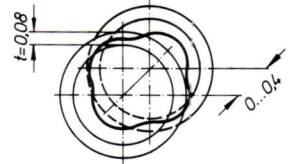

Bild 2.25
Raum zwischen zwei koaxialen Zylindern

Erklärung: Die tolerierte Umfangskante muß sich zwischen zwei im Abstand von 0,08 mm liegenden koaxialen Zylindern befinden.

2.3.2.4 Zylinderform

Mit der Zylinderformtoleranz werden alle achsensenkrecht liegenden Schnittebenen eines Zylinders sowie deren Geradheit und Parallelität zueinander toleriert.
So wie die Ebenheitstoleranz für das Tolerieren von ebenen Flächen gebraucht wird, benutzt man die Zylinderformtoleranz zum Tolerieren von Zylindermantelflächen.

Beispiel: Zylindermantelfläche (Bild 2.26)

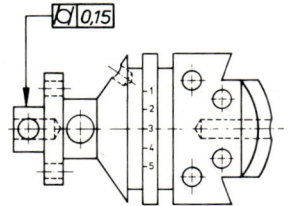

Bild 2.26 Zylindermantelfläche

Toleranzzone: Raum zwischen zwei koaxialen Zylindern (Bild 2.27)

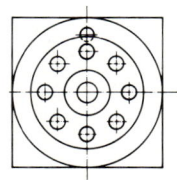

Bild 2.27
Raum zwischen zwei koaxialen Zylindern

Erklärung: Die tolerierte Zylindermantelfläche muß sich zwischen zwei im Abstand von 0,15 mm liegenden koaxialen Zylindern befinden.

2.3.2.5 Linienform

Mit der Linienformtoleranz wird eine beliebig geformte Linie toleriert.
So wie die Geradheits- und Rundheitstoleranz für das Tolerieren von geraden Linien und Kreislinien gebraucht wird, benutzt man die Linienformtoleranz zum Tolerieren von beliebig geformten Linien.

Beispiel: Linie einer Kuppe (Bild 2.28)
Toleranzzone: Fläche zwischen zwei Hüllinien (Bild 2.29)

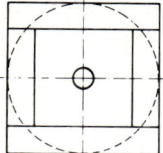 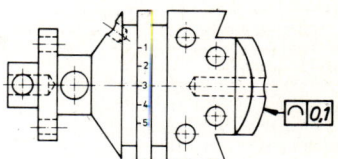

Bild 2.28 Linie einer Kuppe

Bild 2.29
Fläche zwischen zwei Hüllinien

Erklärung: Die tolerierte Linie der Kuppe muß sich in jedem Schnitt parallel zur Zeichenebene zwischen zwei Hüll-Linien an Kreisen mit ϕ 0,1 mm befinden. Die Kreismittelpunkte befinden sich auf der geometrisch idealen Linie.

2.3.2.6 Flächenform

Mit der Flächenformtoleranz wird eine beliebig geformte Fläche toleriert. Sie ist die Summe aller Linienformtoleranzen der Mantellinien einer beliebigen Fläche.
So wie die Ebenheitstoleranz für das Tolerieren von ebenen Flächen gebraucht wird, benutzt man die Flächenformtoleranz zum Tolerieren von beliebig geformten Flächen.

Beispiel: Fläche einer Kuppe (Bild 2.30)

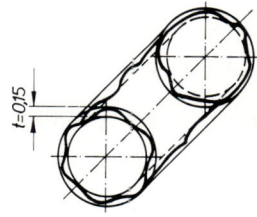 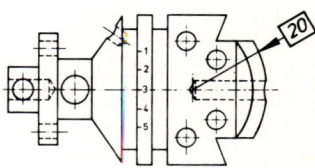

Bild 2.30 Fläche einer Kuppe

Toleranzzone: Raum zwischen zwei Hüllflächen (Bild 2.31)

Bild 2.31
Raum zwischen zwei Hüllflächen

Erklärung: Die tolerierte Fläche der Kuppe muß sich zwischen zwei Hüllflächen an Kugeln mit ϕ 0,05 mm befinden. Der Kugelmittelpunkt befindet sich auf der geometrisch idealen Fläche.

2.3.3 Lagetoleranzen

Tafel 2.11 Übersicht Lagetoleranzen

Benennung	Symbol	Kapitel
Richtungstoleranzen		
Parallelität	//	2. 3. 3. 1
Rechtwinkligkeit	⊥	2. 3. 3. 2
Neigung (Winkligkeit)	∠	2. 3. 3. 3
Ortstoleranzen		
Position	⊕	2. 3. 3. 4
Koaxialität (Konzentrizität)	◎	2. 3. 3. 5
Symmetrie	⚌	2. 3. 3. 6
Lauftoleranzen		
Rundlauf, Planlauf, Lauf	↗	2. 3. 3. 7

2.3.3.1 Parallelität

Mit der Parallelitätstoleranz wird eine Linie, Achse oder Fläche zu einer Bezugslinie, -achse, -ebene oder -fläche toleriert.

Art: Linie (oder Achse) zu einer Bezugslinie (-achse)

Beispiel: Zwei Bohrungen (Bild 2.32)

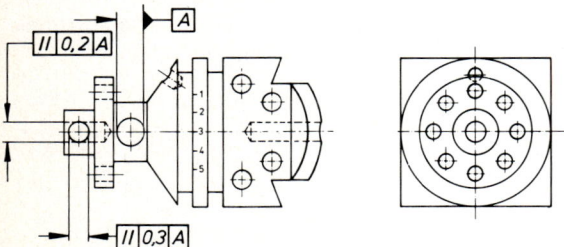

Bild 2.32 Zwei Bohrungen

Toleranzzone: Quader (Bild 2.33)

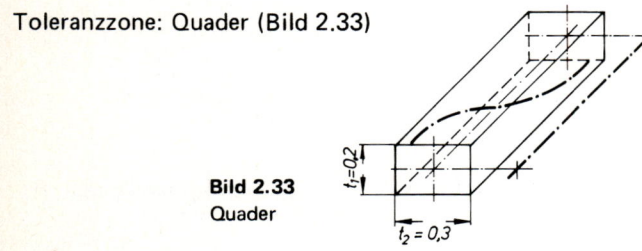

Bild 2.33
Quader

Erklärung: Die tolerierte Achse muß sich innerhalb eines Quaders vom Querschnitt 0,2 mm x 0,3 mm, der parallel zur Bezugsachse liegt, befinden.

Beispiel: Zwei Bohrungen (Bild 2.34)

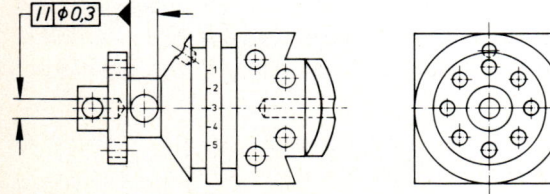

Bild 2.34 Zwei Bohrungen

Toleranzzone: Zylinder (Bild 2.35)

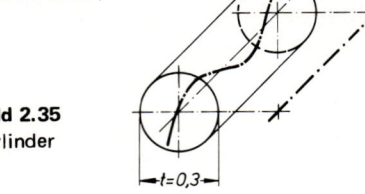

Bild 2.35
Zylinder

Erklärung: Die tolerierte Achse muß sich innerhalb eines Zylinders vom Durchmesser 0,3 mm, der parallel zur Bezugsachse liegt, befinden.

Beispiel: Zwei Bohrungen (Bild 2.36)

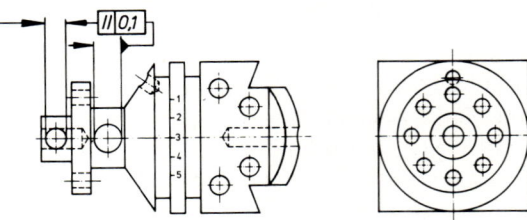

Bild 2.36 Zwei Bohrungen

Toleranzzone: Raum zwischen zwei parallelen Ebenen (Bild 2.37)

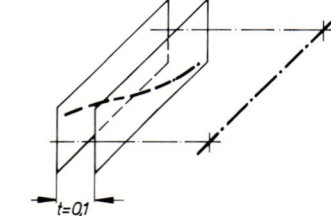

Bild 2.37
Zwei parallele Ebenen

Erklärung: Die tolerierte Achse muß sich zwischen zwei parallelen Ebenen im Abstand von 0,1 mm, die parallel zur Bezugsachse liegen, befinden.

Art: Linie (oder Achse) zu einer Bezugsebene (-fläche)

Beispiel: Kante zu Einstich (Bild 2.38)

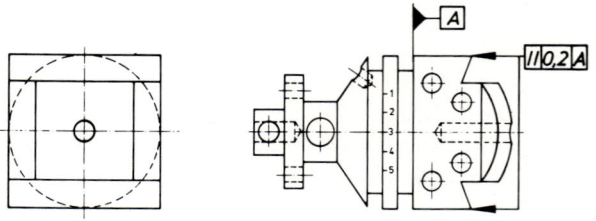

Bild 2.38 Kante zu Einstich

Toleranzzone: Raum zwischen zwei parallelen Ebenen (Bild 2.39)

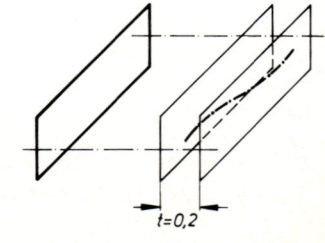

Bild 2.39
Raum zwischen zwei parallelen Ebenen

Erklärung: Die tolerierten Kanten müssen sich zwischen zwei parallelen Ebenen im Abstand von 0,2 mm, die parallel zur Bezugsachse liegen, befinden.

Art: Fläche zu einer Bezugslinie (-achse)

Beispiel: Flanschfläche zu Bohrung (Bild 2.40)

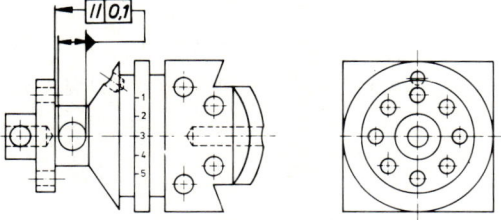

Bild 2.40 Flanschfläche zu Bohrung

Toleranzzone: Raum zwischen zwei parallelen Ebenen (Bild 2.41)

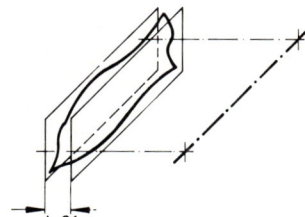

Bild 2.41
Raum zwischen zwei parallelen Ebenen

Erklärung: Die tolerierte Fläche muß sich zwischen zwei parallelen Ebenen im Abstand von 0,1 mm, die parallel zur Bezugsachse liegen, befinden.

Art: Fläche zu einer Bezugsebne (-fläche)

Beispiel: Stirnfläche zu Flanschfläche (Bild 2.42)

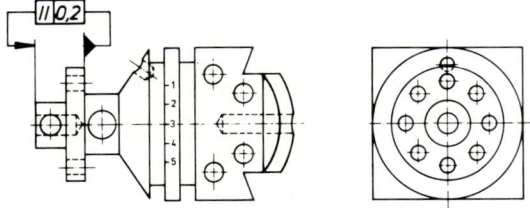

Bild 2.42 Stirnfläche zu Flanschfläche

Toleranzzone: Raum zwischen zwei parallelen Ebenen (Bild 2.43)

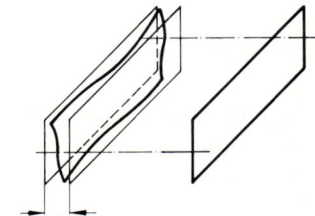

Bild 2.43
Raum zwischen zwei parallelen Ebenen

Erklärung: Die tolerierte Fläche muß sich zwischen zwei parallelen Ebenen im Abstand von 0,2 mm, die parallel zur Bezugsebene liegen, befinden.

2.3.3.2 Rechtwinkligkeit ⟂

Mit der Rechtwinkligkeitstoleranz wird eine Linie, Achse, Fläche oder Mittelebene zu einer Bezugslinie, -achse, -ebene oder -fläche toleriert.

Art: Linie (oder Achse) zu einer Bezugslinie (-achse)

Beispiel: Querbohrung zu Längsbohrung (Bild 2.44)

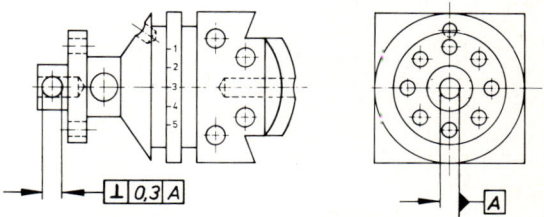

Bild 2.44 Querbohrung zu Längsbohrung

Toleranzzone: Raum zwischen zwei parallelen Ebenen (Bild 2.45)

Bild 2.45
Raum zwischen zwei parallelen Ebenen

Erklärung: Die tolerierte Achse muß sich zwischen zwei parallelen Ebenen im Abstand von 0,3 mm, die senkrecht zur Bezugsachse liegen, befinden.

Art: Linie (oder Achse) zu einer Bezugsebene (-fläche)

Beispiel: Längsbohrung zu Stirnfläche (Bild 2.46)

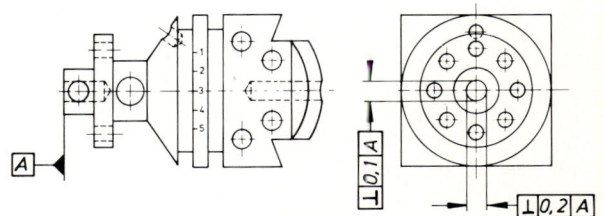

Bild 2.46 Längsbohrung zu Stirnfläche

Toleranzzone: Quader (Bild 2.47)

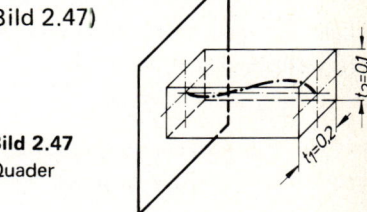

Bild 2.47
Quader

Erklärung: Die tolerierte Achse muß sich innerhalb eines Quaders vom Querschnitt 0,2 mm x 0,1 mm, der senkrecht zur Bezugslfäche liegt, befinden.

Beispiel: Längsbohrung zu Stirnfläche (Bild 2.48)

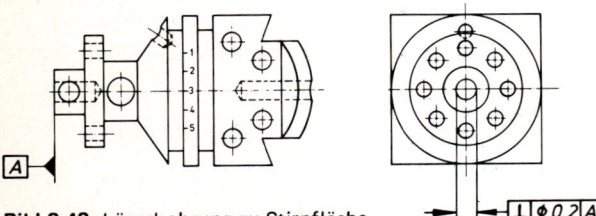

Bild 2.48 Längsbohrung zu Stirnfläche

Toleranzzone: Zylinder (Bild 2.49)

Bild 2.49
Zylinder

Erklärung: Die tolerierte Achse muß sich innerhalb eines Zylinders vom Durchmesser 0,2 mm, der senkrecht zur Bezugsfläche liegt, befinden.

Beispiel: Längsbohrung zu Stirnfläche (Bild 2.50)

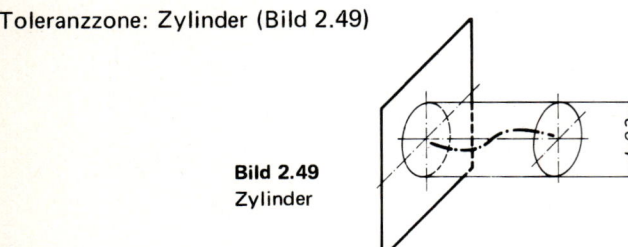

Bild 2.50 Längsbohrung zu Stirnfläche

Toleranzzone: Raum zwischen zwei parallelen Ebenen (Bild 2.51)

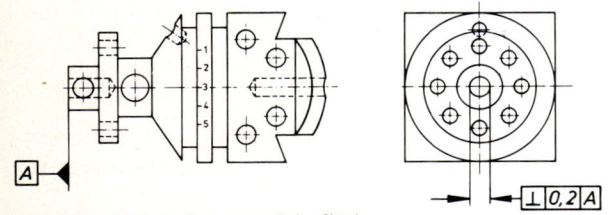

Bild 2.51
Raum zwischen zwei parallelen
Ebenen

Erklärung: Die tolerierte Achse muß sich zwischen zwei parallelen Ebenen im Abstand von 0,2 mm, die senkrecht zur Bezugsfläche liegen, befinden.

Art: Fläche (oder Mittelebene) zu einer Bezugslinie (-achse)

Beispiel: Flanschfläche zu Ansatzachse (Bild 2.52)

Toleranzzone: Raum zwischen zwei parallelen Ebenen (Bild 2.53)

Erklärung: Die tolerierte Fläche muß sich zwischen zwei parallelen Ebenen im Abstand von 0,1 mm, die senkrecht zur Bezugsachse liegen, befinden.

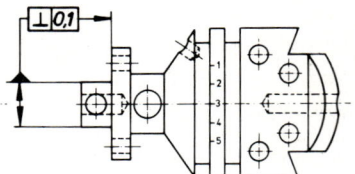
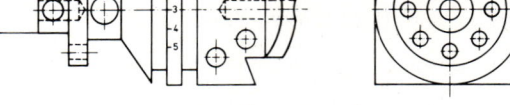

Bild 2.52 Flanschfläche zu Ansatzachse

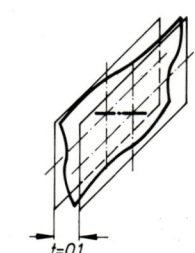

Bild 2.53
Raum zwischen zwei parallelen Ebenen

Art: Fläche (oder Mittelebene) zu einer Bezugsebene (-fläche)

Beispiel: Anlagefläche zu einer Seitenfläche (Bild 2.54)

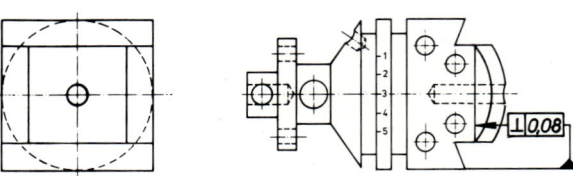

Bild 2.54 Anlagefläche zu einer Seitenfläche

Toleranzzone: Raum zwischen zwei parallelen Ebenen (Bild 2.55)

Bild 2.55
Raum zwischen zwei parallelen
Ebenen

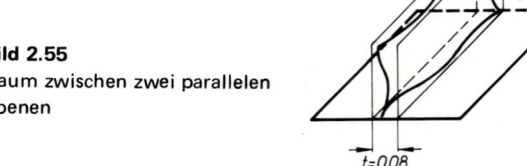

Erklärung: Die tolerierte Fläche muß sich zwischen zwei parallelen Ebenen im Abstand von 0,08 mm, die senkrecht zur Bezugsfläche liegen, befinden.

2.3.3.3 Neigung (Winkligkeit)

Mit der Neigungstoleranz wird eine Linie, Achse, Fläche oder Mittelebene zu einer Bezugslinie, -achse, -ebene oder -fläche toleriert.

Art: Linie (oder Achse) zu einer Bezugslinie (-achse)

Beispiel: Bohrung in Kegelfläche zu Längsbohrung (Bild 2.56)

Toleranzzone: Raum zwischen zwei parallelen Ebenen (Bild 2.57)

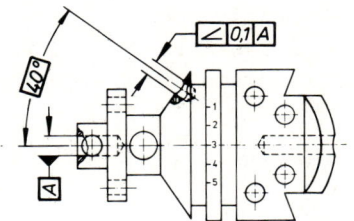
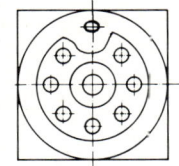

Bild 2.56 Bohrung in Kegelfläche zu Längsbohrung

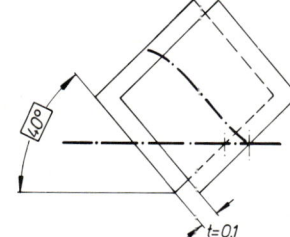

Bild 2.57
Raum zwischen zwei parallelen Ebenen

Erklärung: Die tolerierte Achse muß sich zwischen zwei parallelen Ebenen im Abstand von 0,1 mm, die im Winkel von 40° zur Bezugsachse geneigt liegen, befinden.

Art: Linie (oder Achse) zu einer Bezugsebene (-fläche)

Beispiel: Bohrung in Kegelfläche zu einer Seitenfläche (Bild 2.58)

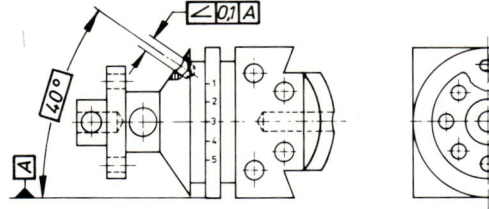

Bild 2.58 Bohrung in Kegelfläche zu einer Seitenfläche

Toleranzzone: Raum zwischen zwei parallelen Ebenen (Bild 2.59)

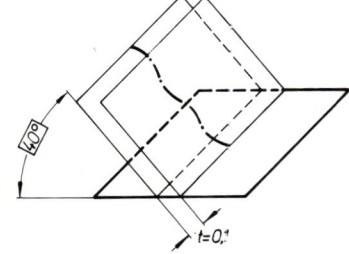

Bild 2.59
Raum zwischen zwei parallelen Ebenen

Erklärung: Die tolerierte Achse muß sich zwischen zwei parallelen Ebenen im Abstand von 0,1 mm, die im Winkel von 40° zur Bezugsfläche geneigt liegen, befinden.

Art: Fläche (oder Mittelebene) zu einer Bezugslinie (-achse)

Beispiel: Vier Teilflächen zu Längsbohrung (Bild 2.60)
Toleranzzone: Raum zwischen zwei parallelen Ebenen (Bild 2.61)

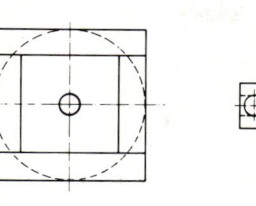
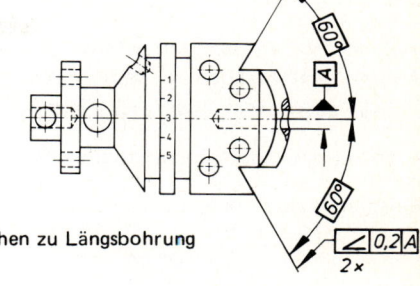

Bild 2.60 Vier Teilflächen zu Längsbohrung

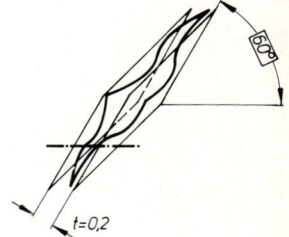

Bild 2.61
Raum zwischen zwei parallelen Ebenen

Erklärung: Die tolerierten Flächen müssen sich jeweils zwischen zwei parallelen Ebenen im Abstand von 0,2 mm, die im Winkel von 60° zur Bezugsachse geneigt liegen, befinden.

Art: Fläche (oder Mittelebene) zu einer Bezugsebene (-fläche)

Beispiel: Jeweils zwei Teilflächen zu einer Seitenfläche (Bild 2.62)

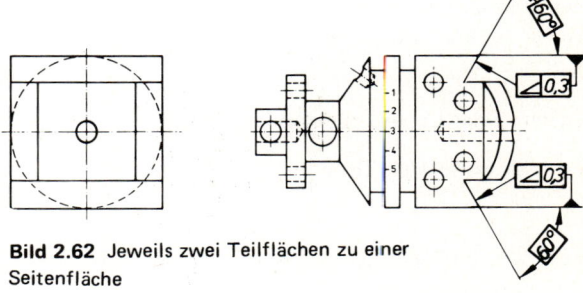

Bild 2.62 Jeweils zwei Teilflächen zu einer Seitenfläche

Toleranzzone: Raum zwischen zwei parallelen Ebenen (Bild 2.63)

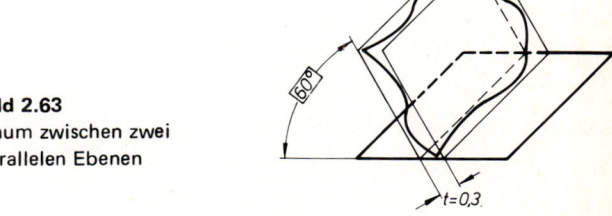

Bild 2.63
Raum zwischen zwei parallelen Ebenen

Erklärung: Die tolerierten Flächen müssen sich jeweils zwischen zwei parallelen Ebenen im Abstand von 0,3 mm, die im Winkel von 60° zur Bezugsfläche geneigt liegen, beinden.

2.3.3.4 Position ⊕

Mit der Positionstoleranz werden eine oder mehrere Linien, Achsen oder Flächen zueinander oder zu einer Bezugslinie, -achse, -ebene oder -fläche toleriert.

Art: Achsen (oder Linien) zueinander

Beispiel: Vier Bohrungen (Bild 2.64)

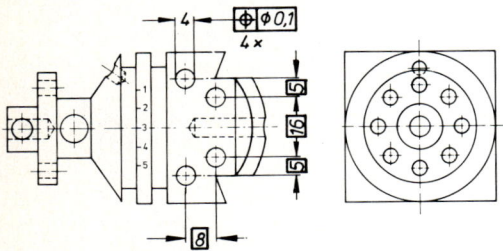

Bild 2.64 Vier Bohrungen

Toleranzzone: Zylinder (Bild 2.65)

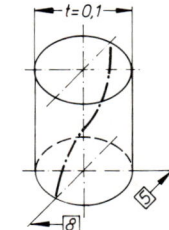

Bild 2.65
Zylinder

Erklärung: Die tolerierten Achsen der Bohrungen müssen sich jeweils innerhalb eines Zylinders vom Durchmesser 0,1 mm, dessen Achse durch theoretische Maße festgelegt ist, befinden.

Art: Achsen (oder Linien) zueinander

Beispiel: Vier Bohrungen (Bild 2.66)

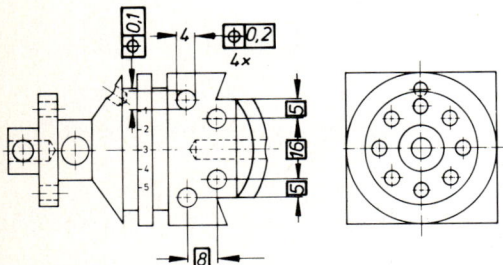

Bild 2.66 Vier Bohrungen

Toleranzzone: Quader (Bild 2.67)

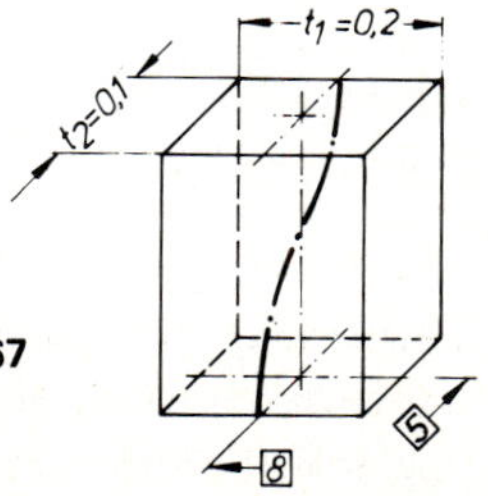

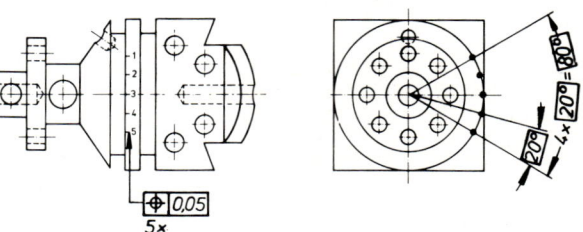

Bild 2.67
Quader

Erklärung: Die tolerierten Achsen der Bohrungen müssen sich jeweils innerhalb eines Quaders vom Querschnitt 0,2 mm x 0,1 mm, dessen Achse durch theoretische Maße festgelegt ist, befinden.

Art: Linien (oder Flächen) zueinander

Beispiel: Fünf Teilungslinien (Bild 2.68)

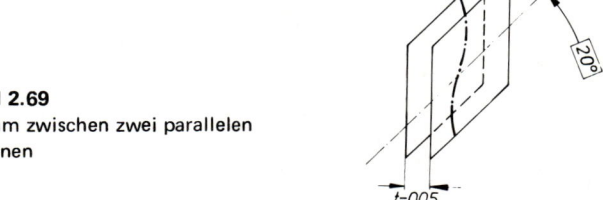

Bild 2.68 Fünf Teilungslinien

Toleranzzone: Raum zwischen zwei parallelen Ebenen (Bild 2.69)

Bild 2.69
Raum zwischen zwei parallelen
Ebenen

Erklärung: Die tolerierten Markierungslinien müssen sich jeweils zwischen zwei parallelen Ebenen im Abstand von 0,05 mm, die symmetrisch zu den theoretisch festgelegten Winkelmaßen liegen, befinden.

Art: Eine oder mehrere Linien (oder Achsen) zu einer Bezugslinie (-achse)

Beispiel: Acht Bohrungen auf Teilungskreis zu Längsbohrung (Bild 2.70)

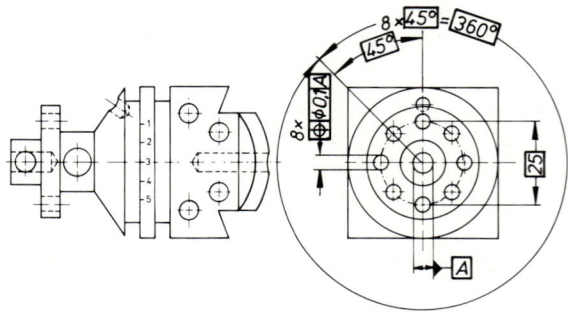

Bild 2.70 Acht Bohrungen auf Teilungskreis zu Längsbohrung

Toleranzzone: Zylinder (Bild 2.71)

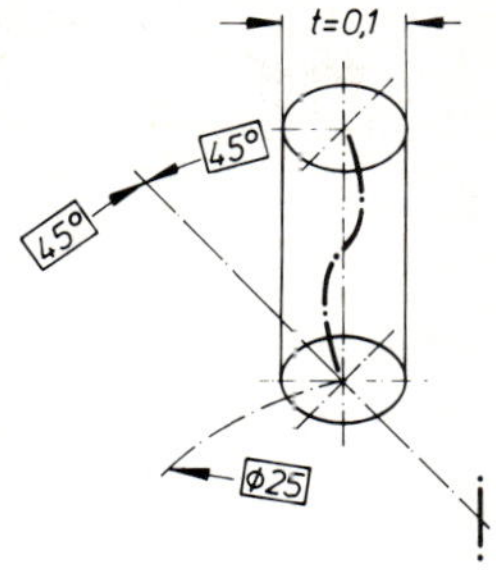

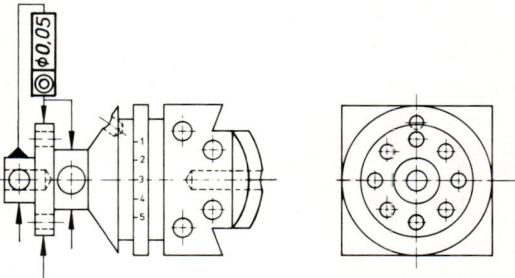

Bild 2.71
Zylinder

Erklärung: Die tolerierten Achsen der Bohrungen müssen sich jeweils innerhalb eines Zylinders vom Durchmesser 0,1 mm, dessen Achse durch theoretische Maße des Teilungswinkels und -durchmessers (koaxial zur Bezugsachse) festgelegt ist, befinden.

Art: Eine oder mehrere Flächen zu einer Bezugsfläche

Beispiel: Vier Einstichringflächen zu Stirnfläche (Bild 2.72)

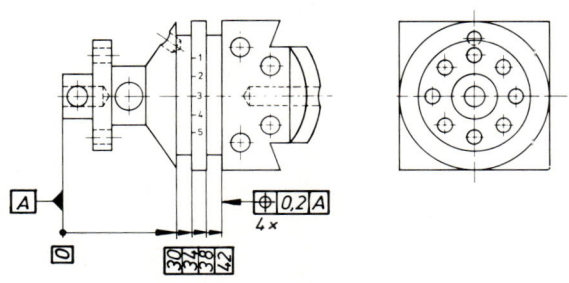

Bild 2.72 Vier Einstichringflächen zu Stirnfläche

Toleranzzone: Raum zwischen zwei parallelen Ebenen (Bild 2.73)

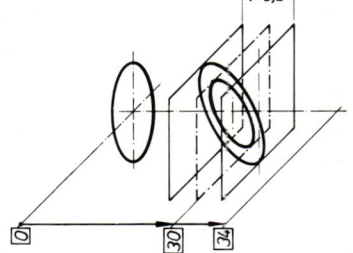

Bild 2.73 Raum zwischen zwei parallelen Ebenen

Erklärung: Die tolerierten Ringflächen müssen sich jeweils zwischen zwei parallelen Ebenen im Abstand von 0,2 mm, die symmetrisch zu den theoretisch festgelegten Abstandsmaßen (ausgehend von der Bezugsebene) liegen, befinden.

2.3.3.5 Koaxialität (Konzentrizität) ⌾

Mit der Koaxialitätstoleranz werden eine oder mehrere Achsen zu einer oder mehreren Bezugsachsen toleriert. Die Konzentrizitätstoleranz hat die gleiche Bedeutung wie die Koaxialitätstoleranz, nur daß sie für Teile gilt, die zu ihrem Durchmesser verhältnismäßig kurz sind.

Art: Eine oder mehrere Achsen zu einer Bezugsache

Beispiel: Flanschdurchmesser und Eindrehung zu Stirnansatz (Bild 2.74)

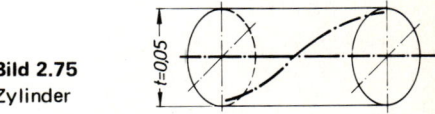

Bild 2.74 Flanschdurchmesser und Eindrehung zu Stirnansatz

Toleranzzone: Zylinder (Bild 2.75)

Bild 2.75
Zylinder

Erklärung: Die tolerierten Achsen der Zylinder müssen sich jeweils innerhalb eines Zylinders vom Durchmesser 0,05 mm, der koaxial zur Bezugsachse liegt, befinden.

2.3.3.6 Symmetrie ⌯

Mit der Symmetrietoleranz wird eine Achse oder Mittelebene zu einer oder zwei Bezugsmittelebenen toleriert.

Art: Eine Achse zu einer Bezugsmittelebene

Beispiel: Querbohrung zu zwei Außenflächen (Bild 2.76)

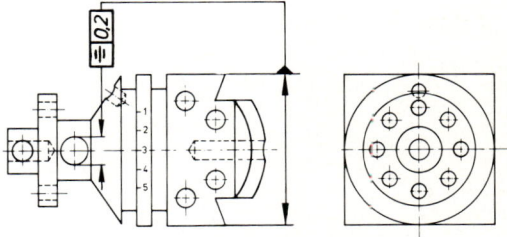

Bild 2.76 Querbohrung zu zwei Außenflächen

Toleranzzone: Raum zwischen zwei parallelen Ebenen (Bild 2.77)

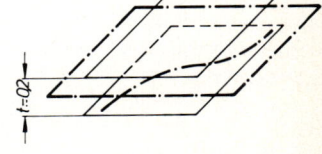

Bild 2.77 Raum zwischen zwei parallelen Ebenen

Erklärung: Die tolerierte Achse der Bohrung muß sich zwischen zwei parallelen Ebenen im Abstand von 0,2 mm, die symmetrisch zur Bezugsebene liegen, befinden.

Art: Eine Achse zu zwei Bezugsmittelebenen

Beispiel: Längsbohrung zu vier Außenflächen (Bild 2.78)

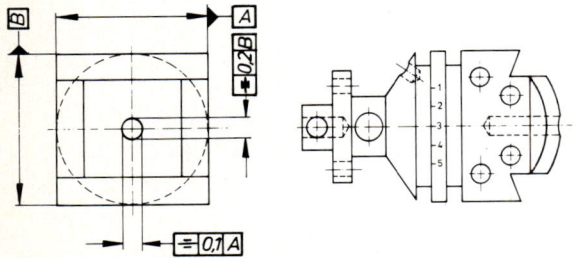

Bild 2.78 Längsbohrung zu vier Außenflächen

Toleranzzone: Quader (Bild 2.79)

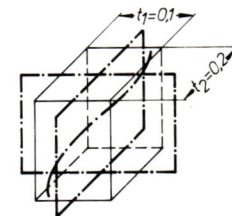

Bild 2.79
Quader

Erklärung: Die tolerierte Achse der Bohrung muß sich innerhalb eines Quaders vom Querschnitt 0,1 x 0,2 mm, dessen Achse die Schnittgerade der beiden Bezugsmittelebenen ist, befinden.

Art: Eine Mittelebene zu einer Bezugsmittelebene

Beispiel: Absatz zu zwei Außenflächen (Bild 2.80)

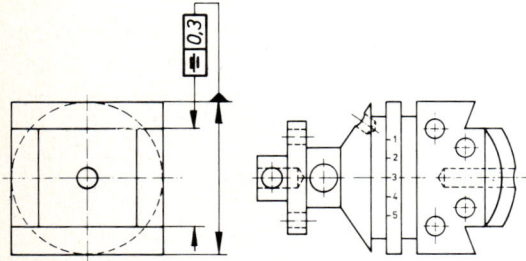

Bild 2.80 Absatz zu zwei Außenflächen

Toleranzzone: Raum zwischen zwei parallelen Ebenen (Bild 2.81)

Bild 2.81
Raum zwischen zwei
parallelen Ebenen

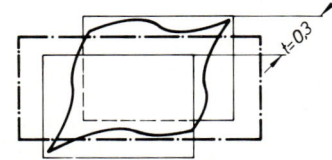

Erklärung: Die tolerierte Mittelebene der Erhöhung muß sich zwischen zwei parallelen Ebenen im Abstand von 0,3 mm, die symmetrisch zur Bezugsmittelebene liegen, befinden.

2.3.3.7 Rundlauf, Planlauf, Lauf

Mit der Rundlauf-, Planlauf- und Lauftoleranz werden Zylinder-, Plan- oder Kegelmantelflächen zu einer oder mehreren Bezugsachsen toleriert.

Achtung: Die Toleranz gilt für jede Meßstelle neu. Es werden mit diesen Toleranzen keine Geradheits-, Parallelitäts- und Neigungsabweichungen der Mantellinien bzw. Ebenheitsabweichungen der Planflächen erfaßt.

Art: Rundlauftoleranz zu zwei Bezugsachsen

Beispiel: Flanschdurchmesser zu Stirn- und Außendurchmesser (Bild 2.82)

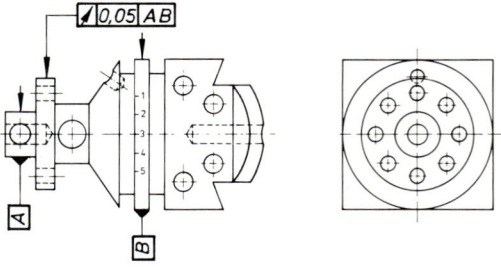

Bild 2.82 Flanschdurchmesser zu Stirn- und Außendurchmesser

Toleranzzone: Fläche zwischen zwei konzentrischen Kreisen in der jeweiligen Meßebene (Bild 2.83)

Bild 2.83
Fläche zwischen zwei konzentrischen
Kreisen in der jeweiligen Meßebene

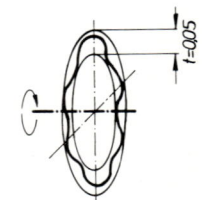

Erklärung: An jeder achsensenkrechten Meßstelle (Meßebene) muß die Rundlauftoleranz der tolerierten Zylindermantelfläche, bei Drehung um die Bezugsachse, zwischen zwei konzentrischen Kreisen im Abstand von 0,05 mm liegen.

Art: Planlauftoleranz zu einer Bezugsachse

Beispiel: Stirnfläche zu Außendurchmesser (Bild 2.84)

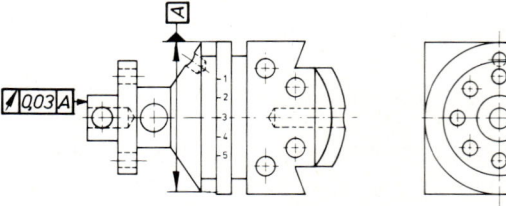

Bild 2.84 Stirnfläche zu Außendurchmesser

Toleranzzone: Fläche zwischen zwei koaxialen Kreisen im jeweiligen Meßabstand von der Bezugsachse (Bild 2.85)

Bild 2.85
Fläche zwischen zwei koaxialen
Kreisen im jeweiligen Meßabstand
von der Bezugsachse

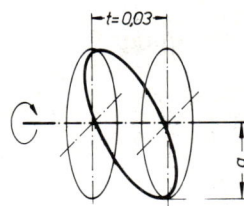

Erklärung: An jeder parallel zur Bezugsachse und in beliebigem Abstand a befindlichen Meßstelle muß die Planlauftoleranz der tolerierten Stirnfläche, bei Drehung um die Bezugsachse, zwischen koaxialen Kreisen im Abstand von 0,,03 mm liegen.

Art: Lauftoleranz zu einer Bezugsachse

Beispiel: Kegelmantelfläche zu Stirndurchmesser (Bild 2.86)

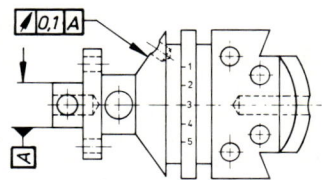 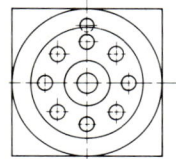

Bild 2.86 Kegelmantelfläche

Toleranzzone: Fläche zwischen zwei koaxialen Kreisen auf dem jeweiligen Meßkegel (Bild 2.87)

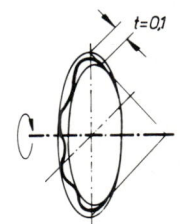

Bild 2.87
Fläche zwischen zwei koaxialen Kreisen auf
dem jeweiligen Meßkegel

Erklärung: An jeder zur Kegelmantelfläche senkrechten Meßstelle (Meßkegel) muß die Lauftoleranz der tolerierten Kegelmantelfläche, bei Drehung um die Bezugsachse, zwischen zwei koaxialen Kreisen des Meßkegels von 0,1 mm Abstand liegen.

2.4 Passungen [2.1], [2.2]

Die Beziehung zwischen gefügten Teilen, die sich aus dem Maßunterschied dieser Teile vor dem Fügen ergibt, nennt man Passung. Man unterscheidet hinsichtlich der Paßflächen:

— Rundpassung (kreiszylindrische Flächen)
— Flachpassung (ebene Flächen).

Die nachfolgenden Abschnitte beziehen sich nur auf Rundpassungen, wobei das dort gesagte auch für Flachpassungen angewendet werden kann.
Bei Passungen muß neben der Einhaltung der Grenzmaße auch die Hüllbedingung eingehalten werden.

Hüllbedingung [2.7]

> Die Hüllbedingung bedeutet, daß das betreffende Formelement die geometrisch ideale Hüllfläche (Zylinderfläche oder parallele Flächen) mit Maximum-Material-Maß an keiner Stelle durchbrechen darf.

2.4.1 Begriffe (Bild 2.88) [2.8]

Maß ist eine Zahl, welche eine Länge oder einen Winkel in der gewählten Einheit ausdrückt.
Nennmaß —N— ist das Maß, auf das sich die Grenzmaße beziehen bzw. auf welches die Abmaße bezogen sind (Bild 2.89).
Nullinie —0— ist in der graphischen Darstellung der Toleranzen und Passungen die gerade Linie, auf welche die Abmaße bezogen sind. Sie ist die Linie des Abmaßes Null und

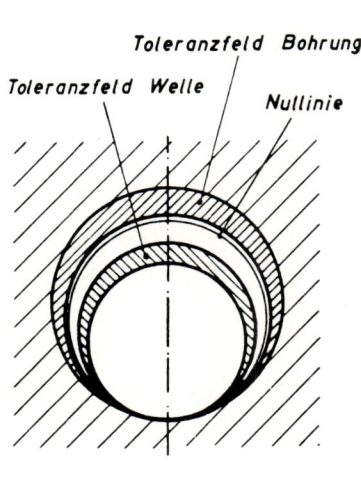
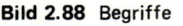

Bild 2.88 Begriffe

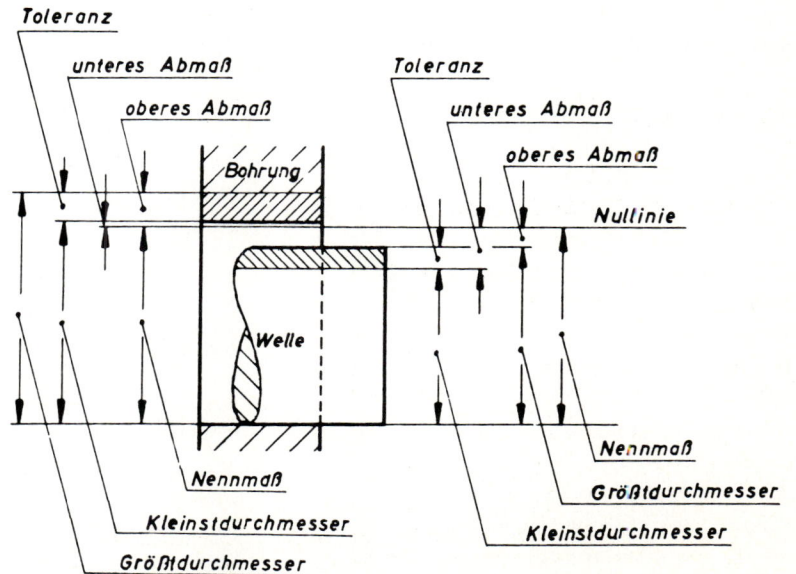

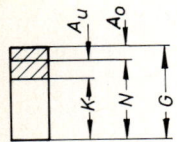

Bild 2.89 Nennmaß, Größtmaß, Kleinstmaß

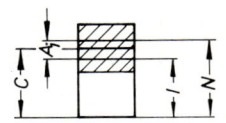

Bild 2.90 Istmaß, Mittenmaß

entspricht dem Nennmaß. Die positiven Abmaße liegen über, die negativen Abmaße unter der Nullinie.

Istmaß —I— ist das Maß eines Werkstücks, welches sich aus der Messung ergibt (Bild 2.90).

Grenzmaße sind die beiden äußerst zulässigen Maße (Größtmaß und Kleinstmaß), zwischen denen das Istmaß liegen muß.

Größtmaß —G— ist das größte der beiden Grenzmaße.

Kleinstmaß —K— ist das kleinste der beiden Grenzmaße.

Mittenmaß —C— ist der arithmetische Mittelwert aus Größt- und Kleinstmaß.

Abmaß ist die algebraische Differenz zwischen einem Grenzmaß und dem Nennmaß oder einem Istmaß und dem Nennmaß.

Grenzabmaße sind oberes und unteres Abmaß (Bild 2.91).

Oberes Abmaß —A_o— bildet zusammen mit dem Nennmaß das Größtmaß.

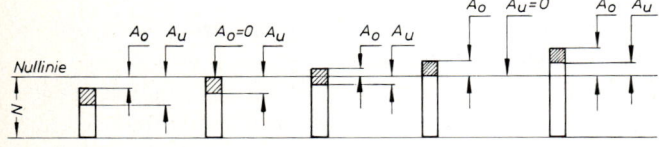

Bild 2.91 Grenzmaße

Unteres Abmaß —A_u— bildet zusammen mit dem Nennmaß das Kleinstmaß.

Grundabmaß ist dasjenige der beiden Abmaße, welches die Lage des Toleranzfeldes zur Nullinie bestimmt.

Istabmaß —A_i— bildet zusammen mit dem Nennmaß das Istmaß.

Toleranz ist die algebraische Differenz zwischen den beiden Grenzmaßen.

Maßtoleranz —T— ist die Differenz zwischen dem Größtmaß und dem Kleinstmaß. Sie ist ein absoluter Wert ohne Vorzeichen.

Toleranzsystem ist die systematische Zusammenfassung von genormten Toleranzen und Abmaßen.

Grundtoleranz ist die Toleranz, welche in einem Toleranzsystem jeweils einem Genauigkeitsgrad und einem Nennmaßbereich zugeordnet ist.

Toleranzfeld ist in einer graphischen Darstellung das Feld, das durch die beiden Grenzmaße begrenzt und in seiner Größe und Lage in Bezug auf die Nullinie bestimmt wird.

Welle ist eine durch Vereinbarung gewählte Bezeichnung für die äußeren zylindrischen Gestaltelemente eines Werkstücks.

Bohrung ist eine durch Vereinbarung gewählte Bezeichnung für die inneren zylindrischen Gestaltelemente eines Werkstücks.

Spielpassung ist eine Passung, die stets Spiel hat. Das Toleranzfeld der Bohrung liegt völlig über dem der Welle (Bild 2.92).

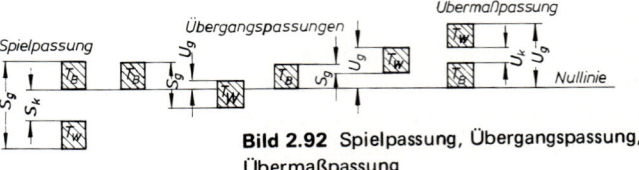

Bild 2.92 Spielpassung, Übergangspassung, Übermaßpassung

Spiel —S— ist die Differenz zwischen den Maßen der Bohrung und der Welle vor der Paarung. Das Ergebnis muß immer positiv sein (Bild 2.93).

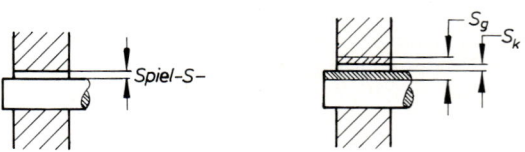

Bild 2.93 Spiel   **Bild 2.94** Größtspiel, Kleinstspiel

Größtspiel —S_g— ist in einer Spiel- oder Übergangspassung die Differenz zwischen dem Größtmaß der Bohrung und dem Kleinstmaß der Welle (Bild 2.94).

Kleinstspiel —S_k— ist in einer Spielpassung die Differenz zwischen dem Kleinstmaß der Bohrung und dem Größtmaß der Welle.

Istspiel —S_i— ist die Differenz zwischen dem Istmaß der Bohrung und dem Istmaß der Welle (Bild 2.95).

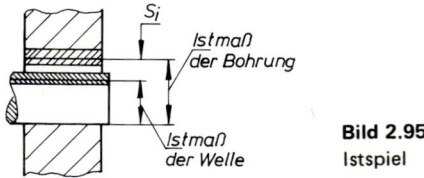

Bild 2.95 Istspiel

Übergangspassung ist eine Passung, die sowohl Spiel als auch Übermaß aufweisen kann. Die Toleranzfelder von Bohrung und Welle überdecken sich teilweise (Bild 2.92 und 2.96).

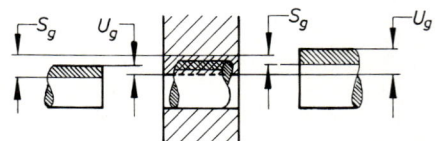

Bild 2.96 Übergangspassung

Übermaßpassung (bisher Preßpassung genannt) ist eine Passung, die stets Übermaß aufweist. Das Toleranzfeld der Bohrung liegt völlig über dem der Welle (Bild 2.92).

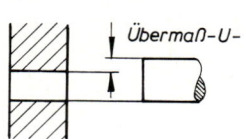

Bild 2.97 Übermaß

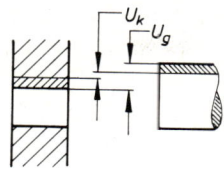

Bild 2.98 Größtübermaß, Kleinstübermaß

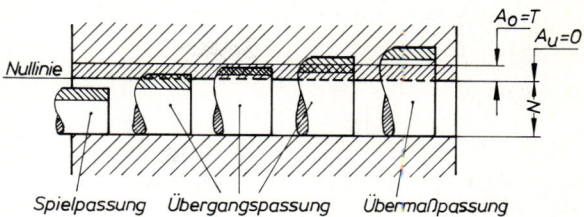

Bild 2.100 System Einheitsbohrung

Übermaß —U— ist die Differenz zwischen den Maßen der Bohrung und der Welle vor der Paarung. Das Ergebnis muß immer negativ sein (Bild 2.97).

Größtübermaß —U_g— ist in einer Übermaßpassung die Differenz zwischen dem Kleinstmaß der Bohrung und dem Größtmaß der Welle (Bild 2.98).

Kleinstübermaß —U_k— ist in einer Übermaßpassung die Differenz zwischen dem Größtmaß der Bohrung und dem Kleinstmaß der Welle.

Istübermaß —U_i— ist die Differenz zwischen dem Istmaß der Bohrung und dem Istmaß der Welle (Bild 2.99).

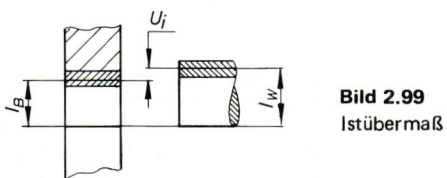

Bild 2.99 Istübermaß

Paßtoleranz —T_p— ist die arithmetische Summe der Toleranzen beider Teile einer Passung.

Paßsystem ist die systematische Zusammenfassung von Passungen zwischen Wellen und Bohrungen.

2.4.2 ISO-Paßsysteme

(ISO International Organization for Standardization) [2.9]

Die beiden ISO-Paßsysteme:

— Einheitsbohrung und
— Einheitswelle

stehen gleichberechtigt nebeneinander. In beiden Systemen gibt es die drei Passungsarten

— Spielpassung — Übergangspassung — Übermaßpassung.

Leider sind die DIN-Teile (Zylinderstifte, Spannhülsen, Lötösen usw.) keinem der beiden Systeme zugeordnet.

2.4.2.1 System Einheitsbohrung (Bild 2.100)

Dieses System ist durch die Einheitsbohrung, deren unteres Abmaß $A_u = 0$ (Kleinstmaß der Bohrung) und deren oberes Abmaß $A_o = T$ (Maßtoleranz der Bohrung) ist, gekennzeichnet. Die Grundabmaße aller Bohrungen sind also gleich groß. Die erforderlichen Spiele und Übermaße für die verschiedenen Passungen entstehen durch kleinere und größere Wellendurchmesser.

Bei Werkstücken, bei denen beide Partner bearbeitet werden müssen, wählt man dieses System. Der Vorteil besteht darin, daß man für die benötigten Bohrungsdurchmesser nur jeweils eine Reibahle braucht und die Welle bei der Bearbeitung entsprechend angepaßt werden kann.

2.4.2.2 System Einheitswelle (Bild 2.101)

Hier ist das System durch die Einheitswelle, deren oberes Abmaß $A_o = 0$ (Größtmaß der Welle) und deren unteres Abmaß $A_u = T$ (Maßtoleranz der Welle) ist, gekennzeichnet. Die Grundabmaße aller Wellen sind also gleich groß. Die erforderlichen Spiele und Übermaße für die verschiedenen Passungen entstehen durch kleinere und größere Bohrungsdurchmesser.

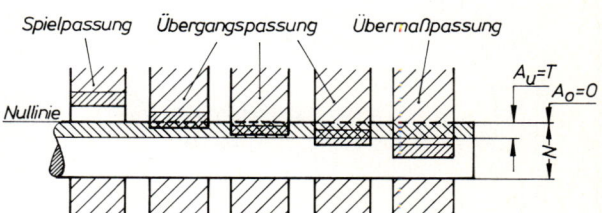

Bild 2.101 System Einheitswelle

Kann man für die Wellen handelsübliches Rundmaterial z. B. mit den Qualitäten h9 oder h11 verwenden, so wählt man dieses System. Da jetzt die Bohrungen an die Wellen angepaßt werden müssen, braucht man für jeden Bohrungsdurchmesser viele verschiedene Reibahlen (kann zu hohen Werkzeugkosten führen).

2.4.3 Kennbuchstaben und Lage der Toleranzfelder
(Bild 2.102)

Die Lage des jeweiligen Toleranzfeldes zur Nullinie wird durch die Größe des Nennmaßes (jedem Nennmaß ist ein Grundabmaß zugeordnet) bestimmt und mit einem (in einigen Fällen auch durch zwei) Buchstaben gekennzeichnet. Man verwendet die Buchstaben A bis Z, wobei I, L, O, Q und W nicht benutzt werden. Damit Außen- und Innenteile unterschieden werden können, werden für

— Bohrungen (Außenteile) nur Großbuchstaben
— Wellen (Innenteile) nur Kleinbuchstaben

verwendet.

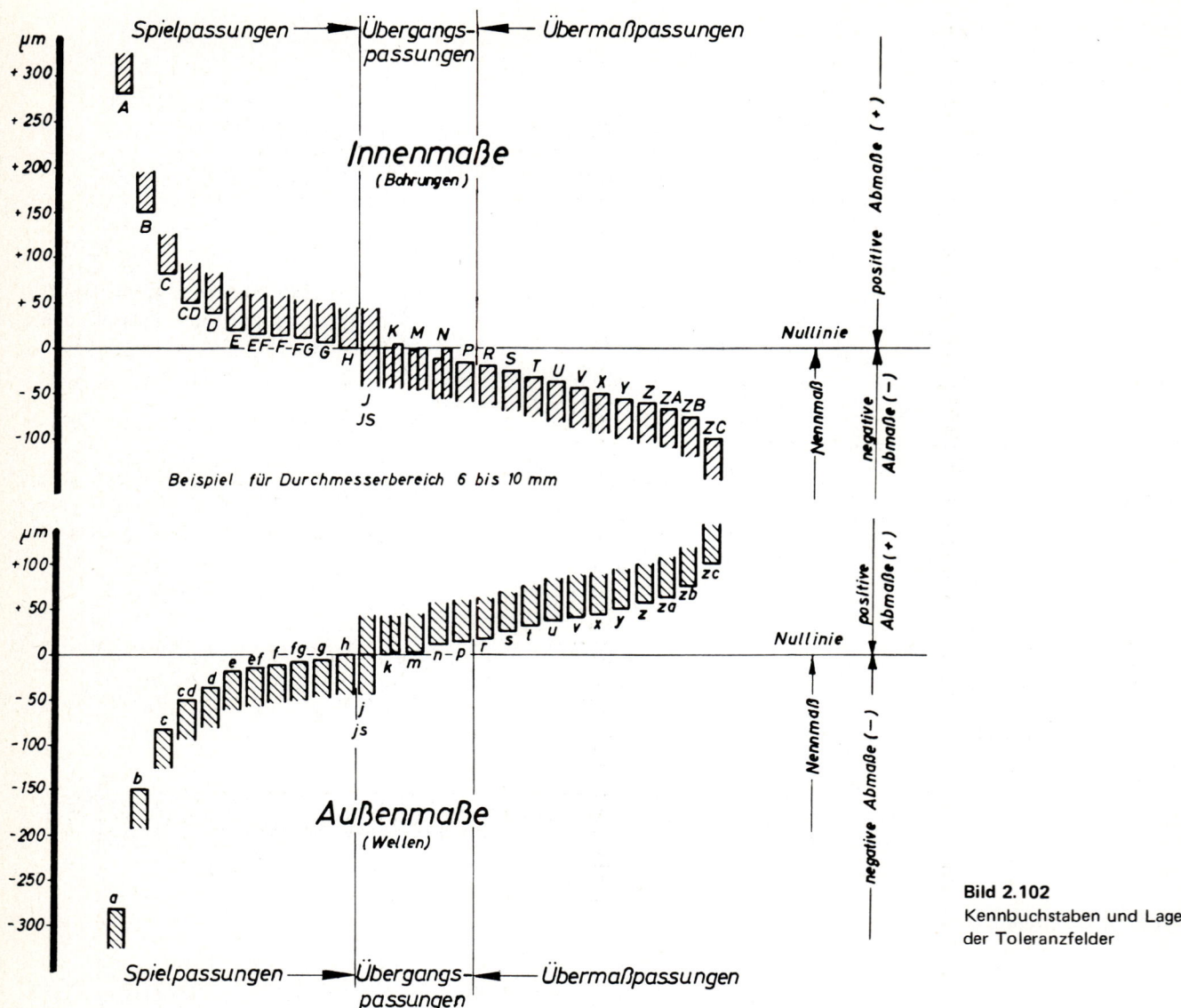

Bild 2.102
Kennbuchstaben und Lage der Toleranzfelder

2.4.4 Kennzahlen und Größe der Toleranzfelder

Die Größe der Toleranz (Grundtoleranz IT = ISO-Toleranzreihe) wird durch Kennzahlen gekennzeichnet. Diese Kennzahlen nennt man

— Qualitäten.

Es gibt 20 Qualitäten (01;0 und 1 bis 18) für jeden Nennmaßbereich. Zur Qualität 01 gehören die kleinsten, zur Qualität 18 die größten Toleranzen. Die Größe des Unterschieds zwischen Größt- und Kleinstmaß wird also durch die Qualität ausgedrückt.

Da einem kleinen Nennmaß eine kleinere Toleranz und einem größeren Nennmaß eine größere Toleranz zugeordnet werden muß, gibt es eine Grundtoleranztafel für die Nennmaßbereiche und Toleranzreihen (Tafel 2.12). Die Größen der Toleranzen werden in μm angegeben.

Die Tafelwerte ab IT 5 entstanden mit der Beziehung:

$$i = 0{,}45 \cdot \sqrt[3]{D} + 0{,}001 \cdot D$$

Es bedeuten:

i = Toleranzeinheit in μm

D = Geometrisches Mittel aus den Grenzwerten D_1 und D_2 des Nennmaßbereichs $D = \sqrt{D_1 \cdot D_2}$ in mm.
Mit $0{,}001 \cdot D$ wird bei steigendem Nennmaß die linear zunehmende Unsicherheit beim Messen berücksichtigt.
Die Faktoren 0,45 und 0,001 sind Erfahrungswerte.

Von IT 01 bis IT 4 gelten folgende Formeln:

Für IT 01 : 0,3 + 0,008 D
IT 0 : 0,5 + 0,012 D
IT 1 : 0,8 + 0,020 D

Tafel 2.12: Grundtoleranzen in μm

Nennmaß-bereiche in mm	IT-Qualitäten																			
	01	0	1	2	3	4	5	6	7	8	9	10	11	12	13	14	15	16	17	18
≤ 1	0,3	0,5	0,8	1,2	2	3	4	6	10	14	25	40	60	–	–	–	–	–	–	–
> 1 bis 3	0,3	0,5	0,8	1,2	2	3	4	6	10	14	25	40	60	100	140	250	400	600	–	–
> 3 bis 6	0,4	0,6	1,0	1,5	2,5	4	5	8	12	18	30	48	75	120	180	300	480	750	–	–
> 6 bis 10	0,4	0,6	1,0	1,5	2,5	4	6	9	15	22	36	58	90	150	220	360	580	900	1500	–
> 10 bis 18	0,5	0,8	1,2	2,0	3	5	8	11	18	27	43	70	110	180	270	430	700	1100	1800	2700
> 18 bis 30	0,6	1,0	1,5	2,5	4	6	9	13	21	33	52	84	130	210	330	520	840	1300	2100	3300
> 30 bis 50	0,6	1,0	1,5	2,5	4	7	11	16	25	39	62	100	160	250	390	620	1000	1600	2500	3900
> 50 bis 80	0,8	1,2	2,0	3,0	5	8	13	19	30	46	74	120	190	300	460	740	1200	1900	3000	4600
> 80 bis 120	1,0	1,5	2,5	4,0	6	10	15	22	35	54	87	140	220	350	540	870	1400	2200	3500	5400
> 120 bis 180	1,2	2,0	3,5	5,0	8	12	18	25	40	63	100	160	250	400	630	1000	1600	2500	4000	6300
> 180 bis 250	2,0	3,0	4,5	7,0	10	14	20	29	46	72	115	185	290	460	720	1150	1850	2900	4600	7200
> 250 bis 315	2,5	4,0	6,0	8,0	12	16	23	32	52	81	130	210	320	520	810	1300	2100	3200	5200	8100
> 315 bis 400	3,0	5,0	7,0	9,0	13	18	25	36	57	89	140	230	360	570	890	1400	2300	3600	5700	8900
> 400 bis 500	4,0	6,0	8,0	10,0	15	20	27	40	63	97	155	250	400	630	970	1550	2500	4000	6300	9700

Tafel 2.13 Passungsauswahl

Toleranzfelder dargestellt für Nennmaß 20 mm — Toleranzfeldauswahl: Reihe 1, Reihe 2, Reihe 3. Toleranzen in μm.

Die folgenden Werte sind jeweils als oberes/unteres Abmaß (μm) angegeben.

Qualität	IT 6				IT 7					IT 8			IT 9					IT 11			IT 12
Toleranz Nennmaßbereich mm	Bohrung H6	Wellen h6	j6	m6	Bohrungen F7	H7	K7	N7	Welle h7	Bohrungen F8	Wellen f8	h8	Bohrungen B9	C9	E9	H9	Welle h9	Bohrungen H11	D11	Welle h11	Bohrung H12
bis 3	+6/0	0/−6	+4/−2	+8/+2	+16/+6	+10/0	0/−10	−4/−14	0/−10	+20/+6	−6/−20	0/−14	+165/+140	+85/+60	+39/+14	+25/0	0/−25	+60/0	+80/+20	0/−60	+100/0
über 3 bis 6	+8/0	0/−8	+6/−2	+12/+4	+22/+10	+12/0	+3/−9	−4/−16	0/−12	+28/+10	−10/−28	0/−18	+170/+140	+100/+70	+50/+20	+30/0	0/−30	+75/0	+105/+30	0/−75	+120/0
über 6 bis 10	+9/0	0/−9	+7/−2	+15/+6	+28/+13	+15/0	+5/−10	−4/−19	0/−15	+35/+13	−13/−35	0/−22	+186/+150	+116/+80	+61/+25	+36/0	0/−36	+90/0	+130/+40	0/−90	+150/0
über 10 bis 14	+11/0	0/−11	+8/−3	+18/+7	+34/+16	+18/0	+6/−12	−5/−23	0/−18	+43/+16	−16/−43	0/−27	+193/+150	+138/+95	+75/+32	+43/0	0/−43	+110/0	+160/+50	0/−110	+180/0
über 14 bis 18	+11/0	0/−11	+8/−3	+18/+7	+34/+16	+18/0	+6/−12	−5/−23	0/−18	+43/+16	−16/−43	0/−27	+193/+150	+138/+95	+75/+32	+43/0	0/−43	+110/0	+160/+50	0/−110	+180/0
über 18 bis 24	+13/0	0/−13	+9/−4	+21/+8	+41/+20	+21/0	+6/−15	−7/−28	0/−21	+53/+20	−20/−53	0/−33	+212/+160	+162/+110	+92/+40	+52/0	0/−52	+130/0	+195/+65	0/−130	+210/0
über 24 bis 30	+13/0	0/−13	+9/−4	+21/+8	+41/+20	+21/0	+6/−15	−7/−28	0/−21	+53/+20	−20/−53	0/−33	+212/+160	+162/+110	+92/+40	+52/0	0/−52	+130/0	+195/+65	0/−130	+210/0
über 30 bis 40	+16/0	0/−16	+11/−5	+25/+9	+50/+25	+25/0	+7/−18	−8/−33	0/−25	+64/+25	−25/−64	0/−39	+232/+170	+182/+120	+112/+50	+62/0	0/−62	+160/0	+240/+80	0/−160	+250/0
über 40 bis 50	+16/0	0/−16	+11/−5	+25/+9	+50/+25	+25/0	+7/−18	−8/−33	0/−25	+64/+25	−25/−64	0/−39	+242/+180	+192/+130	+112/+50	+62/0	0/−62	+160/0	+240/+80	0/−160	+250/0
über 50 bis 65	+19/0	0/−19	+12/−7	+30/+11	+60/+30	+30/0	+9/−21	−9/−39	0/−30	+76/+30	−30/−76	0/−46	+264/+190	+214/+140	+134/+60	+74/0	0/−74	+190/0	+290/+100	0/−190	+300/0
über 65 bis 80	+19/0	0/−19	+12/−7	+30/+11	+60/+30	+30/0	+9/−21	−9/−39	0/−30	+76/+30	−30/−76	0/−46	+274/+200	+224/+150	+134/+60	+74/0	0/−74	+190/0	+290/+100	0/−190	+300/0
über 80 bis 100	+22/0	0/−22	+13/−9	+35/+13	+71/+36	+35/0	+10/−25	−10/−45	0/−35	+90/+36	−36/−90	0/−54	+307/+220	+257/+170	+159/+72	+87/0	0/−87	+220/0	+340/+120	0/−220	+350/0
über 100 bis 120	+22/0	0/−22	+13/−9	+35/+13	+71/+36	+35/0	+10/−25	−10/−45	0/−35	+90/+36	−36/−90	0/−54	+327/+240	+267/+180	+159/+72	+87/0	0/−87	+220/0	+340/+120	0/−220	+350/0

Die Werte für IT 2 bis IT 4 liegen zwischen den Werten für IT 1 und IT 5.

Vorwiegend werden angewendet:

— Lehrenherstellung die IT-Reihe 01 bis 7
— Passungen (spanend bearbeitet) die IT-Reihe 5 bis 13
— spanlose Formgebung die IT-Reihe 14 bis 18

2.4.5 Kurzzeichen und Passungsauswahl

Jedes Passungsteil (z. B. Welle oder Bohrung) wird durch einen Buchstaben (siehe 2.4.3) und eine Kennzahl (siehe 2.4.4) gekennzeichnet.

Beispiel:

ϕ 12   H7   Qualitätszahl (Toleranzfeldgröße)
        Lage des Toleranzfeldes (hier eine Bohrung)
        Nenndurchmesser

Eine Passung wird gekennzeichnet durch ihr Nennmaß und das entsprechende Kurzzeichen für jedes der beiden gepaarten Teile, wobei die Bohrung zuerst genannt wird.

Beispiel:

20 H8/f7 oder 20 $\frac{H8}{f7}$

Zur Verbesserung der Wirtschaftlichkeit in der Fertigung und Konstruktion gibt es eine Passungsauswahl aus den Paßsystemen Einheitswelle und Einheitsbohrung (Tafel 2.13).

Hierbei ist die Reihe 1 der Reihe 2 und diese der Reihe 3 vorzuziehen.

2.4.6 Passungsbeispiele (Tafel 2.14 bis 2.16)

Passungen für Bohrungen

H6	Präzisionsteile, z. B. Abstimmelemente
F7	Lauf- und Schiebepassung bei HF-Teilen (z. B. h7/F7)
H7	Kugellagereinbau, Außenring leicht verschiebbar (Spielpassung)
K7	Kugellagereinbau, Außenring kaum verschiebbar (Übergangspassung)
N7	(H7) für Zylinderstifte DIN 7
F8	Lötpassung über ϕ 180 (z. B. f8/F8)
	Leichte Spielpassung (z. B. h7 bis h9/F8)
B9 C9	Hohlleiterflanschbohrungen
E9	Lötpassung unter ϕ 120 (z. B. f8/E9) RF-Koaxialteile (z. B. h9/E9)
	Polystyrol-Scheiben (z. B. h9/E9)
	Einbauteile
H9	RF-Außenleiter für präz. Koaxialleitungen (Antenne)
D11	Lötösen DIN 41496 u. ähnliche DIN-Teile
H11	RF-Außenleiter geringerer Präzision (im Gerät)
H12	Bohrungen für Spannhülsen (Spannstifte DIN 1481)

Passungen für Wellen

Tafel 2.14: Merkmale und Praxisbeispiele von Spielpassungen

Einheitsbohrung Einheitswelle	H6/h5 H6/g5 H7/h6 H6/h5 G6/h5 H7/h6	H7/g6 G7/h6	H7/f7 F7/h6	H7/e8 H7/d8 E8/h6 D8/h6	H8/h8 H8/h9 H8/h8 H8/h9
Merkmale	Die Teile sind bei Verwendung von Schmiermittel gerade noch von Hand verschiebbar	Kein merkliches Spiel sollen die Teile haben, aber ineinander sollen sie beweglich sein	Bewegliche Teile mit merklichem Spiel gewähren ein leichtes Verschieben	Bewegliche Teile mit reichlichem oder sehr reichlichem Spiel	Die Teile sind kraftlos verschiebbar
Praxisbeispiele	Fräser auf Fräsdornen, Dichtungs- und Distanzringe, Wechselräder, Säulenführungen	Verschiebbare Kupplungen, Exzenter, Spindellagerungen an Teilapparaten, Schieberäder	Wellenlagerung in zwei Lager, Sprengringe, Reibungskupplungen, Gleitführungen	Lagerschalen, Wellenlagerungen, Lagerung von Gewindespindeln	Kupplungen, Stellringe, Scheiben, Räder, Hebel

Einheitsbohrung Einheitswelle	H8/f8 H8/e9 F8/h8 E9/h8	H8/d10 D10/h8	H11/h11 H11/h11	H11/d11 D11/h11	H11/c11 H11/b11 C11/h11 B11/h11	H11/a11 A11/h11
Merkmale	Gut ineinander bewegliche Teile mit merklichem bis reichlichem Spiel	Mit sehr reichlichem Spiel ineinander bewegliche Teile	Die Teile haben große Toleranzen bei kleinem Spiel	Bei bestimmtem Kleinstspiel haben die Teile große Toleranzen	Die Teile haben große Toleranzen bei großem Spiel	Bei sehr großen Toleranzen sitzen die Teile sehr locker
Praxisbeispiele	Führungen, Kolben in Zylindern, Lager für Zahnradpumpen, Exzenterbügel	Lager für landwirtschaftliche Maschinen, Transmissionslager	Teile die zusammengesteckt und verschweißt, festgeklemmt, verstiftet oder verschraubt werden	Lager für Rollen und Führungen an Bau- und Landmaschinen, Teile aus gezogenem Material	Haushaltsmaschinen und Landwirtschaftsmaschinenlager	An Fahrzeugen die Brems- und Federgehänge, Kuppelbolzen, Türangeln

Tafel 2.15: Merkmale und Praxisbeispiele von Übergangspassungen

Einheitsbohrung Einheitswelle	H6/n5 H7/n6 N6/h5 N7/h6	H6/m5 H7/m6 M6/h5 M7/h6	H6/k5 H7/k6 K6/h5 H7/h6	H6/j5 H7/j6 J6/h5 J7/h6
Merkmale	Die Teile werden mit Druck gefügt, benötigen aber eine Sicherung gegen Verdrehung.	Nur mit großem Kraftaufwand sind die Teile fügbar. Eine Verdrehungssicherung ist erforderlich.	Fügbar mit geringem Kraftaufwand sind hier die Teile. Sie benötigen aber eine Sicherung gegen Verdrehen und Verschieben.	Unter Benutzung von Schmiermittel sind diese Teile von Hand fügbar. Gegen Verdrehen und Verschieben ist eine Sicherung notwendig.
Praxisbeispiele	Radkränze auf Radkörpern, Antriebsräder, Läufer von Dynamomaschinen, Lagerbuchsen, Zahn- und Schneckenräder.	Zylinderstifte, Kugellagerringe, auswechselbare Zahnräder, Riemenscheiben an Werkzeugmaschinen, Kupplungen, Paßschrauben.	Zahnräder, Kupplungen, Turbinenlaufräder, Bremsscheiben, Wälzlagerringe auf Wellen, Riemenscheiben.	Wechselräder, verkeilte Räder, oft auszubauende Scheiben und Lagerbuchsen, Kugellager-Außenringe in Gehäusen, Stellringe.

Tafel 2.16: Merkmale und Praxisbeispiele von Übermaßpassungen

Einheitsbohrung Einheitswelle	H7/p6 H7/r6 H7/s6 H7/t6 H7/u6 H7/x6 H7/z6 H7/za6 P7/h6 R7/h6 S7/h6 T7/h6 U7/h6 X7/h6 Z7/h6 ZA7/h6
Merkmale	Die Teile können nur mit hohem Druck und durch Erwärmung und/oder Kühlung gefügt werden. Eine Verdrehungssicherung ist zusätzlich nicht erforderlich.
Praxisbeispiele	Festsitzende Bunde und Zapfen, Bronzekränze auf Zahnrad- und Schneckenradkörper aus Gußeisen, Gehäuse mit Lagerbuchsen, Wellenenden mit Kupplungen, Buchsen in Radnaben.

h6   Abstimmspindeln,
      Kugellagereinbau, Innenring leicht verschiebbar (Spielpassung)
j6   Abstimmspindeln,
      Kugellagereinbau, Innenring kaum verschiebbar (Übergangspassung)
m6   Übermaßpassung z. B. für Paßstifte DIN 7
h7   Spielpassung in HF-Teilen (z. B. h7/F7)
f8   Lötpassung
h8   RF-Außenleiter für Scheiben aus Polytetrafluoräthylen
h9   RF-Innenleiter für Scheiben aus Polytetrafluoräthylen und Polystyrol, Vorerzeugnisse (Halbzeuge)
h11   Sicherungsscheiben DIN 6799 Vorerzeugnisse (Halbzeuge)

2.4.7 Zeichnungseintragung (Bild 2.103)

Die Kurzzeichen sind hinter die Maßzahl zu schreiben; und zwar sind die Großbuchstaben und Zahlen für Innenmaße höher und die Kleinbuchstaben und Zahlen für die Außenmaße tiefer als die Maßzahl einzutragen.
Sind bei zusammengebaut gezeichneten Teilen Kurzzeichen für Innen- und Außenmaße gleichzeitig vorgesehen (Bild 2.104), so werden die Angaben für die Innenmaße über denen für die Außenmaße angeordnet.

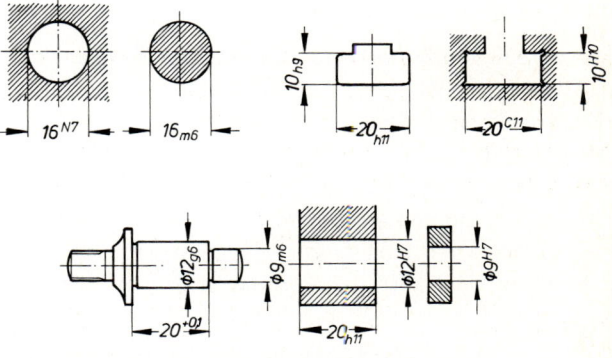

Bild 2.103 Zeichnungseintragung für Einzelteile

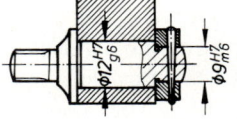

Bild 2.104
Zeichnungseintragung für Baugruppen

2.5 Toleranzketten

2.5.1 Arithmetische Toleranzrechnung [2.10]

Zum heutigen Stand der Technik gehören neben der Qualitätskontrolle auch die Wertanalyse. Eine wertanalytische Betrachtung von Geräten oder Baugruppen ist aber ohne Toleranzuntersuchungen nicht denkbar. Ziel ist es, den Ausschuß bei der Fertigung zu verringern, und dies mit möglichst geringem Aufwand zur Gewährleistung der Funktionsqualität. Um dieses Ziel zu erreichen, müssen die Auswirkungen aller Toleranzen auf die Funktion der Geräte und Baugruppen beurteilt werden. Toleranzuntersuchungen sind deshalb ein wichtiges Werkzeug des Konstrukteurs. Sie helfen ihm zur rechtzeitigen Beurteilung der Zuverlässigkeit seiner Konstruktionen, da sie ihm erlauben, die Maße funktions- und, soweit wie möglich, auch fertigungsgerecht zu tolerieren.

Mißerfolge, deren Ursachen in mangelhaften Toleranzuntersuchungen liegen, werten das fachliche Können des Konstrukteurs ab; ordentliche Toleranzuntersuchungen dagegen qualifizieren den Fachmann. Ein verantwortungsbewußter Konstrukteur wird sich deshalb mit der Toleranzrechnung beschäftigen.

Die Ursachen der Abweichungen, die an einem Werkstück oder an einer Funktionsgruppe auftreten, sind verschieden:

— Fertigungsstreuungen entstehen bei jeder Art des Fertigungsprozesses.
— Montageungenauigkeiten können ein Werkstück verspannen oder bleibend verformen.
— Als Folge von Temperatur- und Feuchtigkeitseinflüssen kann ein Werkstück seine Dimensionen ändern.
— Lageabweichungen entstehen durch verschiedene Möglichkeiten der Abweichungen von der theoretischen Lage der Einzelteile beim Zusammenbau (z. B. Mittigkeitsverschiebungen bei Durchgangslöchern).

Sobald an einem oder mehreren Werkstücken Toleranzketten (Aneinanderreihung von Einzeltoleranzen) auftreten, überlagern sich die Toleranzen der einzelnen Maße in Bezug auf eine bestimmte Funktionsstelle zu einer Summentoleranz. Die Untersuchung dieser Toleranzfortpflanzung und damit die Bestimmung der Summentoleranz (oder mit der Summentoleranz die Bestimmung einer Einzeltoleranz) für eine Funktionsstelle, ist das Resultat einer Toleranzrechnung. Erst nach einer Toleranzrechnung sollten die Einzeltoleranzen, die von einer Baugruppe in die Toleranzrechnung eingehen, endgültig festgelegt werden.

Es gibt verschiedene Methoden, um Toleranzrechnungen durchzuführen [2.10]. Ausgangspunkt ist immer die Funktionsklarheit. Dies geschieht zweckmäßigerweise mittels einer Funktionsskizze, in der alle an der Funktion beteiligten Einzelteile bemaßt erscheinen (Bild 2.105). Das Umsetzen der Funktionsmaße in eine Maßkette (Bild 2.106) und das Ausrechnen der gesuchten Toleranzen sind die folgenden Schritte. Ein Toleranzberechnungsblatt in das die Maßkette und die einzelnen Maße mit ihren Toleranzen leicht eingetragen werden können, wird oft zur Erleichterung der Toleranzrechnung benutzt. Die Benutzung eines Toleranzberechnungsblattes hat den Vorteil, daß die Toleranzrechnung jederzeit und von Jedermann nachvollzogen, und als Dokument abgelegt werden kann.

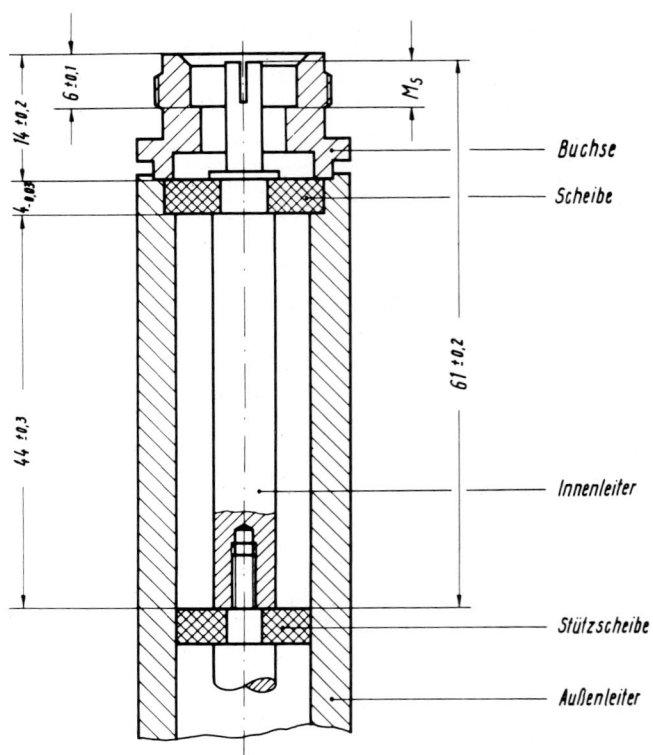

Bild 2.105 Funktionsskizze

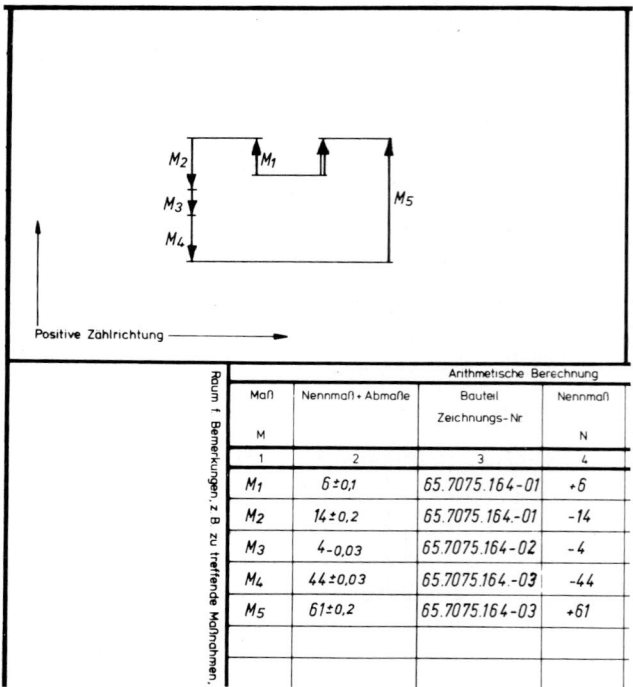

Bild 2.106 Maßkette

2.5.2 Statistische Toleranzrechnung [2.11], [2.12]

Bei der statistischen Toleranzrechnung handelt es sich um eine Modifikation der arithmetischen Toleranzrechnung. Statistik umfaßt die Methoden der Gewinnung, Sammlung, Ordnung und Auswertung von Beobachtungsdaten mit dem Ziel, auf dieser Erfahrungsgrundlage Entscheidungen vorzubereiten. Aus Gründen der Wirtschaftlichkeit wird man es sich heute nur noch selten leisten, jedes gefertigte oder gekaufte Teil zu prüfen. Man begnügt sich mit der Prüfung einer „Stichprobe", als einer nach bestimmten Regeln und Größenbestimmungen aus dem Los entnommenen Teilmenge. Der Rückschluß von der Stichprobe auf die Gesamtheit ist nicht exakt, sondern mit Sachverhalten wie Fehler-Durchschlupf, Wahrscheinlichkeit usw. behaftet. Die Grundlage der modernen statistischen Toleranzrechnung bildet somit auch die Wahrscheinlichkeitsrechnung.

Unter „Statistischer Tolerierung" versteht man die Festlegung der Toleranzen der besonders gekennzeichneten Maße nach statistischen Gesichtspunkten. Die dazu notwendige statistische Toleranzrechnung und die Festlegung der Toleranzen kann mit 2 Methoden durchgeführt werden:

1. Die „Quadratische Statistische Toleranzrechnung".
   Eine weitgehende Erweiterung der Toleranzen der einzelnen Maße oder eine Verringerung der Summentoleranz ist möglich, jedoch ist dabei eine laufende Überprüfung und Steuerung des Fertigungsprozesses erforderlich.
2. Die „Vereinfachte Statistische Toleranzrechnung".
   Sie benötigt keine laufende Überprüfung und Steuerung des Fertigungsprozesses. Allerdings gestattet sie nicht ganz so große Toleranzerweiterungen bei den einzelnen Maßen bzw. eine nicht so große Verringerung der Summentoleranz.

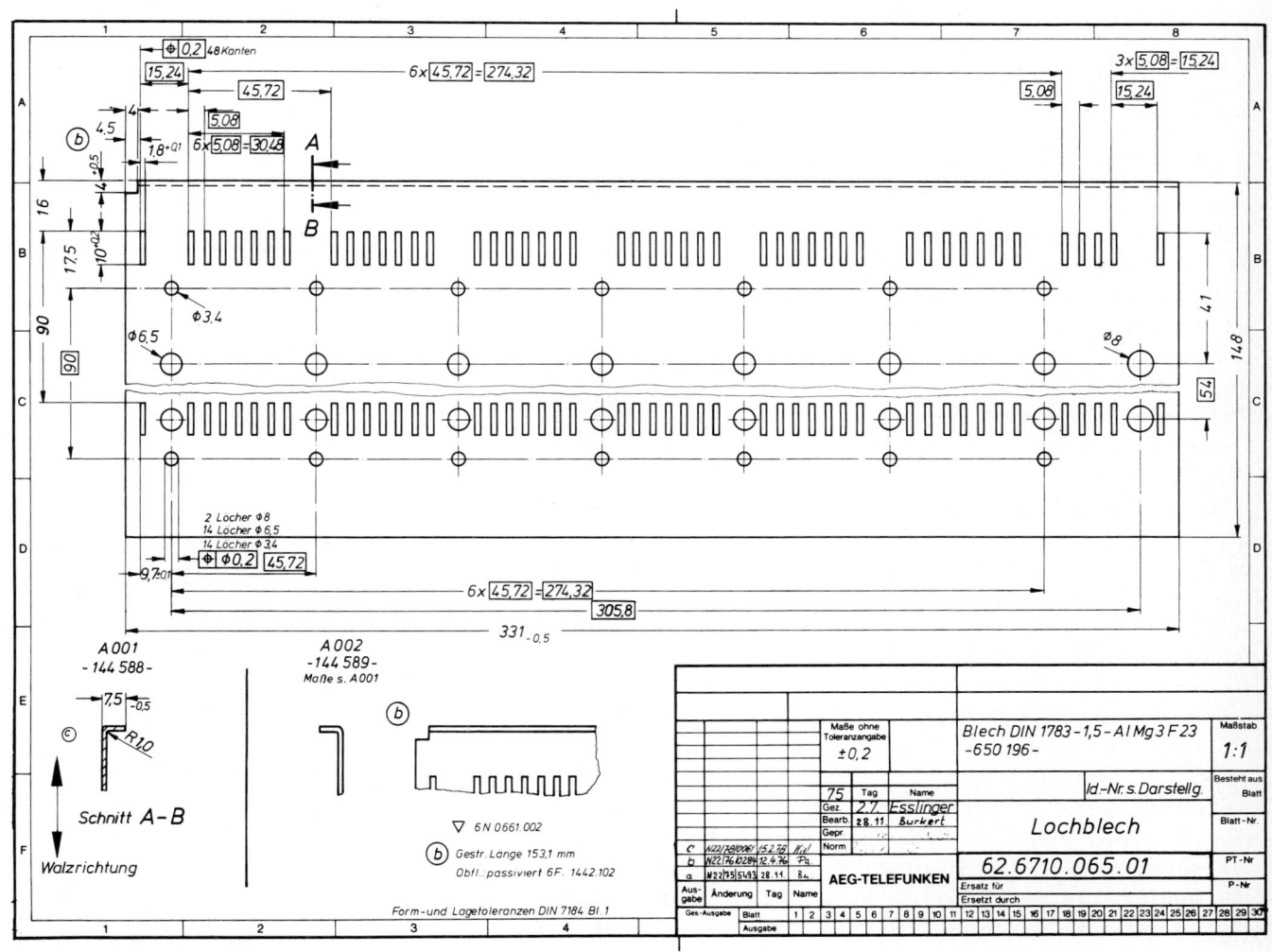

Bild 2.107 Lochblech

In der Konstruktion wird vorwiegend die Methode 2 benutzt. Die Anwendung dieser Rechenmethode ermöglicht:

— Bei gegebener Toleranz des Summenmaßes (Funktionsmaß der Baugruppe) eine Erweiterung der Toleranzen der einzelnen Bauteile; Ergebnis: Verringerung der Herstellkosten.
— Bei gegebenen oder fertigungstechnisch vertretbaren Toleranzen der einzelnen Bauteile eine für die Funktion erforderliche Verringerung der Toleranz des Summenmaßes; Ergebnis: Ermittlung des Ausfallanteils.

Auf nähere Erläuterung der Grundlagen und Rechenverfahren muß in diesem Abschnitt verzichtet und auf DIN 7186 verwiesen werden.

In der Zeichnung wird jedes in eine statistische Toleranzrechnung einbezogene Maß zwischen zwei parallele, waagerechte Linien geschrieben.

$$\underline{\overline{28,5 \pm 0,15}}$$

Funktionsmaße der statistischen Toleranzkette, wie z. B. Kontroll-, Justier- oder Lehrenmaße werden üblicherweise mit einem Ausfallanteil P versehen.

$$\underline{\overline{30 \pm 0,2 \, P \, 3 \, \%}}$$

Über dem Zeichnungskopf können zusätzlich Hinweise wie z. B.

— bei Übermaß Teil 4 nacharbeiten
— bei Übermaß Teil 6 gegen ein anderes Teil austauschen
— bei Übermaß Teil 3 nachjustieren

angebracht werden.

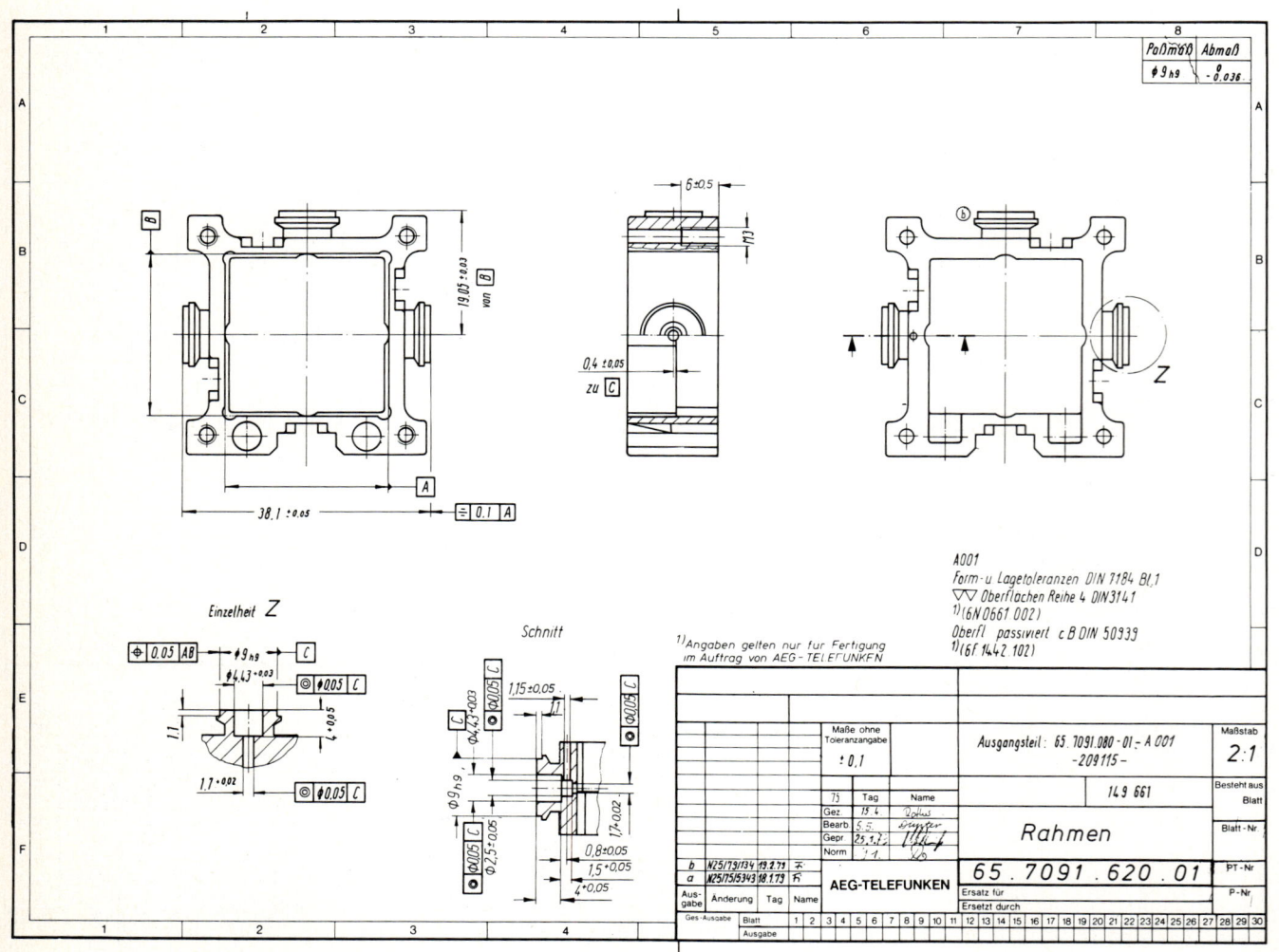

Bild 2.108 Rahmen

2.6 Beispielhafte Gestaltung aus dem Anwendungsbereich der Elektronik
(Bilder 2.107 bis 2.112)

Im Bild 2.107 erkennt man sehr gut die Tolerierung von mehreren Elementen mit Form- und Lagetoleranzen nach DIN 7184. Die Schlitze 10 x 1,8 haben zueinander eine Toleranz von $\oplus$ 0,2 und der Abstand der beiden Schlitzreihen ist über die Allgemeintoleranz mit ± 0,2 festgelegt. Die Lochgruppen mit den Bohrungen ϕ 3,4 sowie ϕ 6,5 und ϕ 8 bilden die beiden weiteren Systeme mit der Toleranz $\oplus$ ϕ 0,2.

Das Bild 2.108 läßt die Angabe der Symmetrie- und Koaxialitätstoleranz mit DIN 7184 gut erkennen. Bei dem Maß 0,4 ± 0,05 von einer Fläche zu einer Achse, wird, um die Achse eindeutig zu definieren, auf die Basis verwiesen (zu C).

Eine umfangreiche Bemaßung mit DIN 7184 und der Allgemeintoleranz ± 0,1 zeigt Bild 2.109.

Die Anwendung der Allgemeintoleranz nach DIN 7168-m ist im Bild 2.110 zu sehen.

Die Eintragung von Form- und Lagetoleranzen nach DIN 7184 bei einer Baugruppe (Teil 2 muß $\odot$ ϕ 0,05 zu Teil 1 sein) und die Angabe von Passungen kann im Bild 2.111 erkannt werden.

Bild 2.112 zeigt die Eintragung von Maßen ($\overline{\phi\ 4,2 ± 0,1}$, $\overline{106,5}$, $\overline{5}$) die in eine statistische Toleranzrechnung einbezogen wurden.

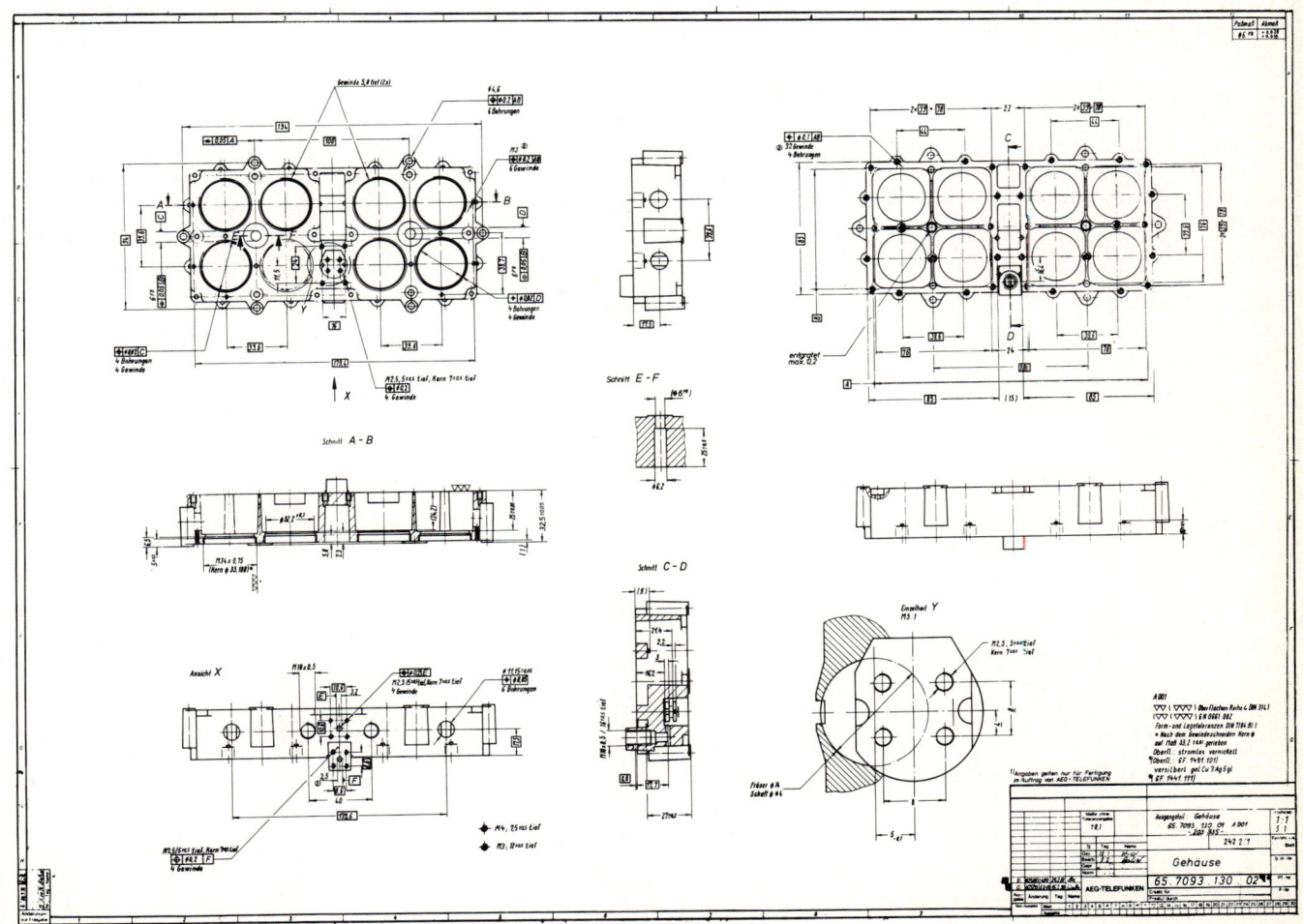

Bild 2.109 Gehäuse

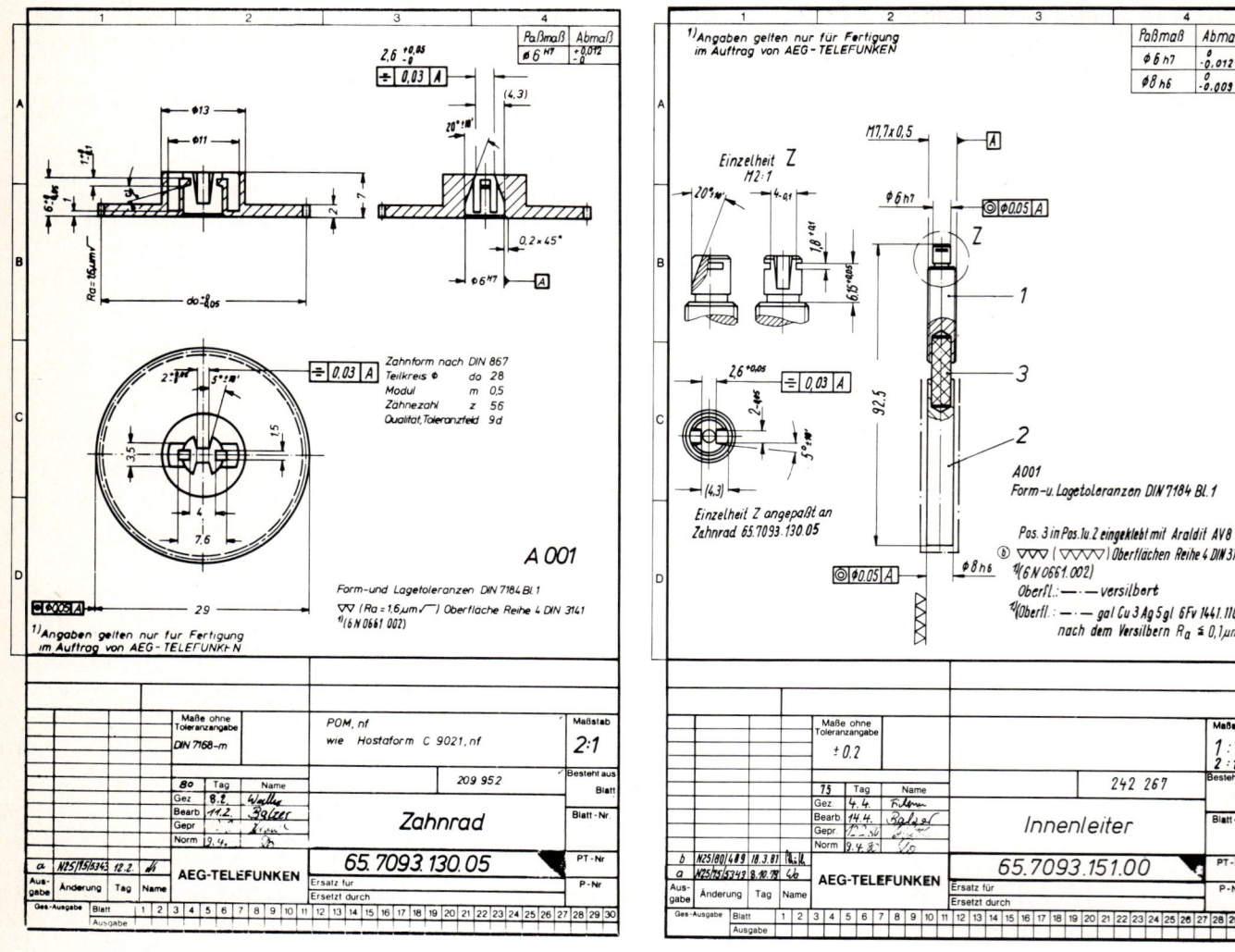

Bild 2.110 Zahnrad   **Bild 2.111** Innenleiter

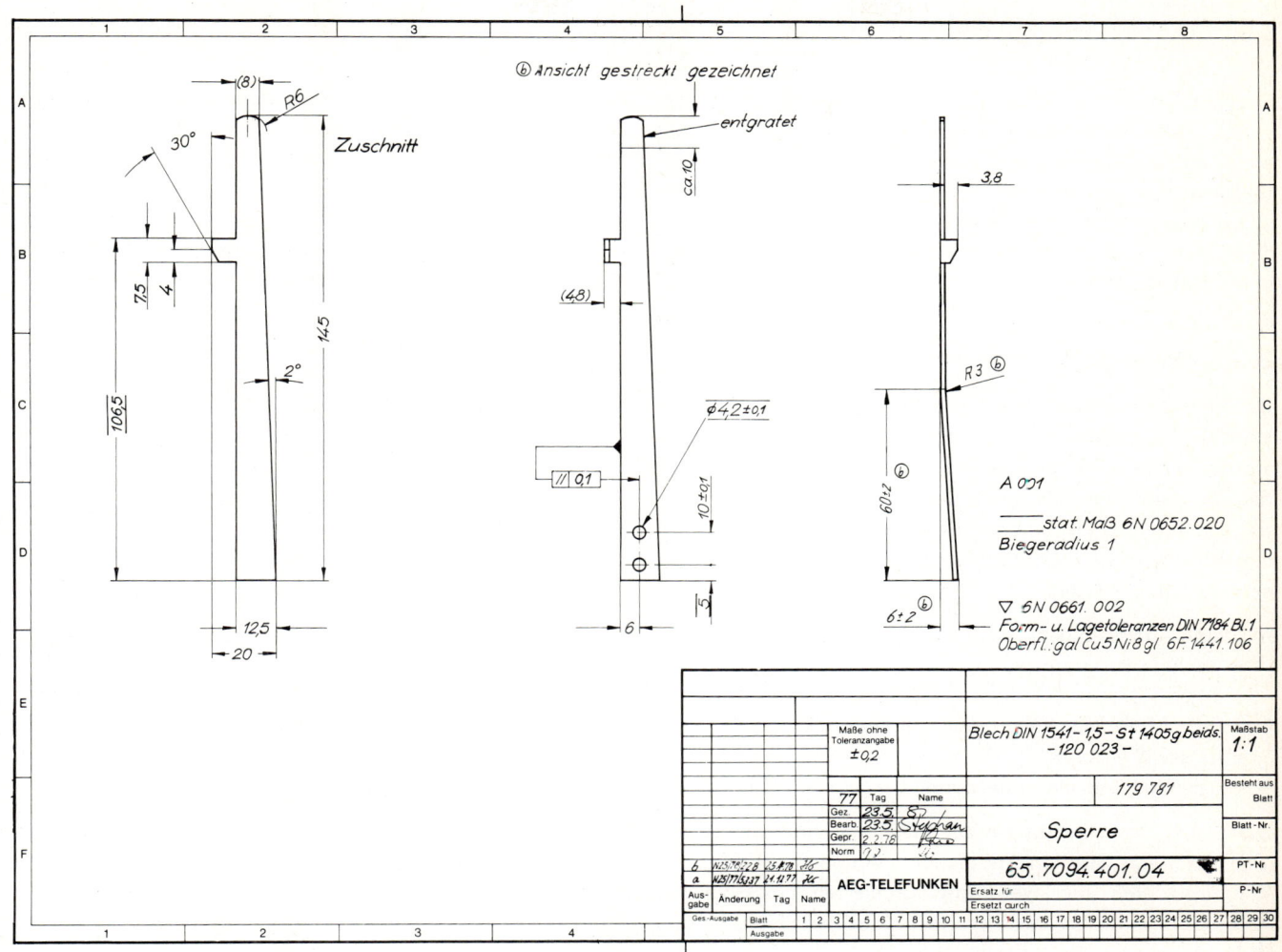

Bild 2.112 Sperre

Literaturverzeichnis

[2.1] *Paul Böttcher:* Technisches Zeichnen, B. G. Teubner Verlag Stuttgart, 1980

[2.2] *Martin Klein:* Einführung in die DIN-Normen, Beuth-Verlag GmbH Berlin, 1980

[2.3] DIN 7168 Teil 1 Allgemeintoleranzen (Freimaßtoleranzen), Längen- und Winkelmaße, 1979

[2.4] DIN 7168 Teil 2 Allgemeintoleranzen (Freimaßtoleranzen), Form und Lage, 1979

[2.5] DIN Normenheft 7, Einführung der Normen über Form- und Lagetoleranzen in die Praxis, Beuth Verlag GmbH Berlin, 1975

[2.6] DIN 7184 Blatt 1, Form- und Lagetoleranzen, Begriffe, Zeichnungseintragungen, 1972

[2.7] DIN 2300 Maß-, Form- und Lagetoleranzen, Grundsätze für die Tolerierung, 1980

[2.8] DIN 7182 Teil 1 Toleranzen und Passungen, Grundbegriffe, Entwurf 1980

[2.9] DIN 7150 Blatt 1 ISO-Toleranzen und ISO-Passungen für Längenmaße von 1 bis 500 mm, Einführung, 1966

[2.10] *Hermann Hollinger:* Toleranzrechnung für den Ingenieur-Techniker, Lehrgang im MIZ-Konzept Werkzeugmaschinenfabrik Oerlikon Bührle AG, CH-8050 Zürich, 1970

[2.11] DIN 7186 Teil 2 Statistische Tolerierung, Grundlagen für Rechenverfahren, Entwurf 1980

[2.12] DIN 7186 Teil 1 Statistische Tolerierung, Begriffe, Anwendungsrichtlinien und Zeichnungsangaben, 1974

3 Spanend gefertigte Gehäuse übertragungstechnischer Komponenten

von Georg Bieber, SEL Pforzheim

Spanend und mit engen Toleranzen gefertigte Gehäuse sind zweifellos in der Herstellung nicht billig. Dennoch sind sie ein wichtiger Bestandteil der Mikrowellentechnik, auf den man nicht verzichten kann. In den folgenden Kapiteln wird dargestellt, warum dieser Aufwand nötig ist und wie man die Kosten, die bei der Herstellung solcher Gehäuse auftreten, möglichst gering halten kann.

3.1 Aufbau von Mikrowellenbausteinen

Neben der herkömmlichen Mikrowellentechnik, in der bislang fast ausschließlich schwere Hohlleiterbauteile und Koxialbauteile verwendet wurden, tritt in letzter Zeit für den Bereich mittlerer HF-Leistungen eine miniaturisierte Technik. Es besteht ein Bedarf an kompakten und zuverlässigen Millimeterwellengeräten. Dabei spielen folgende Gesichtspunkte eine wesentliche Rolle:

— kleine Abmessungen,
— kompakte Baugruppen,
— niedriges Gewicht,
— HF-Dichtheit der Baugruppen untereinander und gegenüber der Umgebung,
— Möglichkeit der Massenfertigung bei geringen Kosten.

Die besten Voraussetzungen zur Erfüllung dieser Forderungen bietet die Streifenleitertechnik. Anfangs wurde diese Leitungstechnik aus zwei kupferkaschierten Trägerplatten gebildet, bei denen das Innenleiterbild freigeätzt wurde (Bild 3.1). Bei dieser Dreileiter-Streifenschaltung werden die Trägerplatten (Substrate) in ein metallisches Gehäuse gelegt und mit dem Gehäusedeckel definiert zusammengepreßt. Die elektrischen Bauelemente befinden sich in eigens dafür vorgesehenen Aussparungen im Substrat (bei größeren Bauelementen ev. auch im Gehäuse) und werden mit ihren Anschlüssen auf die Leiterbahnen gepreßt (Preßkontakt). Diese symmetrische, geschirmte Streifenleitung läßt sich zwar elektrisch recht gut berechnen, doch ist die sie umgebende Mechanik recht aufwendig. Um die Kosten für Mikrowellenbausteine niedriger zu halten, wird daher eher auf die unsymmetrische Streifenleitung (auch Mikro-Streifenleitung genannt) übergegangen (Bild 3.2).

Bei dieser Schaltungsart wird das Substrat in ein weniger aufwendiges Gehäuse geschraubt und die Höchstfrequenz-Halbleiterbauelemente werden auf die Leiterbahnen gelötet. Außer diesen Gehäusen für Streifenleiterschaltungen, die hauptsächlich bei Mischern, Leistungsverstärkern und Detektoren zur Anwendung kommen, werden auch noch Gehäuse für Oszillatorbaugruppen, Zirkulatoren, Frequenzvervielfacher und Filter benötigt.

Bei all diesen Baugruppen werden die elektrischen Eigenschaften über das elektromagnetische Feld von den in der Umgebung befindlichen Materialien beeinflußt. Durch eine definierte Anordnung werden elektrische Größen, wie verteilte Kapazitäten und Induktivitäten durch die umgebende Mechanik dargestellt, bzw. beeinflußt. Um die geforderten Werte und Eigenschaften zu erreichen, einen guten elektrischen Kontakt zwischen Substrat, Bauelementen und dem Gehäuse zu erhalten, sowie die Baugruppen HF-dicht zu machen, muß in der Gehäusetechnik ein erheblicher Aufwand betrieben werden.

In der Praxis hat sich gezeigt, daß alle diese Forderungen die an Mikrowellenbausteine gestellt werden, nur durch engtolerierte, spanend gefertigte Gehäuse erfüllt und realisiert werden können.

3.2 Werkstoffauswahl und Oberflächenbehandlung

Bei der Werkstoffauswahl für spanend gefertigte Gehäuse wird von den folgenden Forderungen ausgegangen:

— gute spanabhebende Bearbeitbarkeit,
— mechanische Festigkeit,
— gute elektrische und thermische Eigenschaften,
— Verfügbarkeit in vielfältigen Rohabmessungen.

Dazu kommen noch Ansprüche an die Lötbarkeit der Oberfläche, sowie Korrosionsschutz. Zur Erfüllung dieser Forderungen gelangt man durch Verwendung geeigneter Ausgangswerkstoffe mit entsprechender Oberflächenbehandlung.

In der Mikrowellentechnik finden vor allem folgende Werkstoffe und Oberflächenbehandlungen Verwendung.

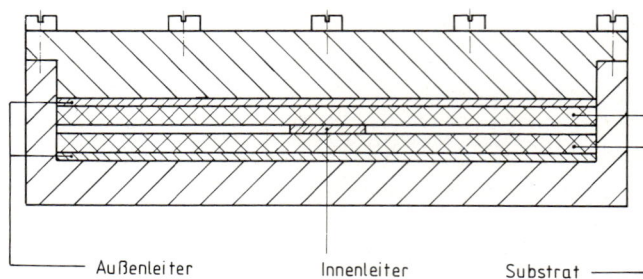

Bild 3.1 Dreileiter-Streifenleitung

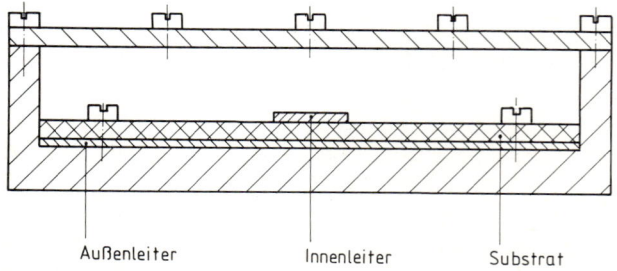

Bild 3.2 Mikro-Streifenleitung

Aluminium

In der Elektrotechnik macht man sich die gute Wärmeleitfähigkeit und das geringe Gewicht des Aluminiums zunutze. Deshalb verwendet man Aluminium vor allem bei Baugruppen mit hoher thermischer Belastung und bei Komponenten bei denen das Gewicht eine entscheidende Rolle spielt.

Es werden hauptsächlich Al Mg Si-Legierungen mit einer Mindestzugfestigkeit von $\geqq 280$ N/mm^2 verwendet, da sie von Hause aus eine gute Korrosionsbeständigkeit besitzen und sich gut spanabhebend bearbeiten lassen, ohne dabei zu schmieren. Um Kosten für die Bearbeitung zu sparen, lassen sich relativ einfach genaue Strangpreßprofile herstellen und für die weitere Bearbeitung als Ausgangsteile einsetzen.

Allerdings wirkt sich der hohe Kontaktwiderstand des Aluminiums infolge der sich bildenden Oxidschicht störend aus. Als einfachste Gegenmaßnahme bietet sich eine farblose Chromatierung an. Farblose Chromatschichten erhöhen den elektrischen Übergangswiderstand nur unwesentlich. Bei Bedarf kann jedoch durch spezielle Verbindungsmittel, welche die Chromatschicht durchdringen, ein stabiler elektrischer Kontakt hergestellt werden. Chromatschichten werden üblicherweise durch Tauchen oder Sprühen aufgebracht (Tafel 3.1).

Werden höhere Anforderungen (gute Lötbarkeit, erhöhter Korrosionsschutz) an die Oberfläche gestellt, so muß auf das Aluminium ein edleres Metall aufgebracht werden. Die Metallabscheidung auf Aluminium bringt jedoch wegen dieser sich rasch bildenden Oxidschicht der Oberfläche einige Probleme mit sich. Die Schwierigkeit besteht darin, sofort nach der Entfernung dieser Schicht einen guten Haftgrund für die nachfolgende Galvanisierung zu schaffen. Dieser Haftgrund ist maßgebend für die Qualität des galvanischen Überzuges. Da er in direktem Kontakt mit dem unedlen Grundmetall und dem darüberliegenden edleren Metall steht, kann es wegen des elektrolytischen Potentialunterschiedes bei unsachgemäßer Ausführung unter dem Überzug korrodieren und zu Blasenbildung kommen. Ist ein guter Haftgrund vorhanden, so können Kupfer-, Nickel-, Silber- und Goldüberzüge aufgebracht werden.

Messing

Zum Einsatz kommen vor allem Kupfer-Zink-Legierungen mit einem geringen Bleigehalt, wie z. B. Cu Zn 38 Pb 1 F 35. Der Bleianteil ergibt einen kurz brechenden Span und ermöglicht somit eine rationale Zerspanung.

Beim Einsatz von Messing haben die problemlose galvanische Oberflächenbehandlung und die gute Korrosionsbeständigkeit Vorrang vor der Forderung nach Gewichtsersparnis. Durch die günstige Position des Messings in der elektrolytischen Spannungsreihe können galvanische Nickel-, Silber- oder Goldüberzüge relativ einfach aufgebracht werden.

Wenn die galvanische Behandlung in bestimmten Fällen Schwierigkeiten bezüglich der Toleranzen mit sich bringt (z. B. Abstimmstempel mit sehr genauen und spielfreien Ge-

Tafel 3.1: Chromatschichten auf Aluminium

Flächengewicht [g/m^2]	Farbtönungen (vorwiegend auftretend)
00 bis 0,1	farblos, transparent
0,1 bis 2,0	hellgelb bis gelb, irisierend
2,0 bis 5,0	hellgrün bis intensivgrün, irisierend

winden), können auch unbehandelte Messingteile eingesetzt werden. Allerdings sollten dann Legierungen mit einem hohen Kupfergehalt (z. B. Cu Zn 10) verwendet werden.

Bevorzugte Anwendungsgebiete für Messingteile sind Mischer- und Zirkulatorgehäuse sowie Hohlraumresonatoren für Oszillatorbaugruppen und für Frequenzvervielfachergehäuse.

3.3 Eigenschaften und Schichtaufbau galvanischer Überzüge

Galvanische Überzüge sind metallische Schichten, die in einem Elektrolyten auf Teile kathodisch abgeschieden worden sind. Wie bereits erwähnt dienen sie dem Korrosionsschutz, dem Verschleißschutz und der Lötbarkeit der Oberfläche.

Außerdem müssen die Oberflächen in der Mikrowellentechnik für die hochfrequenten Ströme optimal leitfähig gemacht werden. Diese erforderliche Oberflächenleitfähigkeit erreicht man durch galvanische Silber- und Goldüberzüge.

Glavanische Arbeitsverfahren beschränken sich jedoch nicht nur auf die elektrochemische Metallabscheidung, sondern beinhalten auch die Vor- und Nachbehandlung der Werkstücke. Wichtigste Voraussetzung für einen guten Schichtaufbau ist eine fett- und oxidfreie Oberfläche der zu behandelnden Teile. Die nachfolgende Metallabscheidung erfolgt in einer Elektrolytlösung, die das abzuscheidende Metall in Form einer chemischen Verbindung enthält.

Zur Herstellung eines schützenden und porenfreien Überzuges ist eine Mindestschichtdicke erforderlich. Diese Mindestschichtdicke ist von der Geometrie und der Oberflächenbeschaffenheit, d. h. von der Rauhigkeit des Werkstückes abhängig.

Die in den Fertigungsunterlagen angegebenen Schichtdicken sind Mindestschichtdicken, die in der Fertigung um 100 % überschritten werden können. An schwer zugänglichen Stellen können diese Dicken unter Umständen nicht erreicht werden, jedoch muß der Untergrund in jedem Fall überdeckt sein. Zur Vermeidung von Randverdickungen sind scharfe Kanten nach Möglichkeit zu brechen.

Maßeintragungen in Fertigungsunterlagen gelten stets für den Endzustand der Teile. Bei engtolerierten Maßen muß in der Fertigung mit entsprechenden Über- oder Untermaßen gearbeitet werden, z. B. durch Verschiebung des Gewindeprofils.

Die Angabe einer galvanischen Behandlung gilt generell für die gesamte Oberfläche des Werkstückes. Überzugsfreie Stellen müssen in den Unterlagen angegeben sein und werden entweder nach der Galvanisierung entfernt oder bereits vorher abgedeckt.

Soll die Schichtdicke geprüft werden, so sind die Prüfstellen anzugeben.

Galvanische Silberüberzüge

Im Allgemeinen genügen bei einer Rauhtiefe von $R_t = 6{,}3\ \mu m$ die Schichtdicken nach Tafel 3.2.

Die Schichtdicke und der Schichtaufbau richtet sind jedoch nicht allein nur nach der Leitfähigkeit der Oberfläche, sondern auch nach mechanischen und klimatologischen Forderungen. Silber läuft in der Industrieatmosphäre durch deren Gehalt an Schwefelwasserstoffen leicht an. Diese Silbersulfidschichten nehmen Farben von gelb bis schwarz an und können, abgesehen von der Beeinträchtigung des Aussehens, bei zunehmender Dicke zu Kontaktschwierigkeiten führen. Durch eine Passivierung kann dieses Anlaufen verhindert werden. Das Passivieren ist ein elektrolytisches Chromatieren, bei dem eine dünne, transparente, chromhaltige Schutzschicht auf der Silberoberfläche erzeugt wird (Bezeichnung: Ag pv). Werden auch noch nach längerer Lagerzeit Anforderungen an die Lötbarkeit gestellt, so sind die Silberüberzüge zu paraffinieren. Paraffiniert wird durch Tauchen der versilberten Teile in einem Bad mit der Ausgangszusammensetzug: 1 g Paraffinsäure in 1 l Lösungsmittel (Bezeichnung: Ag pa). Teile aus Messing mit weniger als 40 % Zinkgehalt können direkt versilbert werden. Teile mit mehr als 40 % Zinkanteil müssen wegen der Zinkdiffusion auf jeden Fall unterkupfert werden. Bei Aluminiumteilen empfiehlt sich ebenfalls eine Unterkupferung. Bei erhöhter Korrosionsbeanspruchung des Bauteils (Einsatz im Außenraum, Freiluft), sowie bei ständigen Einsatztemperaturen von über 150 °C ist eine Nickelzwischenschicht mit Unterkupferung vorteilhaft. Erfolgt eine Weiterversilberung zuvor gelöteter Teile, so ist in jedem Fall mit 3 μm zu unterkupfern.

Eine Zusammenfassung dieser Aussagen stellt Tafel 3.3 dar.

Galvanische Goldüberzüge

Galvanische Goldüberzüge gewährleisten eine noch bessere Leitfähigkeit der Oberfläche für hochfrequente Ströme als solche aus Silber und stellen einen ausgezeichneten Korrosionsschutz dar.

Wegen unvermeidbarer Poren bieten jedoch nur Goldüberzüge mit einer Mindestschichtdicke von $> 5\ \mu m$ eine wirklich zuverlässige Korrosionsschutzschicht. Golüberzüge $< 5\ \mu m$ auf Silberschichten sind mit einem Silberanlaufschutzmittel zu behandeln. Es dringt durch die möglicherweise vorhandenen Poren der Goldschicht und verhindert eine Reaktion des Silbers mit Schwefelverbindungen der Atmosphäre.

Auf Nickel, Silber, Kupfer und dessen Legierungen kann Gold direkt abgeschieden werden. Aluminium erfodert wie bereits erwähnt eine spezielle Vorbehandlung, wird danach unterkupfert, versilbert und anschließend vergoldet.

Werden zum Beispiel an Kontaktstellen Anforderungen an die Verschleißfestigkeit gestellt, so kann eine Hartvergoldung vorgesehen werden. Der Schichtaufbau galvanischer Goldüberzüge kann aus Tafel 3.4 entnommen werden.

3.4 Gesichtspunkte konstruktiver Gestaltung und Unterlagenerstellung

Bei der konstruktiven Gestaltung spanend gefertigter Mikrowellengehäuse sind sowohl Belange der Funktion, wie auch die der wirtschaftlichen Fertigung zu beachten.

Tafel 3.2: Silberschichtdicken in Abhängigkeit von der Frequenz

Frequenz	> 1 GHz	> 300 MHz	> 100 MHz
Schichtdicke [μm]	$\geqq 5$	> 8	> 12

Tafel 3.3: Galvanische Silberüberzüge

Forderung	Schichtaufbau und Nachbehandlung bei	
	Ms (Cu-Gehalt $\leqslant$ 60%) Al (mit Haftgrund)	Ms (Cu-Gehalt > 60%)
Leitfähigkeit der Oberfläche	Cu 3 μm Ag 5 μm	Ag 5 μm
zuvor gelötete Teile	Cu 3 μm Ag 5 μm	Cu 3 μm Ag 5 μm
Lötbarkeit nach der Oberflächenbehandlung	Cu 6 μm Ag 6 μm pa	Ag 12 μm pa
Beständigkeit in Industrieatmosphäre	Cu 4 μm Ag 8 μm pv	Ag 12 μm pv
erhöhter Korrosionsschutz	Cu 6 μm Ni 2 μm Ag 12 μm pv	Ni 2 μm Ag 12 μm pv
ständige Einsatztemperatur über 150°C	Cu 6 μm Ni 2 μm Ag 12 μm	Ni 2 μm Ag 12 μm

Tafel 3.4: Galvanische Goldüberzüge

Kennbuchstabe	Schichtaufbau	Härte HV [N/mm²]
Au	ohne Zwischenschicht direkt abgeschieden auf Ni, Ag, Cu und dessen Legierungen	650 bis 850
Au h		> 850
. . . Au	mit Zwischenschicht aus Cu Ag jeweils > 3 µm, vor dem Kennbuchstaben angegeben	650 bis 850
. . . Au h		> 850

Tafel 3.5: Abmaßvorzeichen

Vorzeichen	Anwendung bei
+	Innenmaßen, Drehabsatzmaßen
−	Außenmaßen
±	Mitten- und Höhenmaßen, Abständen

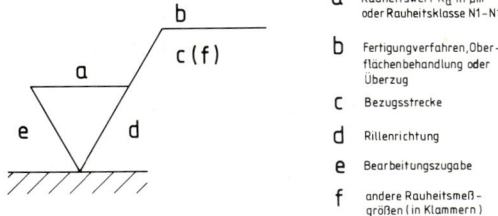

a	Rauheitswert R_a in µm oder Rauheitsklasse N1–N12
b	Fertigungverfahren, Oberflächenbehandlung oder Überzug
c	Bezugsstrecke
d	Rillenrichtung
e	Bearbeitungszugabe
f	andere Rauheitsmeßgrößen (in Klammern)

Bild 3.3 Oberflächenangaben

Die Fertigung verlangt meist eine Auslegung und Unterlagenerstellung, die auf einen bestimmten Fertigungsbereich abgestimmt ist. Um zu einer überbetrieblich einheitlichen Fertigungsunterlage zu gelangen, sollte man bestrebt sein, die Unterlagen unabhängig von Einflüssen und Gegebenheiten der eigenen Fertigung zu gestalten.

Die konventionell angefertigte Zeichnung soll sowohl für spezielle Programmierzwecke als auch für die herkömmliche Fertigung geeignet sein. Die Bemaßungsart ist nach der Zweckmäßigkeit der Bemaßung und nach der geforderten Funktion, sowie nach Eindeutigkeit und Übersichtlichkeit zu wählen. Weiterhin sollten die in der Zeichnung geforderten Toleranzen so festgelegt werden, daß der Zweck erfüllt und die Wirtschaftlichkeit der Fertigung gewährleistet ist. Zu enge Toleranzen erschweren und verteuern die Fertigung. Die Abmaßvorzeichen sind nach Möglichkeit fertigungstechnisch richtig anzugeben (Tafel 3.5).

Über das Einschreiben von Abmaßen gibt DIN 406 Auskunft, für Maße ohne Toleranzen gilt DIN 7168.

Außer diesen Maßabweichungen ohne die eine Fertigung in der Praxis nicht möglich ist, treten an Werkstücken auch noch Form- und Lageabweichungen auf. Die Eintragung dieser Toleranzen in die Fertigungszeichnung erfolgt nach DIN 7184 Bl. 1. Die Form- und Lagetoleranzen sollen jedoch nur dann in die Zeichnung aufgenommen werden, wenn sie für die Funktionstauglichkeit und/oder wirtschaftliche Fertigung unerläßlich sind..

Selbst wenn keine Eintragung von Form- und Lagetoleranzen in der Zeichnung vorhanden sind gilt [3.1]:

Alle Formabweichungen und von den Lageabweichungen die

— Parallelitäts-,
— Rechtwinkligkeits-,
— Neigungs-,
— Positions- und
— Planlaufabweichungen

müssen innerhalb der Maß- bzw. Freimaßtoleranzen liegen. Die Lage und Größe dieser Abweichungen innerhalb dieser Maßtoleranzen ist jedoch nicht festgelegt und sie dürfen also bei Werkstücken mit überall Maximum-Material-Maßen nicht auftreten. Die

— Symmetrie-,
— Konzentritäts-,
— Koaxialitäts- und
— Rundlaufabweichungen

können außerhalb der Maß- bzw. Freimaßtoleranzen liegen und können daher auch bei Werkstücken mit überall Maximum-Material-Maßen auftreten.

Diese Grundsätze gelten auch bei der Anwendung von Form- und Lagetoleranzen, nur daß dabei die Lage und Größe dieser Abweichungen im Sinne einer wirtschaftlichen Fertigung definiert wurde. Wenn bisher anstelle der Angabe von Form- und Lagetoleranzen nur sehr kleine Maßabweichungen zugestanden wurden, ist es vernünftiger größere Maßtoleranzen zu wählen und die Funktion durch Angabe von Form- und Lagetoleranzen sicherzustellen. Ein weiterer Vorteil ist die internationale Verständlichkeit dieser Symbole, die Fehlinterpretationen bei Übersetzung von Textangaben im Unterlagenaustausch mit Firmen anderer Länder ausschließt.

Außer den Toleranzangaben ist die Forderung nach der Gestalt und der Beschaffenheit der Oberfläche von entscheidender Bedeutung für die Fertigung und die Funktion des Werkstückes. Toleranzen allein gewährleisten noch keine Oberflächengüte, es müssen deshalb noch Rauheitsmaße angegeben werden. Den in Bild 3.3 angegebenen Oberflächenzeichen, die den Endzustand einer technischen Oberfläche kennzeichnen, liegt DIN ISO 1302 zugrunde.

Die Begriffe der Oberflächenbewertung werden in diesem Rahmen nicht näher erläutert, sie sind in DIN 4762 aufgeführt. Hier soll nur kurz auf das Verhältnis zwischen dem arithmetischen Mittenrauhwert R_a und der Rauhtiefe R_t eingegangen werden. Ein direktes Umrechnen von einem in das andere Maß ist nicht möglich, da das Verhältnis vom Fertigungsverfahren abhängig ist. Da sich noch keiner der beiden Werte endgültig eingebürgert hat, kann Bild 3.4 als Anhaltspunkt für die Wechselbeziehungen zwischen den beiden Größen dienen. Diese Werte gelten für zerspanend gefertigte Oberflächen, die je nach Fertigungsverfahren unterschiedliche Rauhtiefen und Flächentraganteile aufweisen. Die in Bild 3.5 dargestellten Werte gelten für die üblichen Arbeitsbedingungen.

Wie sich aus Bild 3.4 und 3.5 ersehen läßt, kann bei gefrästen Mikrowellengehäusen eine Rauhtiefe von $R_t = 6,3 \mu m$ mit einem entsprechenden arithmetischen Mittenrauhwert von $R_a = 0,8-1,6 \mu m$ erzielt werden. Diese Oberflächengüte ist wie bereits in Kap. 3.2 erwähnt nötig, um für die Hochfrequenztechnik brauchbare galvanische Überzüge zu erreichen.

3.5 Beispiele konstruktiver Gestaltung

In den folgenden Beispielen sind Bausteine für Mikrowellengeräte und deren Einzelteile dargestellt. Aufgabe dieses Kapitels ist die Beschreibung der spanend gefertigten Gehäusekomponenten. Soweit es zum besseren Verständnis des Gesamtaufbaus und der Funktion einer Baugruppe beiträgt, werden auch gestanzte Einzelteile besprochen. Einzelheiten die keinen direkten Einfluß auf dieses Kapitel haben und auch für die Beschreibung einer Baugruppe unwichtig waren, sind teilweise nicht dargestellt.

3.5.1 Aufbau eines Mischers in Dreileiter-Streifenschaltung, Triplate-Technik

Als Beispiel für die typische Gehäusegestaltung einer Baugruppe in Dreileiterstreifentechnik dient hier ein Sendemischer aus einem Richtfunkgerät, das bei einer Frequenz von 6,2 GHz arbeitet. Bild 3.6 zeigt die Zusammenstellung des Mischers, um über die Erläuterung der Funktion und des Aufbaus zur Darstellung der spanend gefertigten Gehäuseteile zu kommen. Pos. 1 stellt das Gehäuse dar, welches die beiden Streifenleiter Pos. 2 und Pos. 3 aufnimmt und durch den Deckel Pos. 4 verschlossen wird. Der Deckel soll außer der HF-Dichtung auch noch für eine definierte Pressung der der beiden Streifenleiter sorgen. Der Signaleingang erfolgt durch die Stifte im Gehäuseboden. Sie sitzen in den Isolierbuchsen Pos. 5 und sind in den Streifenleiter (Pos. 2) eingelötet. Über die Koaxial-Buchse Pos. 6 wird der Oszillator angeschlossen und über die Buchse Pos. 7 gelangt das Signal zum Sendeverstärker. Mittels der Durchführungskondensatoren Pos. 8 und Pos. 9 sowie einigen anderen Schaltungsteilen erfolgt eine Gleichstrombeschaltung um den Diodenstrom außerhalb des Gehäuses meßbar zu machen. Die Bauelemente der Gleichstrombeschaltung sind in herkömmlicher Technik auf den Streifenleiter Pos. 2 gelötet und müssen deshalb im Streifenleiter Pos. 3 und im Deckel entsprechend ausgespart werden. An den beiden Koaxial-Buchsen (Pos. 6

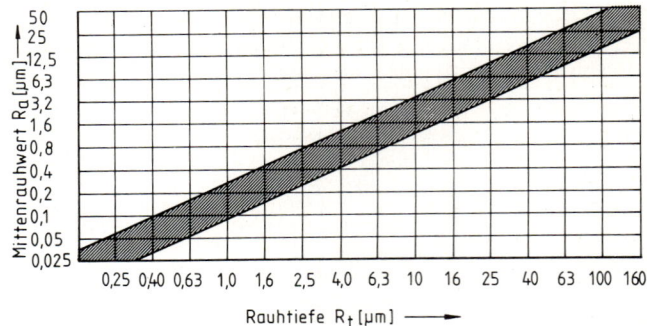

Bild 3.4 Wechselbeziehungen R_a/R_t

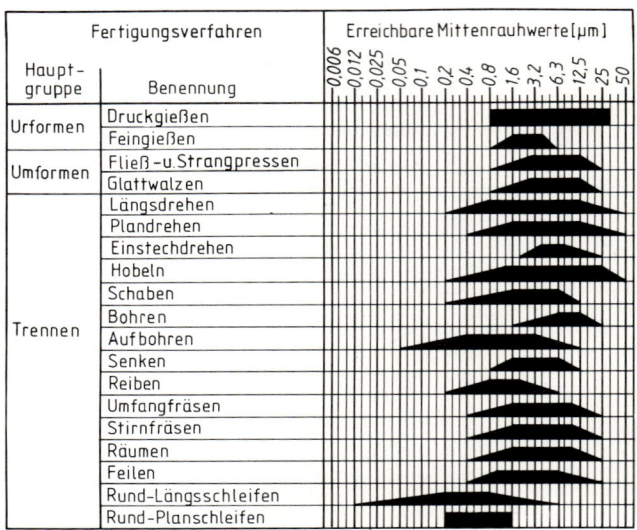

Bild 3.5 Herstellverfahren und Rauheit von Oberflächen

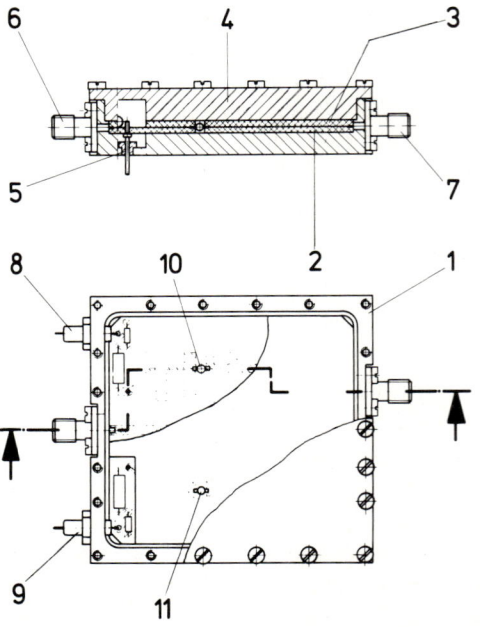

Bild 3.6 Mischer

und Pos. 7) sowie an den Mischerdioden Pos. 10 und Pos. 11 sind die Anschlüsse als dünne Fahnen ausgeführt die zwischen den beiden Streifenleitern liegen. Der Zweck, den diese Anschlußtechnik verfolgt, ist, die Stoßstellen zwischen Bauelementen und Streifenleitern möglichst klein und flach zu halten, um somit eine Störung der Feldverteilung weitgehend auszuschließen. Allerdings muß durch entsprechende Dimensionierung des Gehäuses und des Deckels immer ein ausreichender Anpreßdruck gewährleistet sein.

Bild 3.7 zeigt die Einzelteilzeichnung des Gehäuses. Die Bemaßung wurde weitgehend von drei Bezugskanten aus vorgenommen. Nur wenn es die Funktion erforderte wurde von diesem Prinzip abgegangen. Die Tiefenmaße der Ausfräsung für die Streifenleiter und für den Deckel wurden in Abhängigkeit voneinander bemaßt, damit gewährleistet ist, daß der Deckel immer auf den Substraten aufliegt und den geforderten Preßkontakt ermöglicht. Die Lochfelder für den Anschlußflansch der beiden SMA-Buchsen sind ebenfalls von dieser Ausfräsung abhängig, damit die dünnen Anschlußbändchen genau zwischen den Streifenleitern zu liegen kommen und nicht geknickt werden.

Damit der in Bild 3.8 dargestellte Deckel die geforderte Dichtwirkung erzielt, muß das Absatzmaß der beiden Auflageflächen (Deckel zu Substrat und Deckel zu Gehäuse) in engen Grenzen gehalten werden. Zusätzlich dazu wird der umlaufende Spalt zwischen dem Deckel und dem Gehäuse recht knapp gehalten, damit zusammen mit den beiden Auflageflächen eine Art Labyrinthdichtung entsteht.

Die relativ hohe Anzahl der Befestigungsschrauben des Deckels sorgen für den gleichmäßig verteilten Anpreßdruck.

Sowohl beim Deckel als auch beim Gehäuse müssen die Auflageflächen für die Substrate eben sein, damit zwischen Fläche und Kaschierung keine Hohlräume entstehen, die zu undefinierten Masseverhältnissen führen könnten. Um Verformungen des Deckels und des Gehäusebodens entgegenzuwirken, sind beide Teile entsprechend stabil ausgebildet. Außerdem empfiehlt es sich die Rohteile vor Beginn der Bearbeitung einer Glühbehandlung zu unterziehen. Dadurch werden Spannungen beseitigt, die von der Halbzeugfertigung her im Material vorhanden sind und bei der Bearbeitung frei werden und die Teile deformieren.

Wie bereits in Kap. 3.1 angedeutet, wird hier der enorme Aufwand deutlich, der in der Gehäusetechnik der Dreileiterstreifenschaltung notwendig ist. Diese Schaltungstechnik wird heute zwar nicht mehr so oft angewandt, doch war sie ein wichtiger Schritt um zu der einfacheren und kostengünstigeren Mikro-Streifenleitung zu gelangen.

3.5.2 Gestaltung eines RF-Verstärkers in Mikro-Streifenleitertechnik

Bild 3.9 zeigt einen RF-Verstärker in Mikro-Streifenleitertechnik aus dem Sender eines 2-GHz-Richtfunkgerätes der Kompaktbauweise 7R6. Dieser transistorierte Verstärker ersetzt die Wanderfeldröhrenendstufe und die dazu gehören-

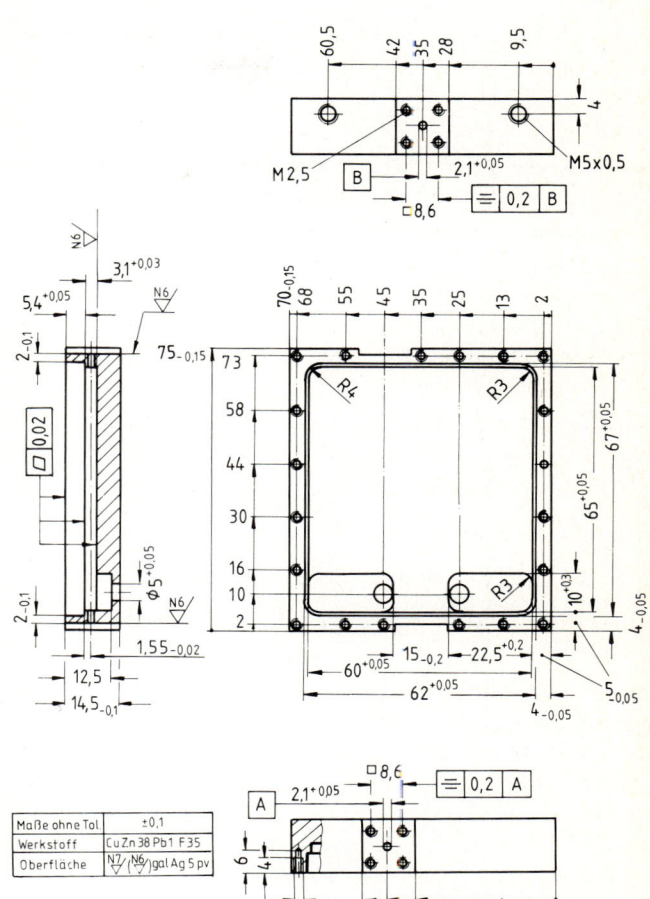

Maße ohne Tol.	±0,1
Werkstoff	CuZn38 Pb1 F35
Oberfläche	N7/(N6) gal Ag 5 pv

Bild 3.7 Gehäuse

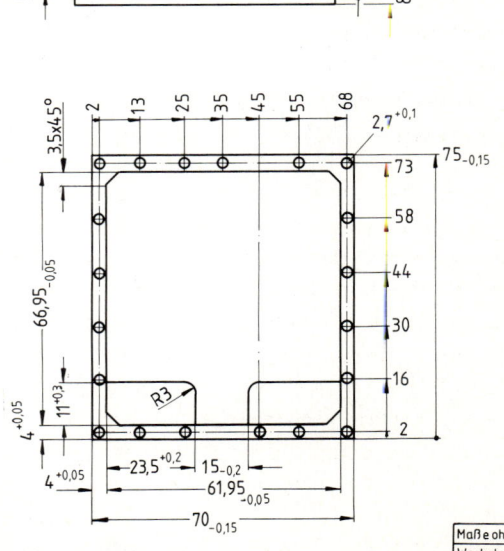

Maße ohne Tol.	±0,1
Werkstoff	CuZn38 Pb1 F35
Oberfläche	N7/(N6) gal Ag 5 pv

Bild 3.8 Deckel

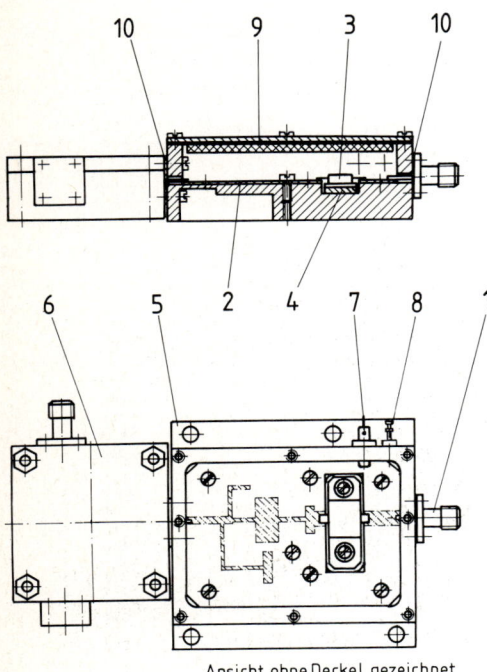

Bild 3.9 RF-Verstärker

Ansicht ohne Deckel gezeichnet

de aufwendige Hochspannungsstromversorgung der vorangegangenen Gerätegenerationen. Der Verstärker arbeitet mit 24 V Gleichspannung und erreicht bei einer Eingangsleistung von 550 mW eine Ausgangsleistung von 3 W. Über die Koaxial-Buchse Pos. 1 gelangt das vom RF-Modulator kommende Signal über den Streifenleiter Pos. 2 an den Emitteranschluß des Leistungstransistors Pos. 3. Bei dem verwendeten Transistor handelt es sich um einen sogenannten „AMPAC"-Typ, welcher bereits innerhalb seines Gehäuses ein 50 Ω Anpaßnetzwerk enthält und somit keine externe Anpaßschaltung benötigt. Da das Konzept des gesamten Richtfunkgerätes auf einer negativen Versorgungsspannung basiert, der Transistor jedoch eine positive Betriebsspannung benötigt, muß er isoliert aufgebaut werden. Diese elektrische Isolierung muß einen guten thermischen Kontakt zwischen Transistorflansch und Verstärkergehäuse ermöglichen und einen kapazitiven niederohmigen Kurzschluß für die Radiofrequenz darstellen. Deshalb wurde der Transistor auf einer allseitig eloxierten Aluminiumscheibe, Pos. 4, in das Gehäuse Pos. 5 geschraubt. Die beiden Befestigungsschrauben stützen sich auf Isolierbuchsen aus glasfaserverstärktem Makrolon ab, die in die Bohrungen des Transistorflansches ragen.

Das verstärkte Signal gelangt vom Kollektoranschluß des Transistors wieder auf den Streifenleiter, dessen Leiterbild als Tiefpassfilter ausgebildet und in Bild 3.9 durch die schraffierten Flächen schematisch dargestellt ist. Über den am Verstärkerausgang direkt angeflanschten Zirkulator-Isolator Pos. 6 kann das verstärkte Signal direkt auf die Senderweiche geführt werden. Wenn eine höhere Ausgangsleistung nötig ist, kann auch noch ein RF-Leistungsverstärker zwischengeschaltet werden. Dieser Leistungsverstärker ist ähnlich aufgebaut und hat eine Ausgangsleistung von 10 W.

Die Spannungszuführung erfolgt über das Durchführungsfilter Pos. 7 und über den Massestift Pos. 8, die beide in das Gehäuse geschraubt sind. Mit dem Deckel Pos. 9 wird die Schaltung HF-dicht verschlossen. Das Fiederblech Pos. 10 sorgt für die Dichtigkeit von Verstärkereingang und -ausgang.

Bild 3.10 zeigt die Fertigungszeichnung für das Verstärkergehäuse. Als Werkstoff wurde Aluminium verwendet, weil es eine gute Wärmeleitfähigkeit aufweist. Um die durch die Verlustleistung des Transistors entstehende Wärme gut auf das Verstärkergehäuse und von dessen Auflagefläche auf den Kühlkörper zu bringen, ist ein guter thermischer Kontakt nötig. Deshalb sind an die genannten Flächen erhöhte Forderungen für Ebenheit und Rauhtiefe gestellt, ebenso wie an die Auflagefläche für die Streifenleiterplatine. Auch bei dieser Schaltungstechnik sind definierte Masseverhältnisse wichtig, um zu reproduzierbaren elektrischen Eigenschaften zu gelangen. Da das Basismaterial für den Streifenleiter nie ganz plan ist, müssen definierte Masseverhältnisse durch eine entsprechende Auswahl von Lage und Anzahl der Befestigungsschrauben gewährleistet werden. Wenn keine zu

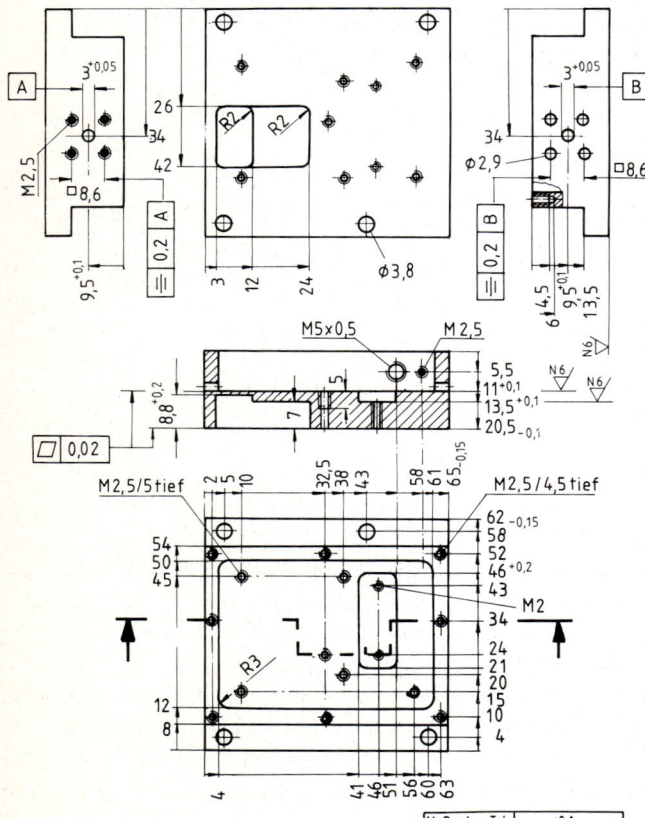

Bild 3.10 Gehäuse

Maße ohne Tol.	±0,1
Werkstoff	Al Mg Si 1 F28
Oberfläche	farbl.chro.

großen Wanddicken dagegensprechen, ist man bestrebt, die Kernlöcher sämtlicher Gewindebohrungen als Durchgangs- und nicht als Sackbohrung auszuführen. Dies bringt den Vorteil, daß beim Gewindeschneiden die Späne gut zu entfernen sind und daß bei der nachfolgenden galvanischen Behandlung keine agressiven Rückstände in der Bohrung bleiben.

Die auf der Unterseite des Gehäuses eingefrästen Vertiefungen dienen, wie aus Bild 3.9 ersichtlich, dem direkten Anflanschen des Zirkulators. Der Anschlußstift des Zirkulators wird in die Gehäusebohrung gesteckt, und der Zirkulator wird mit vier Befestigungsschrauben vom Innenraum des Gehäuses bzw. durch die Aussparung im Gehäuseboden angeschraubt. Dadurch erspart man sich zwei weitere Koaxial-Buchsen und ein Verbindungskabel. Der Anschlußstift des Zirkulators und der Eingangsbuchse wird ebenso wie die Anschlüsse des Leistungstransistors und der des Durchführungsfilters auf den Streifenleiter gelötet.

Als Oberflächenbehandlung wurde eine farblose Chromatierung gewählt. Dies ist für Aluminium die kostengünstigste Behandlungsmethode und für diese Schaltung völlig ausreichend. Allerdings muß dann wegen des elektrolytischen Potentialunterschiedes die Massefläche des Streifenleiters verzinnt sein, und nicht wie üblich versilbert oder vergoldet. Der vergoldete Anschlußflansch der SMA-Buchse und das versilberte Zirkulatorgehäuse werden durch das zwischengelegte Fiederblech aus nichtrostendem Stahl, welches in Bild 3.11 dargestellt ist, auf Abstand vom Aluminium gehalten. Dieses Fiederblech ist ein Stanzteil und auf die Abmessungen von SMA-Anschlußflanschen abgestimmt. Auswechselbare Einsätze im Werkzeug ermöglichen die Variation der Mittelbohrung im Bereich von ϕ 2,1 mm bis ϕ 3,7 mm. Dadurch lassen sich Fiederbleche für mehrere Anschlußausführungen mit nur einem Werkzeug herstellen. Bild 3.12 zeigt den vollständigen Deckel, sowie die verwendeten Einzelteile. Für diese Art von Schaltungstechnik wird der Deckel nur für die HF-Abdichtung der Baugruppe benötigt und ist somit ein relativ einfach herzustellendes Teil. Er wird aus einem 1,5 mm starkem Blech aus nichtrostendem Stahl ausgestanzt. An die Ebenheit werden keine besonderen Forderungen gestellt, da das aus 0,1 mm starkem Neusilberblech gefertigte und an den Deckel punktgeschweißte Dichtblech für ausreichende HF-Dichtigkeit sorgt. Bei dieser Deckelgröße reichen die umlaufend abgewinkelten Kanten für die Abdichtung aus, so daß auf eine Fiederung der Dichtkanten verzichtet werden konnte.

Dichtbleche aus Neusilber lassen sich recht gut auf nichtrostendem Stahl punktschweißen. Außderdem haben sie gegenüber solchen aus Edelstahl den Vorteil, daß man zu ihrer Herstellung nicht unbedingt ein Schnittwerkzeug benötigt. Sie lassen sich mit einer entsprechend angefertigten Druckvorlage in Ätztechnik herstellen, was für Neuentwicklungen und für kleine Stückzahlen von Vorteil ist. Man erspart sich die Kosten für das Schnittwerkzeug und winkelt die Kanten mit herkömmlichen Werkzeugen an.

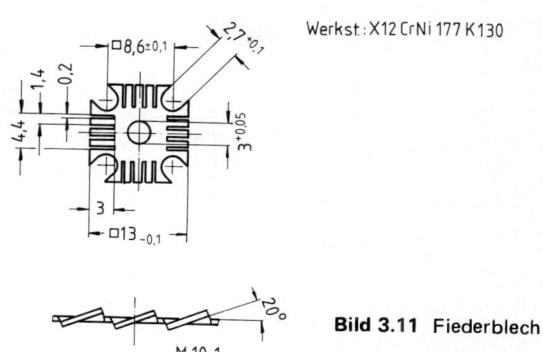

Bild 3.11 Fiederblech

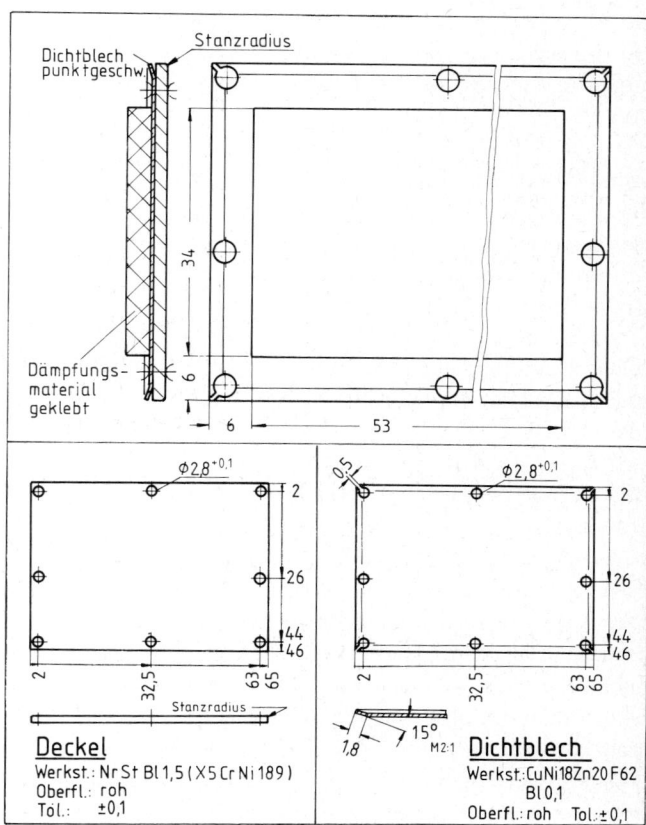

Bild 3.12 Deckel, vollst.

Der Deckel wurde so gestaltet, daß sich sein Stanzradius auf der Außenseite befindet. Damit wird erreicht, daß das Dichtblech mit der scharfkantigen Deckelseite auf die Gehäusewand gepreßt wird. Um von der Schaltung abgestrahlte „vagabundierende Wellen" zu absorbieren, wird ein handelsübliches Mikrowellendämpfungsmaterial mit einem dazugehörenden Leitkleber an den Deckel geklebt, Bild 3.12.

An diesem Beispiel für eine Baugruppe in Mikrostreifenleitertechnik läßt sich deutlich der wesentlich geringere Aufwand der umgebenden Mechanik gegenüber der bei der Dreileiterstreifentechnik erkennen. Das Gehäuse und der Deckel sind wesentlich einfacher aufgebaut und somit auch kostengünstiger herzustellen.

3.5.3 Ausführung eines Mikrowellenfilters in Frästechnik

Bei dem in Bild 3.13 dargestellten Aufbau handelt es sich um ein Bandpaßfilter (1,7–2,3 GHz) aus der RF-Anschluß-gruppe eines 2-GHz-Richtfunkgerätes. Es wird dort eingesetzt um unerwünschte Signale deren Frequenzen über der höchsten Kanalfrequenz (2,3 GHz) liegen zu unterdrücken bzw. stark zu dämpfen. Da es sich im Signalweg befindet werden hohe Anforderungen an den Reflexionsfaktor und an den Dämpfungsverlauf gestellt. Da sich diese Anforderungen in der Mikrostreifenleitertechnik nur sehr schwer und keinesfalls so kostengünstig erfüllen lassen, wurde diese Filter als 4-kreisiger Bandpass in Kammfilterstruktur als Frästeil realisiert. Es besteht aus Messingteilen, die zur Erhöhung der Leergüte der Resonatoren ($Q_o \approx 1700$) versilbert sind.

Vier aus dem Gehäuseblock freigefräste Stempel stellen zusammen mit den Gehäusewänden und dem Deckel Pos. 2 die vier Kreise dar. Alle Resonatoren sind einseitig kurzgeschlossen und stark kapazitiv belastet. Um eine sehr feine Abstimmung der Resonatoren zu gewährleisten besteht ein großer Teil der Belastungskapazität aus einem unveränderlichen Plattenkondensator, der aus der Stirnfläche des Stempels und der Deckelfläche besteht. Mit der Abgleichschraube Pos. 3 erfolgt der Feinabgleich der Resonanzfrequenz.

Die Kopplung zwischen den Resonatoren ist bei dieser Filterstruktur vorwiegend induktiv und wird durch den Abstand der Resonatoren voneinander bestimmt. Wegen der großen relativen Bandbreite (30 %) sind die Kopplungen sehr stark und damit die Abstände der Resonatoren untereinander entsprechend klein. Um Fertigungstoleranzen auszugleichen sowie eine feine Veränderung der Kopplung zu erreichen, enthält der Filterdeckel zwischen dem ersten und zweiten, als auch zwischen dem dritten und vierten Stempel Gewindebohrungen in die die Abgleichschrauben Pos. 4 gedreht werden.

Beide Abstimmelemente (Pos. 3 und Pos. 4) bestehen aus versilbertem Messing und werden nach dem Abgleich des Filters durch die Schlitzmuttern Pos. 5 gekontert und anschließend lackgesichert.

Die Ein- und Auskopplung der Energie geschieht galvanisch am ersten und letzten Resonator über die Gewindestifte Pos. 6, die die Verbindung zu bekannter und handelsüblicher Koax-Steckertechnik 4,1/9,5 mit Anschraubflanschen herstellen. Die Kontermutter Pos. 7 verhindert ein unbeabsichtigtes Lösen dieser Steckverbindung, wenn das Filter mittels der Überwurfmutter Pos. 8 in die RF-Leitung ein- oder ausgebaut wird.

Bild 3.14 stellt die Fertigungszeichnung für das Gehäuse dar. Die Bemaßung wurde wieder weitgehend von 3 Bezugskanten ausgehend vorgenommen. Eine Ausnahme hiervon bilden lediglich die Tiefenmaße für die Stempel und die Bemaßung der Lochfelder für die Steckverbinder am Filtereingang und -ausgang. Diese Maße sind für die elektrische Funktion des Filters äußerst wichtig. Ausgehend von der Auflagefläche des Deckels sind in Abhängigkeit davon die Tiefenmaße für die Abmessung der Stempel angegeben, weil der Abstand zwischen Stempel und Deckel sowie dessen Länge die Resonanzfrequenz bestimmen. In gleichem Maße ist der geometrische Ort für die Bohrungen und Gewinde der Ein- und Auskopplung von dieser Ebene abhängig. Außerdem müssen diese Durchmesser zueinander einen möglichst geringen Versatz aufweisen, damit der Wellenwiderstand Z_L dieses Koaxialanschlusses nicht beeinflußt wird. Die HF-Dichtung dieses Anschlusses erfolgt über den angedrehten Ansatz am Schraubflansch der in die Gehäusesenkung ein-

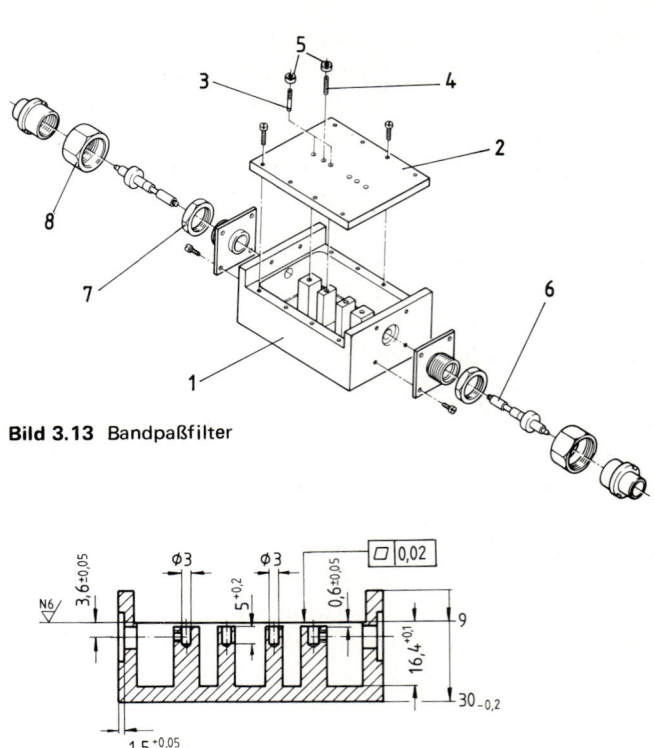

Bild 3.13 Bandpaßfilter

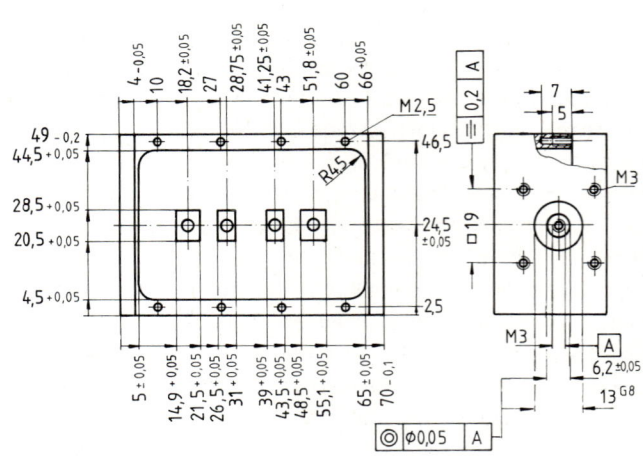

Bild 3.14 Gehäuse

Maße ohne Tol.	±0,1
Werkstoff	CuZn38 Pb1 F35
Oberfläche	gal Ag5pv

taucht und nicht durch den Flansch. Die Senkung im Gehäuse ist 1,5 + 0,05 mm tief, während der Ansatz am Flansch 1,65 + 0,05 mm hoch ist. Somit ist gewährleistet, daß dieser Ansatz mit seiner Stirnfläche an das Gehäuse angepreßt wird und durch die beim Festdrehen der Befestigungsschrauben entstehende elastische Verformung des Flansches eine zusätzliche Vorspannung erhält.

Die beiden Durchmesser mit 13 ^{G8} im Gehäuse und mit Durchmesser 13$_{h8}$ am Flanschansatz sorgen für die entsprechende Zentrierung des Koaxanschlusses. Da diese Einzelheit aus der perspektivischen Zusammenstellung in Bild 3.13 nicht deutlich genug hervorgeht, ist sie in Bild 3.15 nochmals vergrößert dargestellt.

Das Fräsen der Außenkontur der Filterkammer soll mit einem möglichst großen Fräser erfolgen, damit wirtschaftlich gearbeitet werden kann. Für das Freifräsen der Stempel muß jedoch auf Grund der elektrisch vorgegebenen Abmessungen mit einem kleineren Fräserdurchmesser weitergearbeitet werden.

Außer den mit den Gewindebohrungen versehenen Auflageflächen für den Deckel sind an den beiden Stirnseiten der Filterkammer noch zwei 1 mm breite Auflagebänke vorhanden. Diese Flächen garantieren zusammen mit dem stabilen Deckel und den acht Befestigungsschrauben die HF-Dichtheit des Filters. Eine Abdichtung zwichen den Stirnseiten des Deckels und der Wangen des Gehäuses ist nur mit sehr enger Tolerierung beider Teile zu erreichen und hätte somit eine erhebliche Kostensteigerung zur Folge. In Bild 3.16 sieht man die stabile Ausführung des Deckels. Die Deckelstärke von 5 mm ermöglicht außerdem eine exakte Führung der Abstimmelemente, was für einen guten Abgleich des Filters von Vorteil ist. Bezüglich der elektrischen Funktion genügt es, nur an die Innenseite des Deckels höhere Forderungen an Ebenheit und Rauhtiefe zu stellen. Mit einer Kennzeichnung der qualitativ geringwertigeren Seite wird die richtige Montage des Deckels gewährleistet und die Bearbeitungskosten halten sich in Grenzen.

3.5.4 Aufbau eines Koaxial-Zirkulators

Zirkulatoren sind passive Bauelemente mit mehreren Toren, die abhängig von der Flußrichtung zugeführter elektromagnetischer Energie sind. Die Tore sind voneinander entkoppelt und eine eintretende Welle tritt im Idealfall, dem entsprechenden Umlaufsinn folgend, am nächsten Tor ungedämpft aus. In Nachrichtentechnischen Geräten werden sie für folgende Aufgaben eingesetzt [3.2]:

— Zusammenführung von Signalen verschiedener Frequenzen (z. B. in Weichen),

— richtungsunabhängige Signaltrennung (z. B. parametrische Verstärker),

— Signalbeeinflussung (z. B. Phasenschieber),

— Entkopplung von Bauelementen (z. B. Verbesserung des Signals durch Reduzierung von Rückwirkungen).

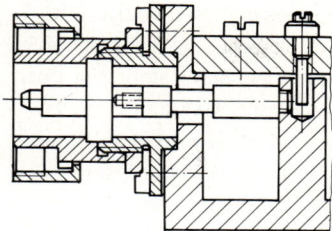

Bild 3.15
Koaxialanschluß

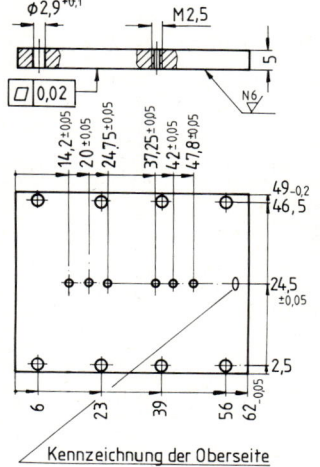

Maße ohne Tol.	± 0,1
Werkstoff	CuZn38 Pb1 F35
Oberfläche	∇∇ (∇∇) gal Ag 5 pv

Bild 3.16
Deckel

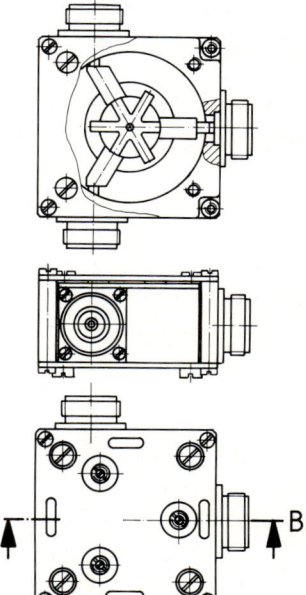
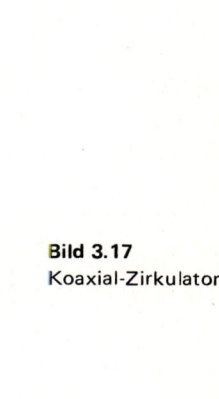

Bild 3.17
Koaxial-Zirkulator

Anhand von Bild 3.17 und der Schnittdarstellung Bild 3.18 soll der Aufbau eines Koaxial-Zirkulators beschrieben werden. Pos. 1 stellt die Leitungsverzweigung (auch Wellen- oder Innenleiter genannt) dar, deren Enden in die HF-Stekker Pos. 2 münden. Zu dieser Leitungsverzweigung gehören die Anpaßelemente Pos. 3, die sowohl im Gehäuse Pos. 4 und im Deckel Pos. 5 angeordnet sind. Sie werden nach dem Abgleich des Zirkulators mit den Schlitzmuttern Pos. 6 gekontert. Zwischen Innenleiter und Gehäuse bzw. zwischen Innenleiter und Deckel sind die Ferrite Pos. 7 angeordnet. Oberhalb und unterhalb davon sind die Dauermagnete Pos. 8 untergebracht. Die Polschuhe Pos. 9 und Pos. 10 sind aus Stahlblech und dienen der Homogenisierung des Magnetfeldes. Über die beiden Jochbleche Pos. 11 und Pos.

12, sowie über die vier Gewindebolzen Pos. 14 (die nur in der mittleren Ansicht von Bild 3.17 zu sehen sind) schließt sich das Magnetfeld.

Genaue Einzelheiten über die elektrische Funktion von Zirkulatoren können aus [3.2] und der darin angegebenen weiterführenden Literatur entnommen werden.

Bild 3.19 zeigt die Leitungsverzweigung für diesen Koaxial-Zirkulator. Sie setzt sich aus dem Leiter Pos. 1, den beiden Kontaktbuchsen für die außermittigen Tore Pos. 2 und der Buchse für den mittigen Zirkulatoranschluß Pos. 3 zusammen. Das Leiterstück wird als Feinstanzteil und 2 mm dikkem Messingblech hergestellt und anschließend auf der Diskusschleifmaschine auf 1,5 ± 0,02 mm geschliffen. Ausgehend von der Aufnahmebohrung $\phi\, 2^{F8}$ im Zentrum des Stanzteiles erhält es die Ausdrehungen für den Sitz der Ferrite und die Aufnahmebohrungen für die Kontaktbuchsen. Nachdem die aus Berylliumbronze bestehenden Kontaktbuchsen mit LSn 60 in einer Lötlehre eingelötet wurden, wird die komplette Leitungsverzweigung mit 3 µm verkupfert und mit 5 µm versilbert. Die mit $9,5^{H11}$ gefertigten Gehäusebohrungen für die HF-Stecker ermöglichen die problemlose Montage der Leitungsverzweigung.

Bild 3.20 zeigt das Zirkulatorgehäuse und Bild 3.21 den Zirkulatordeckel. Als Werkstoff für beide Einzelteile kommt ein speziell dafür angefertigtes Aluminiumstrangpreßprofil zum Einsatz. Dies erspart Fräsarbeiten an der Außenkontur und diese Teile können als reine Drehteile realisiert werden. Als Oberflächenschutz dient eine farblose Chromatierung.

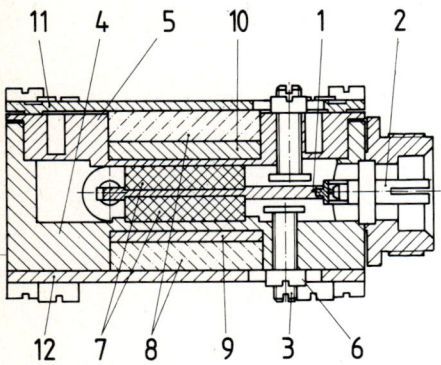

Bild 3.18 Schnitt A—B (Koaxial-Zirkulator)

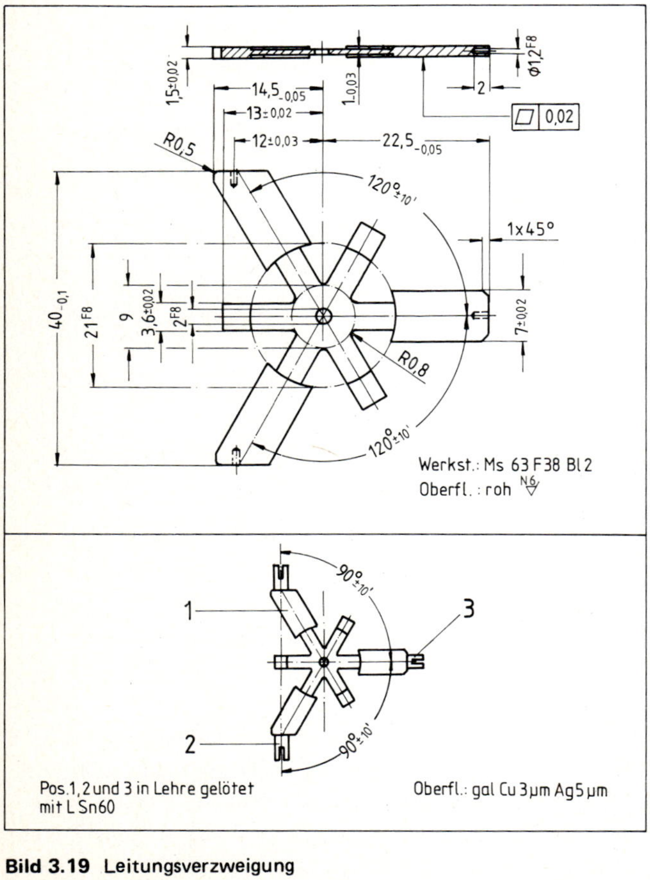

Werkst.: Ms 63 F38 Bl 2
Oberfl.: roh

Pos.1, 2 und 3 in Lehre gelötet mit L Sn60   Oberfl.: gal Cu 3µm Ag 5µm

Bild 3.19 Leitungsverzweigung

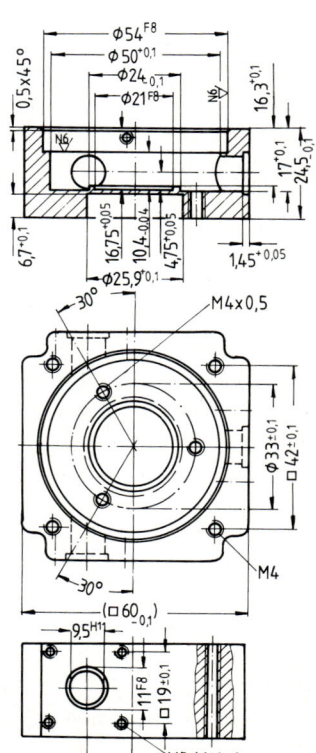

Werkst.: Al Mg Si 0,5 F25 (warm ausgehärtet)
(Anticordal 0,5 DIN 1725 / 1748)

Oberfl.: farbl. chromat.

Bild 3.20
Zirkulatorgehäuse

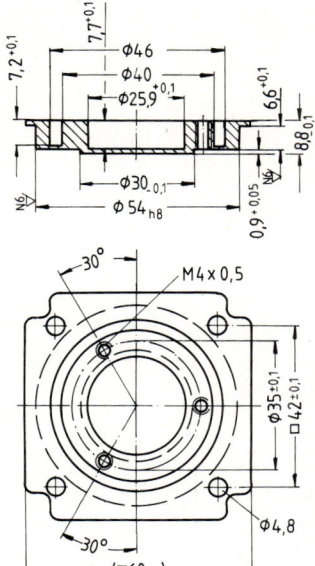

Werkst.: Al Mg Si 0,5 F25 (warm ausgehärtet)
Anticordal 0,5 DIN 1725 / 1748)

Oberfl.: farbl. chromat.

Bild 3.21
Zirkulatordeckel

Beim Gehäuse sind die Bohrungen für die HF-Stecker und die kreisringförmige Auflagefläche für den Deckel von der Auflagefläche des unteren Ferrits aus bemaßt. Zum einen ist dies erforderlich, damit die Leitungsverzweigung zentrisch zu den Gehäusebohrungen der HF-Stecker zu liegen kommt und somit eine Veränderung des Wellenwiderstandes der Streckverbindung ausgeschlossen wird. Zum anderen soll der Deckel die Ferrite an die Leitungsverzweigung anpressen und durch Anliegen an der kreisringförmigen Gehäusefläche für die HF-Dichtigkeit sorgen. Diese Doppelfunktion des Deckels erreicht man durch folgenden Aufbau.

Deckel und Gehäuse liegen durch die Passungsauswahl $\phi\ 54^{F8}_{h8}$ mit minimalem Spalt dicht besammen. Weiterhin sind die Toleranzen des Deckels so gelegt, daß dieser beim Eindrehen seiner Befestigungsschrauben zunächst am oberen Ferrit und beim Festziehen auch auf den Kreisring des Gehäuses aufliegt. Der umlaufende Einstich im Deckel wirkt dabei wie eine Membrane und reguliert so den Anpreßdruck der spröden und druckempfindlichen Ferrite. Das obere Jochblech hält den zum Deckel gehörenden Magneten und sorgt mit den vier eingeprägten Sicken, welche zwischen den Deckelbefestigungsschrauben angeordnet sind, für zusätzliche Pressung des Deckels. Das untere Jochblech hat nur den zum Gehäuse gehörenden Magneten zu halten und ist deshalb flach und ohne Sicken.

Für die HF-Dichtigkeit der Steckverbinder gilt auch hier das bereits in Kap. 3.5.3 erwähnte Prinzip. Die Zentrierung übernimmt hierbei allerdings nicht der Ansatz am Flansch, sondern die Teflonstütze des Innenleiters der Buchse.

Literaturverzeichnis

[3.1] DIN Normenheft Nr. 7, Ausg. 1973
[3.2] Einwegleitungen, Zirkulatoren, Phasenschieber Valvo GmbH, 1973

Bildquellenverzeichnis

Bild 3.3: Aus DIN/SO 1302
Bild 3.4: Aus DIN 4768
Bild 3.5: Auszug aus DIN 4766
Bild 3.6 bis 3.21: Nach Fertigungsunterlagen Firma SEL AG, Pforzheim

Tafelquellenverzeichnis

Tafel 3.1, 3.2 und 3.4: Zentrale Werknorm SEL AG, Stuttgart

4 Stanz- und Biegeteile für übertragungstechnische Komponenten

von Georg Bieber, SEL Pforzheim

Außer den Baugruppen, die infolge ihrer speziellen elektrischen Eigenschaften in eigens dafür abgestimmten spanend gefertigten Gehäusen untergebracht werden, gibt es in der Übertragungstechnik auch Bausteine die in herkömmlicher Leiterplattentechnik ausgeführt werden. Da auch diese Komponenten HF-dicht aufgebaut werden müssen, um eine gegenseitige Beeinflussung auszuschließen, besteht ein Bedarf an variablen und einfachen Gehäusen. Solche Gehäuse lassen sich gut aus gestanzten und gebogenen Blechteilen herstellen.

Weiterhin soll in diesem Kapitel auch noch auf eine Fertigungstechnik für Mikrowellenfilter eingegangen werden, die es ermöglicht, Filterbaugruppen aus gestanzten Einzelteilen herzustellen.

Mit diesen beiden näher beschriebenen Anwendungsbeispielen sind natürlich bei weitem nicht alle Einsatzmöglichkeiten für Stanz— und Biegeteile in der Übertragungstechnik erfaßt. Aus Gründen der einfachen und rationellen Fertigung ist man bestrebt, möglichst viele Einzelteile zu stanzen und/oder zu biegen. Da jedoch die Kosten der Werkzeuge eine wesentliche Rolle für die wirtschaftliche Fertigung eines Teiles spielen, ist in jedem Fall zu überprüfen, ob diese Fertigungstechnik die günstigste Lösung darstellt.

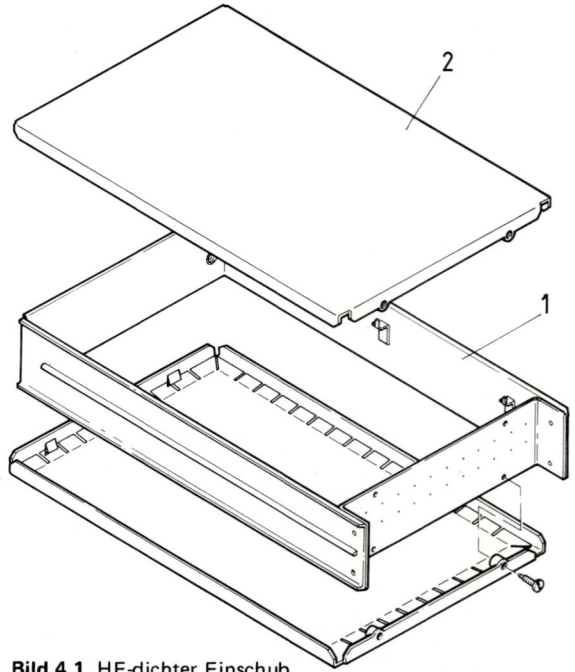

Bild 4.1 HF-dichter Einschub

4.1 Aufbau von HF-dichten Blechgehäusen und Erweiterung zur Gehäusefamilie

Wie in Kapitel 10 beschrieben, werden bei der Anlagengestaltung für Richtfunkgeräte HF-dichte Einschübe für Sender- und Empfängereinsätze benötigt. Aus der Beschreibung der Bauweise 7R geht das Konzept dieser Einsätze hervor. Es mußten Blechgehäuse zur Aufnahme von Leiterplatten und von Baugruppen geschaffen werden, die in diese Einsätze eingeschoben werden können und über rückseitig angeordnete Stecker die elektrische Verbindung zum Einsatz herstellen.

Bild 4.1 zeigt in perspektivischer Darstellung die Grundausführung eines solchen HF-dichten Gehäuses. Die wichtigsten Einzelteile sind der punktgeschweißte Rahmen Pos. 1 und zwei komplette Deckel Pos. 2. Die der Frontplattenhalterung und der Arretierung der Box im Einsatz dienenden Einzelteile sind in diesem Zusammenhang nicht wichtig und wurden deshalb nicht dargestellt.

Bild 4.2 zeigt den vollständigen Rahmen. Er setzt sich aus dem Bügel Pos. 1, der Rückwand Pos 2 sowie einer rechten und einer linken Führungsschiene Pos. 3 und Pos. 4 zusammen. Diese Teile sind in den Bildern 4.3 bis 4.5 einzeln dargestellt.

Bügel und Rückwand sind aus nichtrostendem Stahl hergestellt, während die Führungsschienen aus Neusilber gefertigt werden. Die in den Bügel eingehängten und angepunkteten Führungsschienen sollen außer der Führung der Box im Einsatz auch noch der Aufnahme und Befestigung der Leiter-

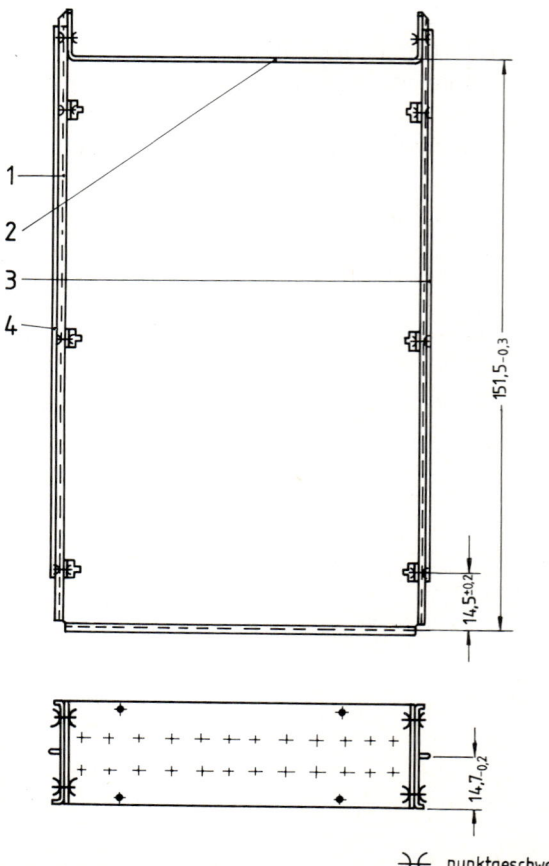

Bild 4.2 Rahmen, vollst.

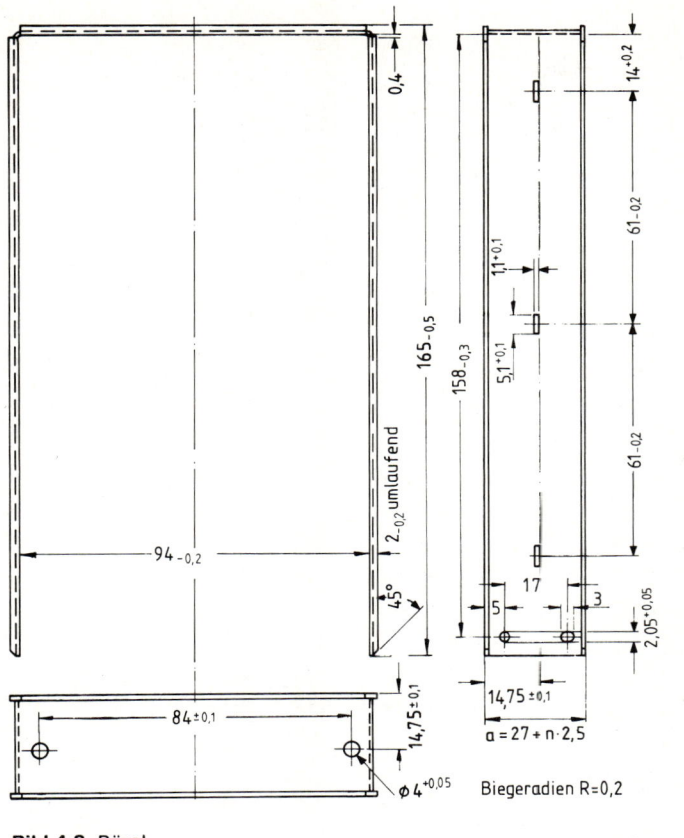

Bild 4.3 Bügel

Werkst.: NrSt Bl 0.5
(X5 Cr Ni 189)

Biegeradien R=0,2

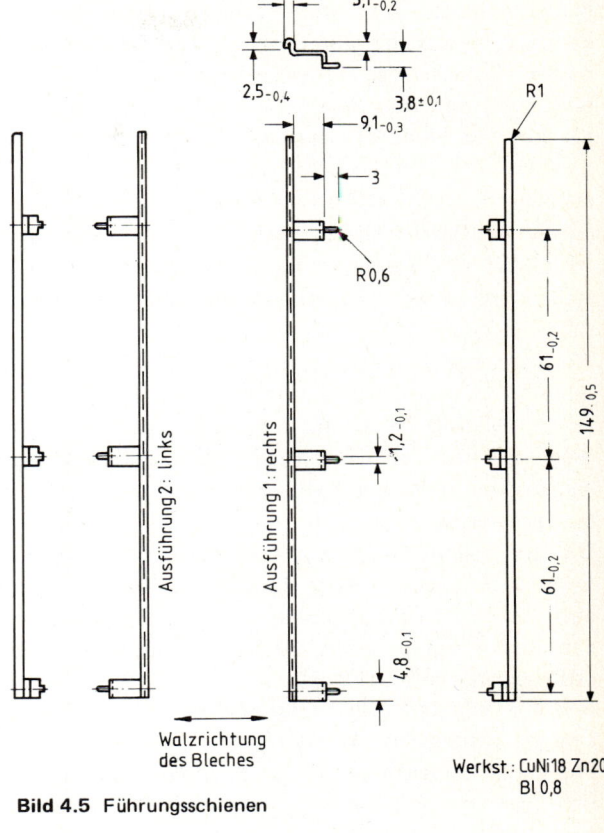

Bild 4.5 Führungsschienen

Werkst.: CuNi18 Zn20
Bl 0,8

Bild 4.4 Rückwand

Werkst.: NrSt Bl 1
(X5 Cr Ni 189)

platte dienen. Die Leiterplatte wird in die angebogenen Stifte eingehängt und für einen einwandfreien Massekontakt mit diesen Stiften verlötet. Neusilber hat den Vorteil, daß es sich mit nichtrostendem Stahl gut punktschweißen läßt und ohne besondere Vorbehandlung mit Blei-Zinn-Lot lötbar ist.

Wenn man die Einzelteile aus normalem Stahlblech anfertigt, so muß man die Einzelteile zunächst verkupfern und nach dem Punktschweißen verzinken. Diese Reihenfolge ist notwendig, weil bei der Verwendung von galvanisch endbehandelten Einzelteilen Korrosion an den Punktschweißstellen auftritt. Außerdem müssen die Aufnahmestifte der Führungsschienen noch partiell verzinnt werden, um deren Lötbarkeit zu gewährleisten.

Bei Verwendung von nichtrostendem Stahl in Verbindung mit Neusilber entfallen diese kostspieligen galvanischen Oberflächenbehandlungen, da diese Werkstoffe von Hause aus eine gute Korrosionsbeständigkeit besitzen. Die höheren Rohstoffkosten werden durch die Einsparung der Oberflächenbehandlung ausgeglichen. Da die Kosten für das Betreiben einer Galvanik infolge laufend erhöhter und verbesserter Umweltschutzbestimmungen stetig steigen, versucht man auch in vielen anderen Anwendungsfällen durch Auswahl geeigneter Werkstoffe weitgehend auf galvanische Oberflächenbehandlung zu verzichten.

Die Bilder 4.3 und 4.4 zeigen die Grundausführung der Rahmenteile mit 27 mm Höhe. Der Bügel wird aus 0,5 mm starkem Blech gefertigt. Zur Erhöhung der Festigkeit und als Auflagefläche für das Fiederblech wird er beidseitig umlaufend mit 2 mm Winkelkanten versehen. Die Rückwand wird aus 1 mm starkem Material und ohne Abkantung hergestellt, da Stabilität und Auflagefläche bei diesen Abmessungen ausreichend sind. Die in die Rückwand geprägten Ansätze mit $\phi 2$ mm und 0,5 mm Höhe passen in die in den Bügel gestanzten Löcher und dienen der Zentrierung der beiden Teile. Sie stellen eine wesentliche Arbeitserleichterung für das Punktschweißen dar.

Weiterhin sind in die Rückwand die Mittelpunkte des Lochfeldes für Durchführungskondensatoren, Durchführungsfilter und Massestifte mit entsprechender Numerierung eingeprägt. Die Rahmen werden punktgeschweißt auf Lager gelegt und bei Bedarf, je nach Anzahl und Lage der Steckverbinder gelocht.

Die zur Herstellung der Einzelteile nötigen Beschneide-, Loch- und Biegewerkzeuge sind so ausgelegt, daß sie im 2,5 mm Rasterschritt verstellbare Anschläge besitzen. So können Boxen mit unterschiedlichen Bauhöhen einfach und kostengünstig gefertigt werden.

Bild 4.6 zeigt den vollständigen Deckel. Er besteht aus dem Deckeleinzelteil Pos. 1, dem eingepunkteten Fiederblech Pos. 2, den beiden eingenieteten Buchsen Pos. 3 und den darin eingeschraubten Verschlußschrauben Pos. 4. In den Bildern 4.7 bis 4.10 sind diese Einzelteile dargestellt. Der Deckel wird mit den beiden durchgedrückten Krallen an der vorderen Winkelkante des Rahmens eingehängt und mit den Verschlußschrauben in der Rückwand arretiert. Die in den Deckel eingepunkteten Fiederbleche sorgen für die Dichtigkeit des Gehäuses.

So erhält man aus einem variablen Rahmen und zwei Deckeln eine vielseitig verwendbare Gehäusefamilie.

4.2 Mikrowellenfilter in Stanztechnik

Die für Richtfunkgeräte benötigten Filterbaugruppen lassen sich in Hohlleiter-, Koaxial- oder Streifenleitertechnik herstellen. Während bei der Streifenleiter- und Koaxialtechnik spanend gefertigte Gehäuse zum Einsatz kommen, kann man in Hohlleitertechnik Filter bauen, deren Resonatoren aus Hohlleiterstücken mit eingesetzten induktiven Blenden gebildet werden. Man erhält so gestreckte Filter, die jedoch folgende Nachteile haben:

- bei niedrigen Frequenzen werden die Filter relativ lang,
- zur Galvanisierung werden Innenelektroden benötigt,
- die Filterinnenflächen sind schlecht kontrollierbar,
- geringe mechanische Festigkeit wegen der eingefrästen Schlitze.

Um diese Nachteile zu umgehen, sowie eine bessere Anpassung an moderne Gerätebauweisen zu erreichen, war man bestrebt, Filter mit U-förmiger Anordnung der Resonatoren

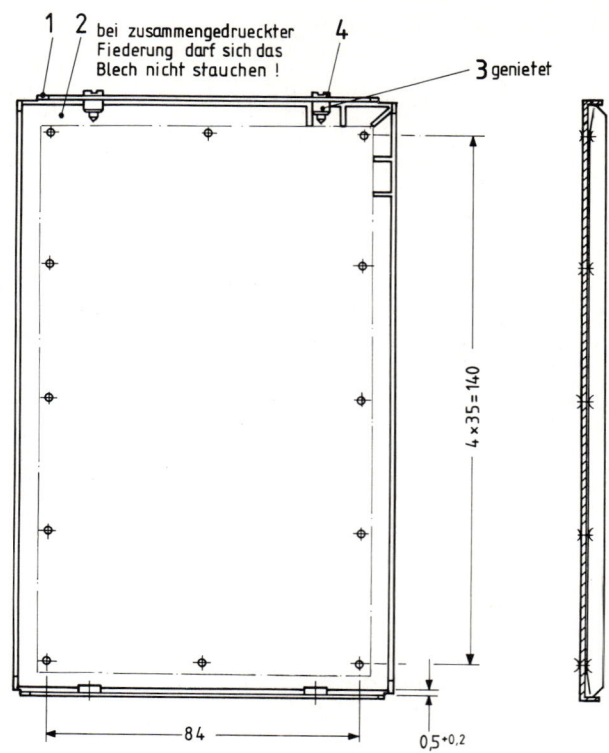

Bild 4.6 Deckel, vollst.

   Punktgeschweißt

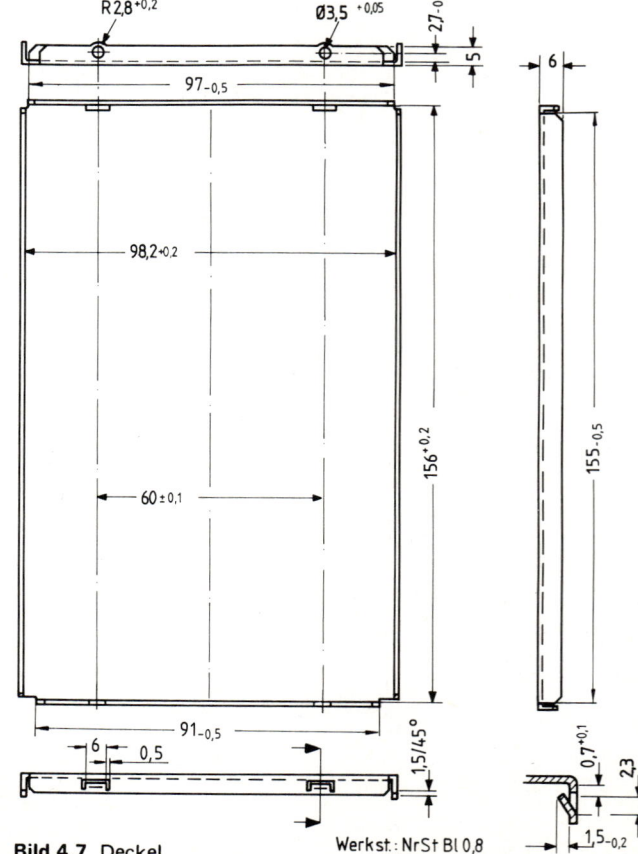

Bild 4.7 Deckel

Werkst.: NrSt Bl 0,8
(X5 CrNi 189)

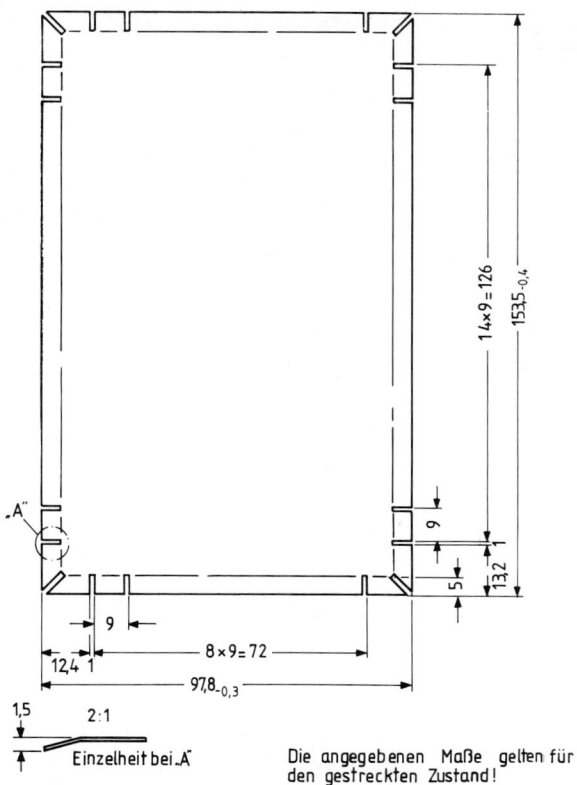

2:1

Einzelheit bei „A"

Bild 4.8 Fiederblech

Die angegebenen Maße gelten für
den gestreckten Zustand!

Werkst.: X12C N 177 K 130
Bl 0,1

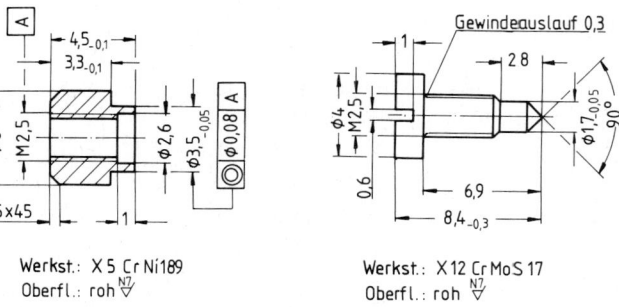

Werkst.: X 5 Cr Ni189
Oberfl.: roh N7

Bild 4.9 Buchse

Werkst.: X 12 Cr MoS 17
Oberfl.: roh N7

Bild 4.10 Schraube

zu bauen. Um zu einer einfachen und kostengünstigen Technik zu gelangen, die jedoch die erforderliche Genauigkeit und die Reproduzierbarkeit der elektrischen Eigenschaften gewährleistet, entschloß man sich das Filter aus gestanzten Einzelteilen zusammenzusetzen und anschließend zu einer Einheit zu verlöten. Durch entsprechendes Variieren der Blenden im Inneren des Filters können die gewünschten Bandbreiten abgedeckt werden, während der größere Anteil der Einzelteile unverändert bleibt und somit die Anzahl der benötigten Stanzwerkzeuge klein gehalten werden kann.

Kostenvergleichsrechnungen ergaben, daß die Auslegung eines Filters in Stanztechnik ab einer Stückzahl von 400–500 Stück (je nach Aufwand und Anzahl der Kreise) preiswerter als gefräste Hohlleiterfilter sind. Bei höheren Stückzahlen fällt der Kostenanteil der Werkzeuge pro gefertigter Filtereinheit immer weniger ins Gewicht. Als grober Richtwert läßt sich sagen, daß ein Filter mit 6 Kreisen in Stanztechnik ausgeführt die kostengünstigere Lösung ist.

Diese kostengünstige Fertigung erzielt man durch eine Filterkonstruktion, die es ermöglicht, die bereits mit einer galvanischen Oberflächenbehandlung versehenen Einzelteile derart zusammenzufügen, daß die gesamte Filterbaugruppe in einem Arbeitsgang gelötet werden kann.

Dies erfordert Einzelteile in Feinstanztechnik, die sich zusammenstecken und durch leichtes Verstemmen so in ihrer endgültigen Lage fixieren lassen, daß nur ein minimaler Spalt zwischen den Einzelteilen entsteht. Wird der so entstandene Körper an einigen Stellen mit einer Lotpaste bestrichen und anschließend erwärmt, so fließt das Lot infolge der Kapillarentwicklung entlang des gesamten Spaltes und gewährleistet somit eine einwandfreie Lötverbindung auch an unzugänglichen Stellen.

Für höhere Stückzahlen in dieser Löttechnik ist ein Durchlaufofen ideal. Die Werkstücke werden in verschiedenen Zonen langsam erwärmt bis die Schmelztemperatur des Lotes erreicht ist, und anschließend wieder langsam abgekühlt. Die Lötzeiten sind zwar lang, aber außer der Ofenüberwachung fallen keine weiteren Lohnkosten an.

Da bei Mikrowellenfiltern jede Gestaltänderung infolge Wärmeausdehnung direkt auf die Frequenz eingeht, ist ein Ausgangswerkstoff mit einem niedrigen Längenausdehnungskoeffizienten zweckmäßig. Diese Eigenschaft darf ebensowenig wie die zuvor aufgebrachte galvanische Oberfläche durch die Löttemperatur beeinflußt werden. Im Laufe zahlreicher Versuche und Experimente erwies sich eine Eisen-Nickel-Legierung mit einem Nickelgehalt von 36 % (36 Ni nach DIN 17006), auch INVAR genannt, in Verbindung mit einer speziellen galvanischen Versilberung auf einer Nickelzwischenschicht als vorteilhaft für diese angestrebte Technik.

4.2.1 Ni 36 (INVAR) als Konstruktionswerkstoff für Mikrowellenfilter in Stanztechnik

Die aus Eisen und Nickel gebildeten Legierungen sind in DIN 17745 sowie im Stahl-Eisen-Werkstoffblatt Nr. 385–57 aufgeführt. Im Rahmen dieser Arbeit wird jedoch nur die Eisen-Nickel-Legierung mit 36 % Nickelgehalt (binäre Legierung) behandelt, welche unter der Werkstoffnummer 1.3912 läuft. Die chemische Zusammensetzung dieser Legierung zeigt Tafel 4.1.

Die für die Herstellung von Mikrowellenfiltern interessanteste Eigenschaft ist der geringe Wärmeausdehnungskoeffizient. Bild 4.11 zeigt die Wärmeausdehnungskoeffizienten von Eisen-Nickel-Legierungen mit unterschiedlichem Nickelgehalt bei 20 °C. Daraus kann man ersehen, daß der gering-

Tafel 4.1: Chemische Zusammensetzung von Ni 36 (Invar)

Werkst. Nr.	Chemische Zusammensetzung in Gew.-%					Anwendungs- beispiele
	Ni	Fe	C	Mn	Si	
1.3912	35,0...37,0	Rest	max. 0,1	max. 0,5	max. 0,5	Teile kleinster Wärmeausdehn., Thermobimetalle

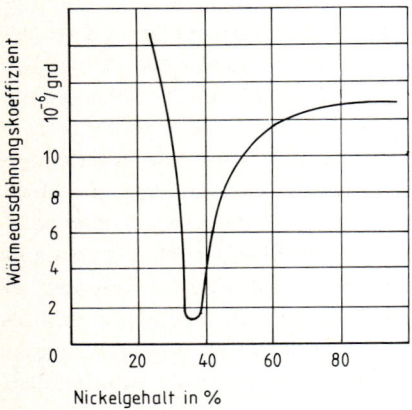

Bild 4.11 Ausdehnungskoeffizienten von weichgeglühten Fe-Ni-Legierungen bei Raumtemperatur

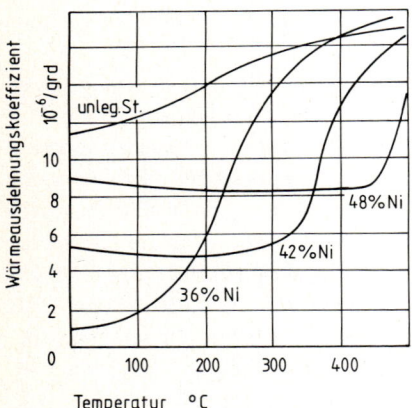

Bild 4.12 Tempraturgang des Wärmeausdehnungskoeffizienten einiger Fe-Ni-Legierungen im Vergleich zu unlegiertem Stahl

Tafel 4.2: Richtwerte mechanischer Eigenschaften von Ni 36 (Invar)

Vickers- härte 1)	Zug- festig- keit	Streck- grenze	0,1- grenze	0,2- grenze	Bruch- deh- nung 2) 3)	Bruch- ein- schnü- rung 3)	E-Mo- dul
HV	N/mm^2	N/mm^2	N/mm^2	N/mm^2	%	%	kN/mm^2
140	490	270	240	250	40	70	140

1) Warmgewalzt und geglühte Stange
2) $l_o = 4 d_o$
3) bei 20°C

Tafel 4.3: Richtwerte physikalischer Eigenschaften von Ni 36 (Invar)

Dich- te	Schmelz- punkt	Curie- punkt	Wärmeleit- fähigkeit bei 20°C		spez. elektr. Wider- stand bei 20°C	spezifische Wärme	
$\frac{g}{cm^3}$	°C	°C	$\frac{W}{mK}$	$\frac{cal}{cms\ grd}$	$\mu\,\Omega\ cm$	$\frac{J}{kg\ K}$	$\frac{cal}{g\ grd}$
8,1	1 430	280	10	0,025	78	500	0,12

Zur Ergänzung sind die mechanischen Eigenschaften von Ni 36 in Tafel 4.2 und die physikalischen Eigenschaften in Tafel 4.3 aufgeführt.

Wesentlichen Einfluß auf den Wärmedehnungskoeffizienten haben Verunreinigungen der Legierung, die Kaltverformung und die Wärmebehandlung. Bei den Verunreinigungen wirken sich vor allem Kohlenstoff- und Manganzusätze störend aus. Dies läßt sich jedoch durch eine pulvermetallurgische Herstellung der Legierung verhinden. Bei der Wärmebehandlung lassen sich durch Anlassen höhere und durch Abschrecken niedrigere Ausdehnungswerte erzielen. Kaltverformung erniedrigt im Allgemeinen den Ausdehnungskoeffizienten. Bei einer rein binären Legierung mit einem Nickelgehalt von 36 % können durch Kaltverformung sogar negative Werte entstehen.

Bei kaltgeformten Teilen ändern sich diese erreichten Werte im Laufe der Zeit, sofern keine Gegenmaßnahmen ergriffen werden. Abhilfe bringt ein Weichglühen in reduzierter Ofenatmosphäre. Wenn ein möglichst kleiner und stabiler Wärmeausdehnungskoeffizient gefordert wird, empfiehlt sich die folgende Wärmebehandlung [4.1]

1. erwärmen auf 785 bis 850 °C, dort 1 min. je 1 mm Dikke halten, in Wasser abschrecken,

2. auf 350 °C erwärmen, 0,5 h lang halten, Luftabkühlung,

3. auf 100 °C anlassen und 1 h halten, anschließend in 48 h auf Raumtemperatur abkühlen.

ste Ausdehnungskoeffizient bei einem Nickelanteil von 36 % liegt. Dieser geringe Ausdehnungswert tritt allerdings nur in einem beschränkten Temperaturbereich auf. Wie aus Bild 4.12 zu ersehen ist, ist dies nur zwischen etwa 0 °C und 100 °C.

Bei höheren Nickelgehalten ist der Temperaturbereich der nutzbaren kleinen Wärmeausdehnung zwar weiter, jedoch liegen die Tiefstwerte entsprechend höher. Da die maximale Betriebstemperatur beim Einsatz von Mikrowellenfiltern in Richtfunkgeräten jedoch kaum über 55 °C liegt, spielt dieses Verhalten keine Rolle.

4.2.2 Oberflächenbehandlung und Lötvorgang für Mikrowellenfilterteile aus Ni 36

Die Korrosionsbeständigkeit von Eisen-Nickel-Legierungen ist im allgemeinen recht gut. Legierungen mit mehr als 25 % Nickelgehalt sind bei Normaltemperaturen in Luft sowie in Süß- und Salzwasser gut beständig. Da jedoch bei Mikrowellenfiltern die Oberfläche für hochfrequente Ströme gut leitfähig gemacht werden muß, und eine gute und dichte Lötverbindung zwischen den einzelnen Resonatorkammern gefordert wird, müssen die Teile versilbert werden. Diese Oberflächenveredelung muß jedoch die Ofentemperatur während des Lötvorgangs überstehen, ohne daß sich Blasen oder Risse bilden. Es empfiehlt sich eine Silberschicht von 6 μm Dicke auf einer Grundschicht aus Nickel in der gleichen Stärke, welche in der angegebenen Reihenfolge aufzubringen sind:

1. entfetten,
2. beizen in 10 %-iger HCL,
3. neutralisieren und spülen,
4. kathodisch entfetten und spülen,
5. dekapieren in 10 %-iger HCL und spülen,
6. 6 μm dick vernickeln und spülen,
7. dekapieren in 10 %-iger HCL und spülen,
8. 6 μm dick versilbern und spülen,
9. tauchen in Methanol,
10. trocknen mit Pressluft.

Eine derart aufgebrachte Oberfläche hält einer Ofentemperatur von 860 °C stand, die wie beim nachfolgend beschriebenen Lötvorgang erreicht wird.

Das Löten von Mikrowellenfiltern, die aus gestanzten Einzelteilen zusammengesetzt werden, findet im Schutzgasdurchlaufofen statt, dessen Atmosphäre reduziert ist.

Bei dem Schutzgas handelt es sich um ein entschwefeltes Gas mit folgender durchschnittlicher Zusammensetzung:

8 % CO_2
8 % CO
10 % H_2
74 % N_2

mit zusätzlicher Sauerstoff-Filterung mit Kupfer-Oxiduloxid als Filtermasse.

Das O_2 freie Schutzgas verhindert eine Materialoxidation. Flußmittel werden bei der Schutzgaslötung nicht benötigt, so daß die im allgemeinen schwierige Entfernung der aggressiven Rückstände entfällt. Als Lot wird Silberlot in Pulverform verwendet, welches mit Tetramethylenglykol gebunden wurde und als pastöse Masse auf die von außen zugänglichen Verbindungsstellen aufgetragen wird.

Die Schmelztemperatur des Lotes beträgt 780 °C und die Ofentemperatur liegt bei 860 °C.

Die zu verbindenden Teile sind mit der geringstmöglichen Menge Lot zu versehen, die gegebenenfalls durch Versuche zu ermitteln ist.

Die Bandgeschwindigkeit des Durchlaufofens wird auf ca. 3 m/h eingestellt. Die Abkühlung erfolgt innerhalb 90 Minuten während das Lötgut durch die Abkühlzone des Ofens läuft.

Aus konstruktiven oder fertigungstechnischen Gründen kann es notwendig sein, einzelne Unterbaugruppen eines Filterbausteins vor der Lötung der Gesamtbaugruppe zu löten, weil sie anschließend erst noch bearbeitet werden müssen und erst danach endgültig gelötet werden können. Diese Erstlötung muß also mit ihrer Löttemperatur höher liegen als die nachfolgende Zweitlötung mit Silberlot.

Eine solche Lötung erfolgt ebebfalls im Schutzgasofen und in der selben reduzierten Atmosphäre wie bereits zuvor beschrieben. Als Lot kommt entweder ein Silber-Palladium-Lot mit einer Schmelztemperatur von 970 bis 1070 °C oder Feinsilber 1000/00 mit einer Schmelztemperatur von 960 °C zur Anwendung. Die Ofentemperatur beträgt in beiden Fällen 1050 °C und beide Lote werden in pulvergörmigem Zustand mit Tetramethylenglykol als Bindemittel zu einer Lötpaste aufbereitet.

Für die galvanische Vorbehandlung der zu lötenden Teile lassen sich folgende zwei Verfahnren angeben:

a) Teile mit 4 μm verkupfern. Dies erfordert eine partielle Abdeckung der Teile oder eine nachfolgende galvanische Entfernung der Kupferschicht.

b) Teile mit 6 μm vernickeln und nach der Erstlötung mit 6 μm versilbern, wenn vor der Zweitlötung keine spanabhebende Bearbeitung vorgenommen wurde. Sind die Teile jedoch spanabhebend bearbeitet worden, so muß zunächst wieder mit 6 μm vernickelt werden, wobei dann auf den unbearbeiteten Stellen die doppelte Nickelschicht auftritt.

4.2.3 Ausführung eines 6-Kreis-Filters in Stanztechnik

Bild 4.13 zeigt den Aufbau eines Weichenfilters für ein Richtfunkgerät im 6,2 GHz Bereich. Das Filter hat 6 Kreise die vertikal angeordnet sind. Die Gesamtlänge beträgt ca. 125 mm. Ein vergleichbares Hohlleiter-Filter, ausgeführt mit R 70 INVAR-Hohlleitern, erreicht dagegen eine Länge von ca. 235 mm. Damit läßt sich kein so kompakter Weichenaufbau erreichen wie mit Filtern in Stanztechnik.

Über die koaxiale Eingangsbuchse Pos. 1 gelangt das Signal in die erste Resonatorkammer. Die Kopplung der Resonatoren erfolgt durch induktive Blenden Pos. 2 mit zusätzlichen Korrekturschrauben aus versilbertem Messing Pos. 3, welche nach dem Abstimmen mit den Schlitzmuttern Pos. 4 gekontert werden. Die Abstimmelemente für die Leitungsresonatoren bestehen aus versilberten Messinghülsen Pos. 5, in die Quarzglasstempel Pos. 6 eingeklebt sind. Hierdurch erreicht man geringere Verluste und geringeren Temperatureinfluß. Außerdem ist die Abstimmsteilheit (Frequenzänderung pro Schraubenumdrehung) geringer, wodurch der

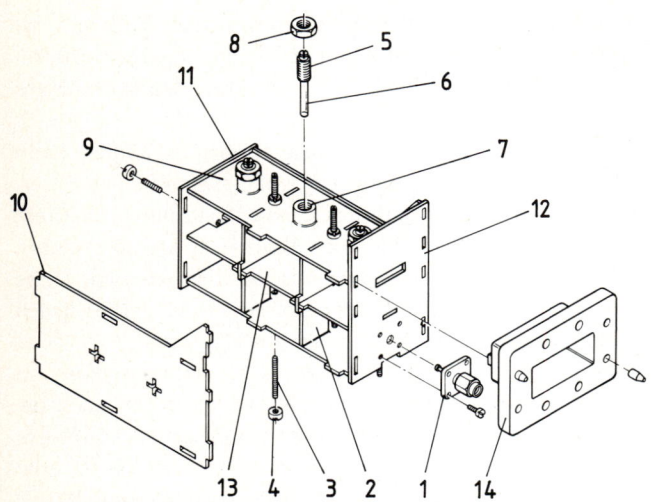

Bild 4.13 6-Kreis-Filter

Der Filterausgang Pos. 14 wurde mit R 70-Hohlleiter-Profil und dem dazu passenden UER 70-Flansch als Hohlleiteranschluß realisiert.

Um diese Art der Filtertechnik zu veranschaulichen, sich nachfolgend die wichtigsten Einzelteile dargestellt und die einzelnen Fertigungsvorgänge beschrieben.

Die Bilder 4.14 bis 4.18 zeigen die Stanzteile, die geglüht und mit einer 6/6 μm Ni Ag Oberfläche versehen werden.[1]
Bild 4.19 zeigt sowohl das komplette Filterausgangsteil als auch die dazu gehörenden Einzelteile. Dieser Ausgang setzt sich aus einem gezogenen R 70-Hohlleiter aus Ni 36 und einem vorgegossenen und anschließend auf Fertigmaß geräumten Flansch aus Ni 36 in Galvanogüte zusammen. Diese beiden Teile wurden zu einer Unterbaugruppe zusammengefaßt, um eine exakte Bearbeitung des Anschlußflansches zu gewährleisten. Beide Teile werden, wie in den Einzelzeichnungen dargestellt, vorgefertigt, geglüht und mit einer 6 μm starken Nickelschicht versehen. Danach werden sie zusammengesteckt und mit Silber-Palladium-Lot bei 1050 °C schutzgasgelötet. Nachdem die Flanschfläche bearbeitet und gebohrt wurde, erhielt die gesamte Unterbaugruppe noch-

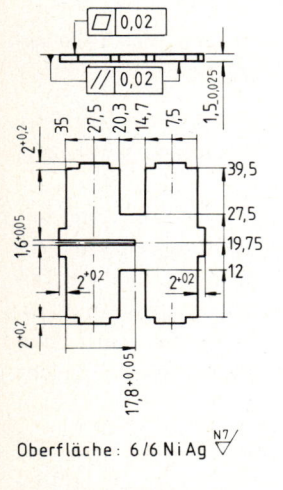

Oberfläche: 6/6 Ni Ag

Bild 4.14 Blende

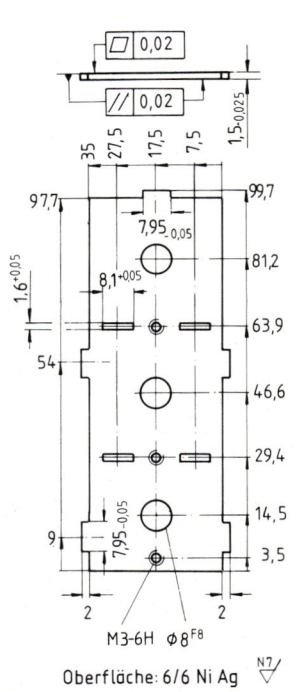

M3-6H Ø8^{F8}

Oberfläche: 6/6 Ni Ag

Bild 4.15 Deckel

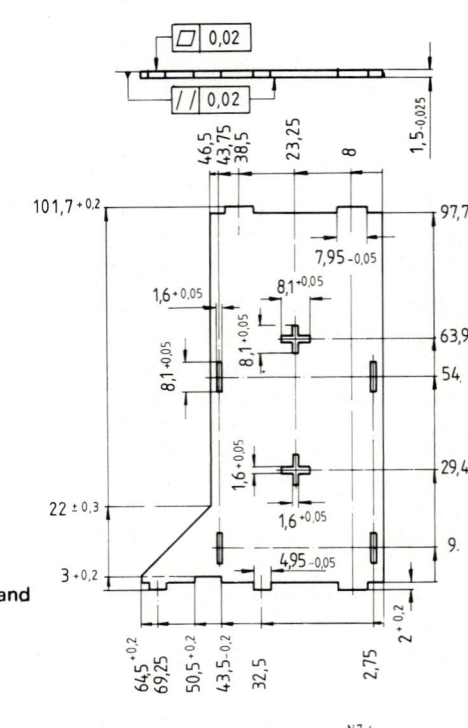

Oberfläche: 6/6 Ni Ag

Bild 4.16 Seitenwand

Filterabgleich erleichtert wird. Um eine genaue Führung dieser Abstimmelemente zu erreichen werden die Führungsbuchsen Pos. 7 in den Filterkörper eingesetzt. Die Sechskantmutter Pos. 8 dient ebenfalls der Konterung.

Der Filterkörper setzt sich aus den beiden identischen Deckeln Pos. 9 und den beiden einander gleichen Seitenwänden Pos. 10, sowie der Rückwand Pos. 11 und der Stirnwand Pos. 12 zusammen. Diese Teile sind ebenso wie die Zwischenwand Pos. 13 und die bereits benannten Blenden (Pos. 2) aus 1,5 mm starkem INVAR-Blech ausgestanzt worden.

1) Um die Einzelteile anschließend zu einem Filter zusammenstecken zu können, müssen die Toleranzen sehr eng gehalten werden. Da jedoch außen den rein mechanisch auch noch die elektrischen Anforderungen auf diese Toleranzen eingehen, bedarf es einer sorgfältigen Abstimmung dieser Angaben. Deshalb ist hier nur der prinzipielle Aufbau mit Nennmaßen und nur einigen Toleranzangaben dargestellt.

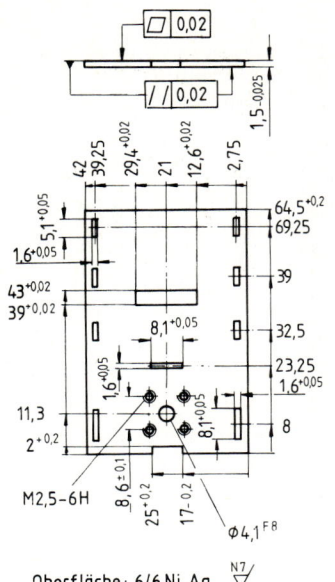

Bild 4.17 Stirnwand

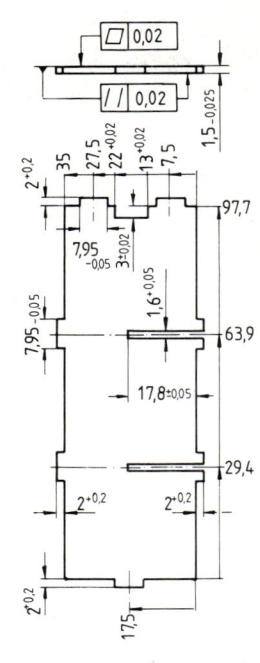

Bild 4.18 Zwischenwand

mals eine 6 μm dicke Nickelschicht und anschließend noch eine ebenfalls 6 μm dicke Silberschicht.

Die Drehteile sind zwar nicht einzeln dargestellt, doch soll hier kurz die Doppelfunktion der Buchse (Pos. 7) erläutert werden. Sie dient nicht nur ausschließlich der Führung der Quarzglasabstimmelemente sondern sie hat auch noch Temperaturkompensationsaufgaben zu erfüllen. Als Werkstoff wurde Automatenstahl 9S20 K mit der selben 6/6 Ni/Ag Oberflächenbehandlung wie die INVAR-Teile gewählt. Da dieser Werkstoff einen höheren Wärmeausdehnungskoeffizienten als Ni 36 hat, werden die Abstimmelemente bei Temperaturanstieg aus dem Filterkreis herausgezogen.

Bild 4.20 zeigt das zusammengesteckte und verlötete Filter mit den entsprechenden Arbeitshinweisen.

Zuerst werden die Buchsen in die Deckel gesteckt und durch leichte Körnerschläge gehalten. Danach werden die übrigen Teile zusammengesteckt und durch Verstemmen der durch die Schlitze ragenden Nasen in ihrer Lage fixiert (vergrößertes Detail in Bild 4.20). Dieser Vorgang erfolgt mit einem speziell angeschliffenen Meißel auf einer geeigneten Auflage. Die Nasen einer Außenseite des Filters werden von innen nach außen und über Kreuz vorgehend verstemmt, um eine Deformierung der Resonatorenkammern zu vermeiden. Anschließend wird auf sämtliche verstemmte Stellen und an die Auflageflächen der Buchsen die Lotpaste dünn aufgetragen. Wie bereits erwähnt, fließt das Lot beim anschließenden Lötvorgang auch an jene Stellen im Innern des Filters, die durch Bestreichen nicht erreicht werden konnten

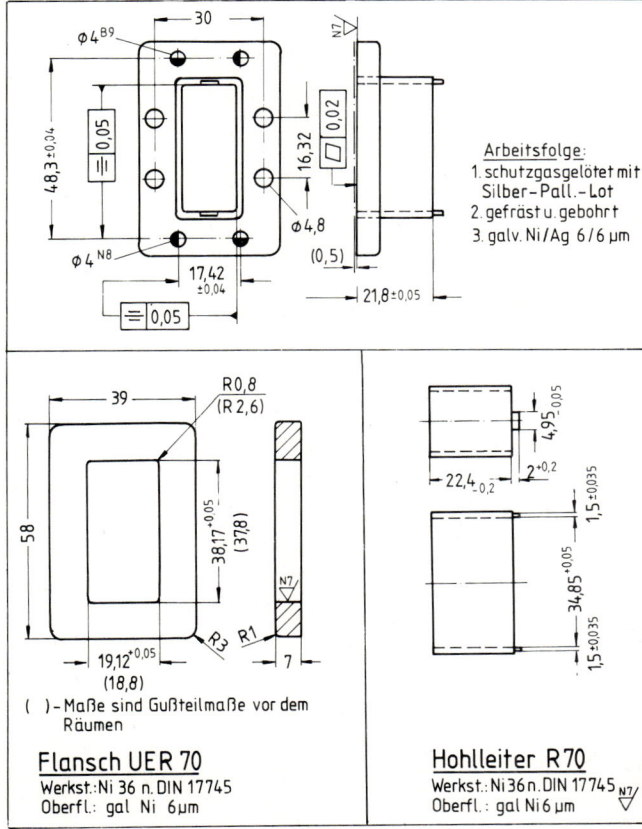

Flansch UER 70
Werkst.:Ni 36 n. DIN 17745
Oberfl.: gal Ni 6µm

Hohlleiter R70
Werkst.:Ni 36 n. DIN 17745
Oberfl.: gal Ni 6µm

Arbeitsfolge:
1. schutzgasgelötet mit Silber-Pall.-Lot
2. gefräst u. gebohrt
3. galv. Ni/Ag 6/6 µm

( )-Maße sind Gußteilmaße vor dem Räumen

Bild 4.19 Filterausgang, vollst.

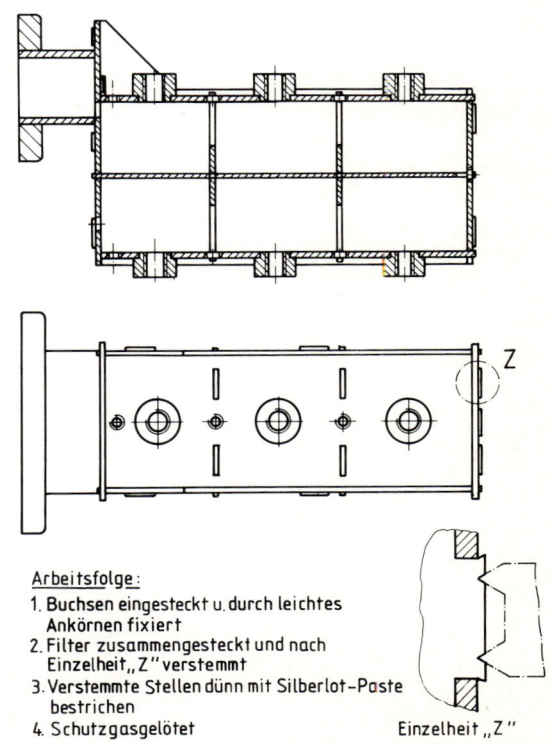

Arbeitsfolge:
1. Buchsen eingesteckt u. durch leichtes Ankörnen fixiert
2. Filter zusammengesteckt und nach Einzelheit „Z" verstemmt
3. Verstemmte Stellen dünn mit Silberlot-Paste bestrichen
4. Schutzgasgelötet

Einzelheit „Z"

Bild 4.20 Filter gelötet

und garantiert somit die erforderliche Dichtheit und Leitfähigkeit jeder einzelnen Kammer. Die Lötfuge darf allerdings nicht breiter als 0,1 mm sein, anzustreben ist ein Spalt von 0,05 mm.

Literaturverzeichnis

[4.1] Eisen-Nickel-Legierungen, Veröffentlichung der Internationalen Nickel GmbH Deutschland, 1973

Bildquellenverzeichnis

Bild 4.11 und 4.12: Eisen-Nickel-Legierungen, Veröffentlichung der Internationalen Nickel GmbH Deutschland 1973
Bild 4.1 bis 4.20: Nach Fertigungsunterlagen Firma SEL AG, Pforzheim

Tafelquellenverzeichnis

Tafel 4.1, 4.2 und 4.3: Eisen-Nickel-Legierungen, Veröffentlichung der International Nickel GmbH Deutschland, 1973

5 Outsert-Technik, Chassisgestaltung elektronischer Geräte

von Ulrich Haack, Hoechst Frankfurt am Main

5.1 Einführung

Die Outsert-Technik dient zur Herstellung von Kunststoff-Funktionselementen in einem tragenden Bauteil (Trägerplatte, Platine) aus Metall oder einem anderen geeigneten Werkstoff. Dabei wird die Trägerplatte in ein Spritzgießwerkzeug eingelegt, der Kunststoff in die Hohlräume des Spritzwerkzeuges und in entsprechend dazu vorgesehene Aussparungen der Platine gespritzt und zu den gewünschten Teilen geformt (Bild 5.1).

Bild 5.1 Outsert-Dreiplatten-Werkzeug, Auswerferseite (Werkfoto Hoechst AG)

Ein wesentlicher Vorteil dieser Anwendung des Kunststoff-Spritzgießverfahrens liegt darin, daß viele unterschiedliche Funktionselemente gleichzeitig in einem Arbeitsgang hergestellt und auf der Trägerplatte befestigt werden können. Somit erübrigt sich die bei der konventionellen Herstellung aufwendige Einzelfertigung und Montage der Bauelemente. Die leichte Formgebungsmöglichkeiten der Thermoplaste und ihre spezifischen Eigenschaften in Verbindung mit einer Trägerplatte hoher Maßhaltigkeit eröffnen dieser Technik breite Einsatzgebiete.

5.2 Begriffserklärung

Eine seit Jahren bekannte Technik ist das Einbetten von Metallfunktionsteilen in thermoplastische Kunststoffe zur späteren Verbindung mit weiteren Baueinheiten. Dies geschieht vornehmlich durch Umspritzen oder auch anschließend nach Entnahme des Formteils aus dem Werkzeug durch Einpressen, Ultraschalleinsenken und dergleichen in den Kunststoff.

Hierbei bezeichnet man mit dem übernommenen englischen Ausdruck die Metalleinsätze als „Inserts".

Im Gegensatz hierzu werden bei der „Outsert-Technik" die Aufgaben von Kunststoff und Metall vertauscht.

So ist nicht mehr der Kunststoff Träger einer Baueinheit, sondern die (Metall-)Platine; die Bauelemente bestehen nicht aus Metall, sondern aus Kunststoff (Acetalcopolymerisat).

5.3 Zielrichtung und Wirtschaftlichkeit

Ständige Kostensteigerungen belasten in zunehmendem Maße die wirtschaftliche Herstellung mechanischer Funktionsgruppen.

Das Ziel der Outsert-Technik ist die Kostensenkung bei Baugruppen, die

- bisher noch in Ganzmetall-Ausführung gefertigt werden,
- aus mehreren Bauelementen bestehen, die auf eine Trägerplatte (nacheinander) montiert sind.

Aus Vergleichskalkulationen verschiedener, heute bereits realisierter Funktionseinheiten ist bekannt, daß mit Hilfe der Outsert-Technik Kostensenkungen bis zu 60 % gegenüber der herkömmlichen Methode erzielt werden konnten.

Aber nicht nur die oft erhebliche Senkung der Fertigungskosten, sondern auch ganz erhebliche Vorteile im Fertigungsablauf selbst sind Entscheidungskriterien zugunsten der Outsert-Technik.

So mußte oft die Herstellung der sich in ihren Anforderungen stark unterscheidenden Bauteile in verschiedenen Fertigungsstätten — oft auch außer Hause — durchgeführt werden. Störung bei dem Herstellungsprozeß bzw. Lieferverzögerungen auch nur eines Bauteiles konnten zu einer terminlichen Beeinträchtigung eines gesamten Projektes führen.

Bei der Outsert-Technik liegt die gesamte Herstellung der einzelnen Bauteile und die sich daran anschließende Prüfung mehr oder weniger in einer Hand. Das Risiko hinsichtlich möglicher Zeitverzögerungen ist „kalkulierbarer" geworden — ein Aspekt, der kostenmäßig schwer erfaßbar und doch oft von großer Bedeutung ist.

5.4 Technische Vorteile

Die heute realisierten Outsert-Anwendungen können in der Regel der Feinwerktechnik und der Unterhaltungsgeräte-Industrie zugeordnet werden.

Hinsichtlich der Möglichkeit, Vollkunststoff-Einheiten in diesem Bereich zum Einsatz zu bringen, sind insbesondere wegen der gegebenen Temperaturbelastung — im Einsatz oft bis zu 80 °C — und der damit verbundenen Wärmeausdehnung Grenzen gesetzt.

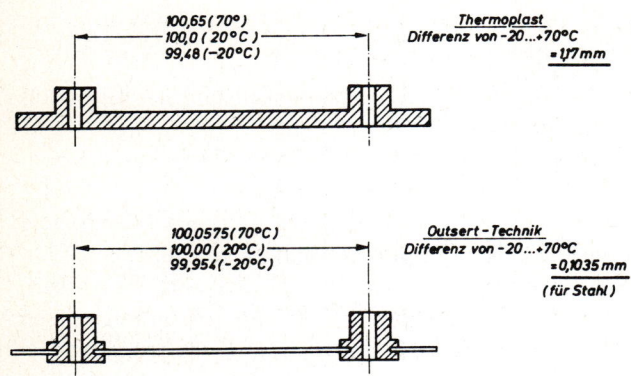

Bild 5.2 Vergleich Wärmeausdehnung

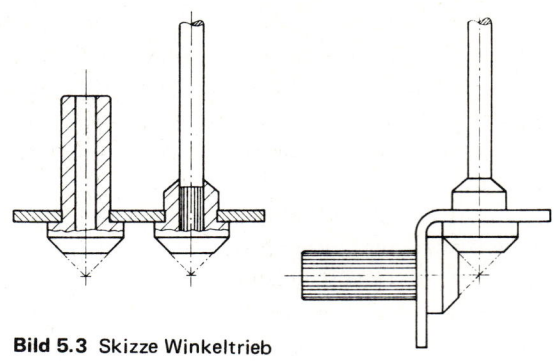

Bild 5.3 Skizze Winkeltrieb

Bild 5.2 macht deutlich, daß eine Vollkunststoff-Ausführung (unverstärkter Thermoplast) oft einer so großen Wärmeausdehnung unterliegt, daß die vorgegebenen Toleranzen nicht eingehalten werden können.

Bei Anwendung der Verbundkonstruktion Metall-Kunststoff, der Outsert-Technik, werden die typischen Eigenschaftsvorteile der beiden Werkstoffe voll genutzt. Auf der einen Seite die geringe Wärmeausdehnung, die hohe Verwindungssteifigkeit bei geringer Bauhöhe bei den Metall-Platinen; auf der anderen Seite das Acetalcopolymerisat (®HOSTAFORM C) mit seinen gerade für diesen Bereich vorteilhaften Eigenschaften, wie

— hohe Härte,
— gute Zähigkeit bei ausgezeichnetem Federverhalten,
— günstige Gleiteigenschaften und geringer Abrieb auch bei Trockenlauf,
— leichte Verarbeitbarkeit,
— Spannungsrißbeständigkeit, auch in Kontakt mit Schmiermitteln,
— vernachlässigbar geringe Wasseraufnahme

5.5 Werdegang

Nach dem Prinzip der Outsert-Technik wurden bereits vor ca. 14 Jahren in Deutschland die ersten Platinen gefertigt. Hierbei handelte es sich um Zeitschaltuhren, deren Platinen eingespritzte Lagerstellen aus Acetalcopolymerisat aufwiesen.

Einige weitere Entwicklungen, vornehmlich für den Bereich der Steuerungs- und Regelungstechnik folgten, die Anzahl der aufgespritzten Bauelemente wurde vergrößert, Konstruktionen verfeinert und modifiziert. In Europa erreichte die Technik Anfang der 70er Jahre vorerst einen Höhepunkt mit der Fertigung von Kanalwählaggregaten für Fernsehgeräte. Durch die besondere Ausbildung der Verankerung werden die in einem Schuß aufgespritzten Kegelräder infolge Schwindung des Acetalcopolymerisat — ohne weitere Maßnahmen — drehbeweglich. (Siehe hierzu Skizze Winkeltrieb Bild 5.3). In einem zweiten Arbeitsgang werden die Seiten der Platine im Winkel von 90 ° abgekantet; die Kegelräder kommen somit automatisch miteinander in Eingriff — das Winkelgetriebe ist sofort funktionstüchtig.

(Patent der Fa. Preh, Bad Neustadt).

Der endgültige Durchbruch der Outsert-Technik gelang in Japan. Besonders die Unterhaltungsgeräte-Industrie bedient sich dieser Technik, die zu einer erheblichen Reduzierung der Herstellkosten führte.

Die europäischen Produzenten, besonders die der sogenannten „Braunen Ware" sahen sich plötzlich einem weiteren Kostendruck der Japaner ausgesetzt.

Im Jahre 1976 entschied sich die Fa. Hoechst AG, dieses Verfahren aufzugreifen und systematisch weiter zu entwickeln.

Heute kann festgestellt werden, daß diese Technik in Europa zumindest genauso beherrscht wird, wie in Japan.

5.6 Konstruktionshinweise

5.6.1 Kunststoff-spezifische Kriterien

Vor der Konstruktion der einzelnen Bauelemente müssen verschiedene Outsert-spezifische Kriterien berücksichtigt werden:

a) Schwindungsspannungen

Die beim Abkühlungsprozeß entstehenden Schwindungsspannungen der thermoplastischen Kunststoffe können in der Outsert-Technik zu unerwünschten Auswirkungen führen und müssen daher auf ein vertretbares Maß reduziert werden.

Daher sollten zu große bzw. zu lange Elemente in einzelne Abschnitte aufgelöst werden.

Anderenfalls besteht die Gefahr, daß die sogenannten Verknüpfungspunkte (Befestigungspunkte der Bauelemente mit der Platine) aufgrund der Schwindungsspannung abgeschert werden.

In selteneren Fällen kann auch eine dünne bzw. wenig verwindungssteife Platine durch Schwindungsspannung größerer Elemente deformiert werden.

b) *Schwindungszentrum*

Bei unsymetrischen Bauteilen ist es sinnvoll, eine sogenannte Schwindungs-Bezugslinie konstruktiv durch eine entsprechende Anlage der Verknüpfungspunkte vorzusehen, auf welche die Bauelemente definiert zuschwinden.

c) *Schwindungsspalt*

Grundsätzlich ist zu berücksichtigen, daß in der Platinenebene zwischen Bauelement und Platine ein Schwindungsspalt entsteht. Die Bauelemente müssen daher — zumindest abschnittweise — mit einem beidseitigen Flansch konstruiert werden, um ein einseitiges Abkippen bei entsprechender Belastung zu vermeiden.

d) *Verankerung Bauelemente mit der Platine*

Das aus technischen Gründen in den letzten Jahren ausschließlich eingesetzte POM als Werkstoff für die Bauelemente weist eine Schwindung von ca. 2 % auf.

Die Schwindung kann jetzt in der Outsert-Technik voll genutzt werden. Bei richtiger Dimensionierung des Flanschbereiches kann man Gleitlager in runde Stanzlöcher fest und verdrehsicher aufspritzen.

Ins Blech eingestanzte unsymetrische Durchbrüche sollten aus verschiedenen Gründen (z. B. Kosten Stanzwerkzeug) möglichst vermieden werden.

5.6.2 Kunststoff-Bauelemente

Bei der Konstruktion mechanischer Baugruppen in der Outsert-Technik können die unterschiedlichsten Bauelemente — einem Baukastenprinzip entsprechend — auf der Platine angeordnet werden.

Bild 5.4 zeigt schematisch die am häufigsten in der Outsert-Technik vorkommenden Bauelemente.

Die wichtigsten Bauelemente sollen näher erläutert werden:
Bauelement a und b, Biegefedern:

Wegen seiner relativ geringen Kriechneigung eignet sich das Acetalcopolymerisat gut zur Herstellung von Federelementen. Bei der konstruktiven Gestaltung sind folgende Punkte zu berücksichtigen:

Keine Belastung in Normalstellung,

ausreichende Entlastungszeit nach jeder Belastung,

möglichst keine Dauergebrauchstemperatur von über 70°.

Biegefedern aus POM lassen sich mit der Outsert-Technik sowohl in Platinen-Ebene (a) als auch senkrecht dazu (b) anbringen. Ihre Berechnung entspricht der für Federelemente aus Metall, lediglich sind die Kunststoff-spezifischen Werkstoffkenngrößen zu verwenden, z. B. eine zulässige Dehnung von σ zul = 2,5 % bei Zugrundelegung von ca. 10^7 Lastspielen.

Bauelement c, Schnappverbindungen:

Für das einfache und schnelle Zusammenfügen zweier Platinen oder auch eines größeren Funktionsteiles mit der Trägerplatte haben sich Schnappverbindungen bewährt. Wie schon bei den Federelementen, bietet sich hierfür aufgrund seiner hohen Elastizität und Steifheit das POM an.

Bild 5.5 zeigt ein Ausführungsbeispiel für das Zusammenfügen zweier Platinen mit Hilfe der Schnappverbindungen.

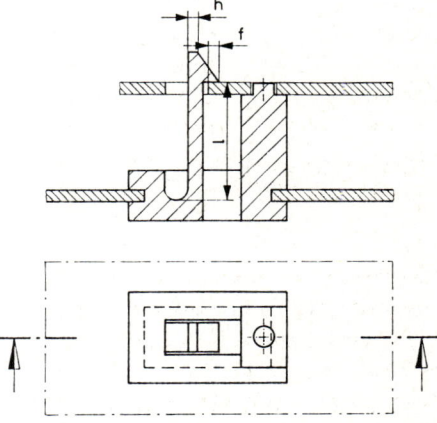

Bild 5.5 Ausführungsbeispiel einer Schnappverbindung für das Zusammenfügen zweier Platinen

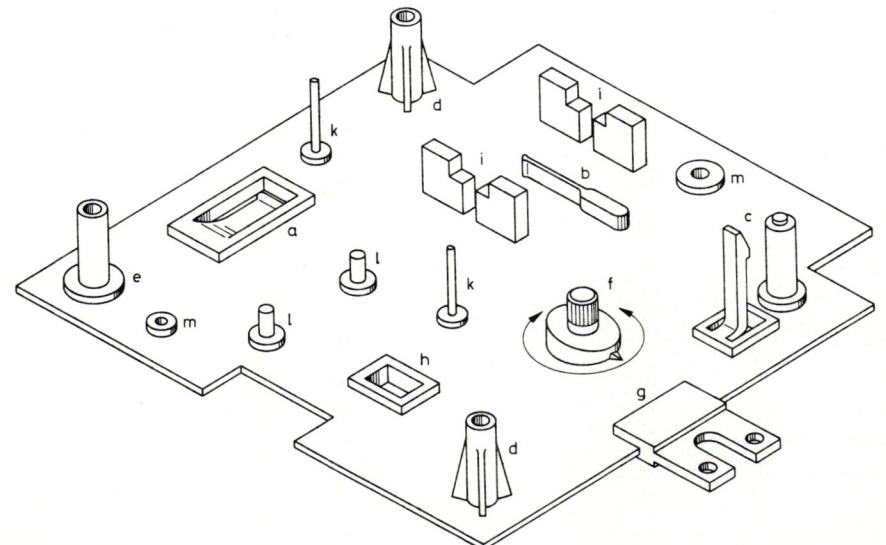

Bild 5.4

Schematische Darstellung verschiedener Grundbauelemente

a   Biegefeder parallel zur Platine
b   Biegefeder senkrecht zur Platine
c   Schnappverbindung
d   Säulenführung zentrisch fixiert
e   Säulenführung mit Flanschverankerung
f   Drehbewegliches Bauelement (Stelltrieb)
g   Überkragendes Bauelement
h   Schieberführung senkrecht zur Platine
i   Schieberführung parallel zur Platine
k   Achse (Metallstift in Kunststoff-Verankerung)
l   Achse (Vollkunststoff-Ausführung)
m   Gleitlager für Welle

Diese besteht aus dem Schnapphaken und einer Stütze, die zur Fixierung der zweiten Platine dient. Bei der Werkzeugkonstruktion kann die Trennebene zwischen Schnappelement und Stütze bis zur Hinterschneidung durch die Platine geführt werden, um das Anbringen von Schiebern zu vermeiden.

Im Gegensatz zu Federn werden Schnappverbindungen seltener — im Regelfall nur bei der Montage — beansprucht. Deshalb kann hier von einer wesentlich höheren zulässigen Dehnung bis σ zul = 8 % ausgegangen werden, aus der sich dann die zulässige Schnapphöhe bzw. zulässige Hinterschneidung ableiten lassen.

Als Beispiel soll die zulässige Schnapphöhe f zulässig für einen Haken aus POM mit einer Länge 1 und der Dicke h berechnet werden.

Bauelement d und e, Säulen:

Zur Konstruktion einer Baugruppe, die aus zwei Platinen mit dazwischen liegenden Funktionsteilen besteht, beispiels-weise einem Uhrwerk, sind Säulen zur Verbindung der Platine erforderlich.

In der Outsert-Technik unterscheidet man zwei Säulentypen:
Zentrisch fixiert, 3-Punkt-Verankerung (d)
nicht zentrisch fixiert (e).
Die Dimensionierung der zentrisch fixierten Säulen (Bild 5.6) kann der Tafel 5.1 entnommen werden.

Bauelement f: Stelltrieb

Drehbewegliche Bauteile, sogenannte Stelltriebe, erhält man insbesondere durch dünnwandige Dimensionierung des Flanschbereiches.

Bild 5.7 zeigt den Abfall des Drehmomentes in Abhängigkeit des Kerndurchmessers: d. h., je dünner die Wandung senkrecht zur Platinenebene ausgeführt ist, desto leichter kann ein Stelltrieb verdreht werden.

Weitere Einflüsse üben u. a. Flanschdurchmesser und Flanschdicke aus.

Versuche haben gezeigt, daß mit drehbeweglichen Bauteilen auch bei einem nicht nachbearbeiteten Stanzloch mehrere 10 000 Verdrehungen erreicht werden können.

Eine nachträgliche, einmalige Schmierung, z. B. mit Kriechöl bringt eine weitere Verbesserung mit sich.

Bauelement g: Überkragende Bauelemente

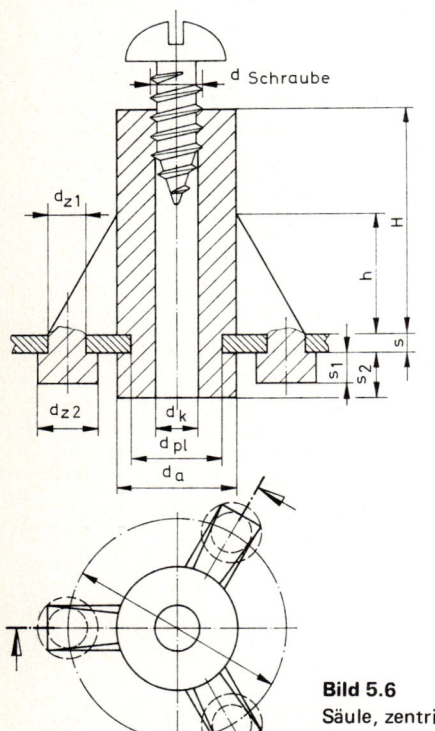

Bild 5.6
Säule, zentrisch fixiert

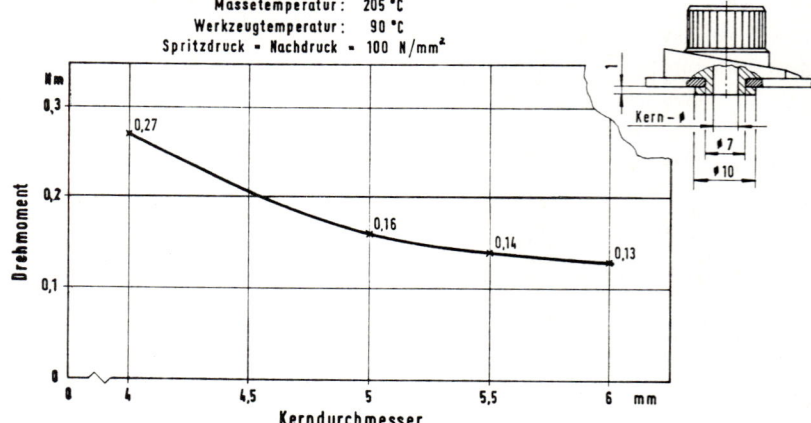

Bild 5.7 Abhängigkeit des Drehmomentes vom Kerndruchmesser des Stelltriebes

Tafel 5.1: Richtwerte in mm zur Auslegung von zentrisch fixierten Säulen mit gegebenem Schrauben- bzw. Achsendurchmesser

$d_{Schraube}$	d_{Achse}	d_a	d_L	d_{z1} (min.)	d_{z2}	S_1	S_2	d_{Pl}	d_k	h
2,2	2,5	7,0	13,5	2 s	4	1,5 . . . 2	$\approx$ 3	5,0	$\approx$ 0,8 $d_{Schraube}$	(0,5 . . . 0,8) · H
2,9	3,0	7,5	14,0	2 s	4	1,5 . . . 2	$\approx$ 3	5,5	$\approx$ 0,8 $d_{Schraube}$	(0,5 . . . 0,8) · H
3,5	3,5	8 . . . 9	14,5 . . . 15,5	2 s	4	1,5 . . . 2	$\approx$ 3	6,0 . . . 7,0	$\approx$ 0,8 $d_{Schraube}$	(0,5 . . . 0,8) · H
4,2	4,0	8,5 . . . 9,5	17,5 . . . 18,5	2 s	4	1,5 . . . 2	$\approx$ 3	6,5 . . . 7,5	$\approx$ 0,8 $d_{Schraube}$	(0,5 . . . 0,8) · H

Eine weitere Möglichkeit der Kostensenkung mit Hilfe der Outsert-Technik ergibt sich durch das Anbringen überstehender Teile an einer Platine, beispielsweise Betätigungshebel oder Anschläge.

Der Materialbedarf für die Platinenfertigung kann hiermit eingeschränkt werden, Stanzabfälle werden geringer. Die für Platinen mit innenliegenden Bauteilen üblichen Werkzeuge müssen derart abgeändert werden, daß an der Stelle der anzuspritzenden überkragenden Bauelemente ein Formnest vorgesehen wird.

Die Maße s1 und s2 des Bauelementes sollten je nach Beanspruchungsart der ein- bis zweifachen Plattendicke entsprechen und durch Bohrungsdurchmesser d Platine von mindestens der 2-fachen Platinendicke s verankert sein (Bild 5.8).

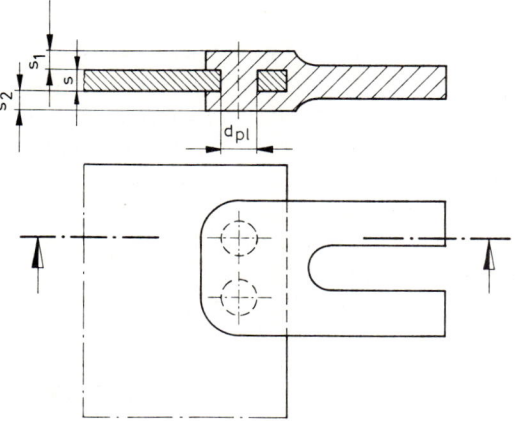

Bild 5.8 Beispiel für überkragende Bauelemente

5.6.3 Hilfsverteiler

Die bereits erwähnten Schwindungsspannungen sind besonders auch bei der Anbindung und bei den sogenannten Hilfsverteilern (Verbindung zwischen 2 Kavitäten) konstruktiv zu berücksichtigen. Dies geschieht im wesentlichen damit, daß diese nicht auf direktem Wege von einer Kavität zur anderen geführt werden, sondern daß sie gebogen ausgeführt werden.

Selbstverständlich können die Hilfsverteiler sowohl auf der Vorder- als auch auf der Rückseite der Platine angeordnet werden.

Der Querschnitt der Hilfsverteiler soll ausreichend bemessen und mit größerer Höhe als Breite ausgeführt sein, damit sich durch schwindungsbedingte Verkürzungen der Hilfsverteiler Bauelemente und Platine nicht verziehen.

5.6.4 Spritzgießwerkzeug

Bei der Frage nach der günstigsten Werkzeugauslegung sind die technischen Anforderungen und wirtschaftlichen Gesichtspunkte ausschlaggebend. Kleinere Platinen mit wenigen materialintensiven Bauelementen können mit 2-Platten-Werkzeugen produziert werden. Hierbei liegt auf der Plati-

ne die Verteilerspinne, die meist von den Bauelementen nachträglich abgetrennt wird.

Bei größeren Platinen ist es notwendig, mit 3-Platten-Werkzeugen und/oder mit Heißkanal-Werkzeugen zu arbeiten. Hierbei werden meist mehrere Bauelemente von einem Anguß versorgt. Bei solchen Elementen mit sehr hohen Maßanforderungen besteht hier außerdem die Möglichkeit, diese separat anzubinden.

Die Praxis mit Drei-Platten- bzw. Heißkanal-Werkzeugen hat gezeigt, daß die — wenn auch relativ kleinen — Verteilerspinnen auf der Platine belassen bleiben können und somit den sonst zusätzlichen Arbeitsgang des Abtrennens (Abstanzen) einspart.

Üblicherweise sind im Werkzeug Distanzstücke bzw. Distanzbolzen vorzusehen, da beim Schließen Stifte und Kerne deformiert werden können, wenn versehentlich keine Platine eingelegt ist. An dieser Stelle ist zu erwähnen, daß auch die üblichen Blechdicken-Toleranzen (Tafel 5.2) bei der Dimensionierung der Distanzstücke zu beachten sind.

Zur Halterung der Platine (bei horizontal arbeitenden Maschinen) dienen zwei zylindrische Stifte. Entsprechend dazu befinden sich in der Platine eine eng tolerierte Bohrung und ein Langloch, das auch zum Ausgleich der Wärmedehnung dient. Die möglichst eng tolerierte Bohrung bildet sich bei der maßlichen Festlegung als Koordinaten-Nullpunkt der gesamten Konstruktion an (Bild 5.9).

5.7 Platinenwerkstoff

Für Platinen werden vorzugsweise elektrolytisch oder feuerverzinkte Stahlbänder verwendet, jedoch kommen auch andere Metalle in Frage.

Tafel 5.2: Metallbänder für die Fertigung von Platinen, Dickentoleranzen

Bezeichnung	Maß-norm DIN	Dicken-bereich mm	zulässige Dicken-abweichung (bis 125 mm Breite) mm
kaltgewalztes Band aus Stahl (auch verzinkt)	1544	0,6 . . . 1,0 1,0 . . . 1,5	± (0,03 . . . 0,015) ± (0,04 . . . 0,02)
kaltgewalztes Band aus nicht-rostenden und aus hitzebeständigen Stählen	59 381	0,6 . . . 1,0 1,0 . . . 1,5	± (0,03 . . . 0,015) ± (0,035 . . . 0,02)
Bänder und Bandstreifen aus Kupfer und Kupfer-Knetlegierungen	1791	0,8 1,0 1,5	± 0,025 ± 0,03 ± 0,04
Bänder und Bandstreifen aus Aluminium	1784	0,8 . . . 1,5	± 0,03

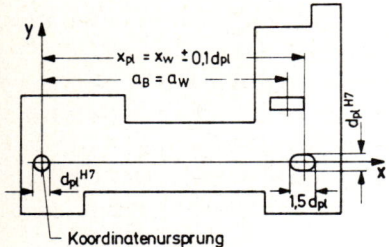

Bild 5.9 Anordnung der Haltebohrungen in der Platine

x_{Pl} Bohrungsabstand der Platine

x_W Abstand der Haltestifte im Werkzeug

a_B Abstand der Bauelement-Aufnahme in der Platine

a_W Abstand der Kavität im Werkzeug

a_{Pl} 3 bis 8 mm, je nach Größe und Dicke s der Platine, mindestens jedoch 3 s

Die jeweils nach DIN angegebenen Dickentoleranzen der verschiedenen Metallbänder sind wichtig bei Funktionsmaßen, die die Blechdicke mit einbeziehen, sowie für die Bemessung der Distanzstücke im Spritzgießwerkzeug. Außer Metall sind auch andere steife Werkstoffe denkbar, z. B. Hartpapier, Hartgewebe, Druckguß etc.

5.8 Anwendungen

Die Outsert-Technik bietet sich gerade dort an, wo auf Chassis eine größere Anzahl von Aggregaten und anderen Bauteilen aufgebracht wird.

Als prädestiniertes Anwendungsgebiet kann daher für die Outsert-Technik der Bereich der Unterhaltungsgeräte angesehen werden.

Selbst in hochwertigsten HIFI-Musikanlagen hat die Outsert-Technik Eingang gefunden, genauso wie bereits in der Datentechnik von sogenannten Hochgeschwindigkeitsdruckern. Nachfolgend soll anhand ausgewählter Beispiele der heute anzutreffende technologische Stand der Outsert-Technik dokumentiert werden, sowie auf einige interessante Konstruktionsdetails eingegangen werden.

5.8.1 Schallplattenspieler

5.8.1.1 Schallplattenspieler-Subchassis

Bislang bekannte und bereits durchgeführte Konstruktionen bei Schallplattenspielern sind

a) die Vollkunststoff-Ausführung mit eingebrachter Aluminiumschiene zwecks Versteifung, sowie

b) die Vollmetall-Ausführung.

Beide Ausführungen beinhalten gewisse Probleme in sich. So ist vor allem die mangelnde Wärmestandfestigkeit, große Wärmeausdehnung und die große Bauhöhe bei der Vollkunststoff-Ausführung von Nachteil.

Bei der Metallausführung stehen u. a. negativ zu Buche die hohen Herstellkosten, mangelhafte Integrationsmöglich-

Bild 5.10 Schallplattenspieler, Subchassis (Werkfoto Fa. Philips)

keiten und die relativ schlechten Abrieb- und Reibeigenschaften.

Mit der Outsert-Technik war den Konstrukteuren nun eine dritte Alternative gegeben.

Nach Wertung der einzelnen Anforderungen war die Entscheidung zugunsten der Outsert-Technik gefallen. Es entstand die größte und zugleich komplizierteste Outsert-Anwendung Europas (Bild 5.10).

Vor Produktionsfreigabe wurden die Geräte umfangreichen Versuchen und Prüfungen unterzogen.

So hielten die Geräte komplett eingebaut und verpackt einer 100-fachen Fallbeschleunigung stand.

Es wurden im Dauerlauf 35.000 Wechselvorgänge und zusätzlich 6.000 Stopvorgänge durchgeführt.

Zusätzlich wurde eine sogenannte Transporterprobung bestanden — hier wird eine komplette, gestapelte Palette auf allen verschiedenen Verkehrsträgern und den entsprechenden Verkehrswegen durch Deutschland transportiert.

Neben der mechanischen muß selbstverständlich auch die thermische Belastbarkeit gegeben sein.

In einem Schadensfall kann insbesondere in Kompaktanlagen eingebauten Schallplattenspielern eine kurzzeitige Temperatur von 90 °C auftreten. Eine 5-stündige Ausprüfung bei dieser Temperatur zeigte die einwandfreie Funktion der Geräte. Die Subchassis-Platine wurde weitere 5 Stunden nochmals bei 110 °C Wärme geprüft. An den aus POM gefertigten Bauelementen war keine Veränderung zu erkennen.

Auch sogenannte Temperaturwechseltests von minus 25 bis plus 55 °C sowie Feuchtigkeitstests bei 100 % relativer Luftfeuchtigkeit und einer Zeitdauer von 500 h wurden ohne Beanstandungen erfüllt.

5.8.1.2 Schallplattenspieler, Basisplatine

Eine außerordentliche kurze Entwicklungszeit zeichnet vor allem die Basisplatine für den neuen Plattenspieler (20 und 30 Watt Leistung) der Fa. Luxor, Schweden aus.

Innerhalb nur weniger Monate wurde dieses für Fa. Luxor bis dahin neue Verfahren zur Produktionsreife geführt. Auf der Basisplatte werden alle mechanischen Details mit Ausnahme des Motors befestigt. Die verschiedenen Kunststoffteile haben folgende Funktion (Bild 5.11).

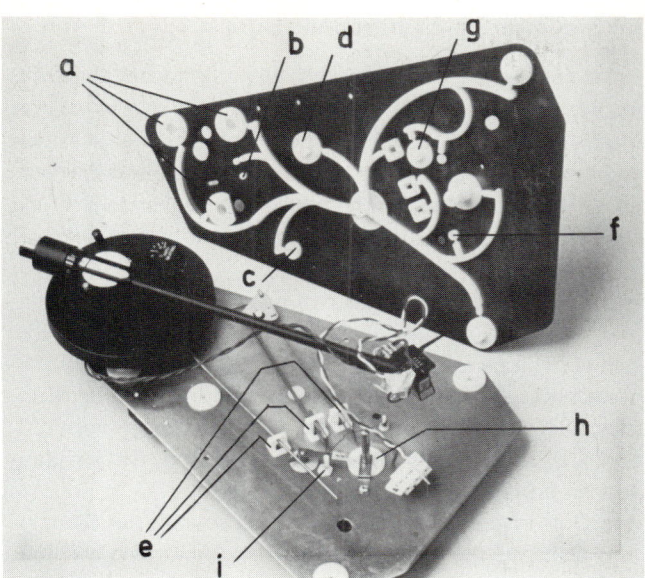

Bild 5.11 Schallplattenspieler, Basisplatine
(Werkfoto Fa. Luxor, Schweden)

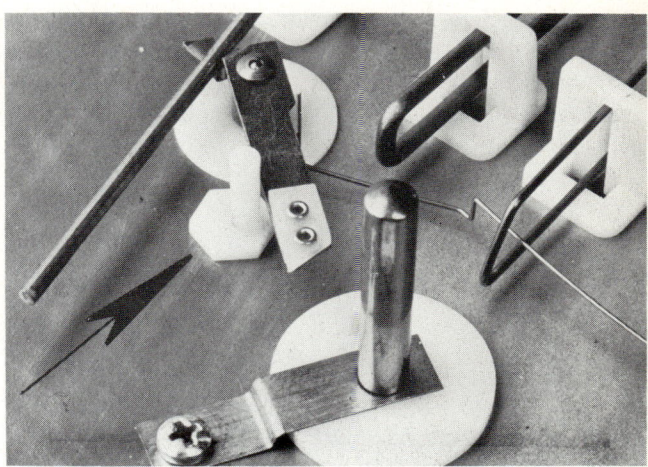

Bild 5.12 Konstruktionsdetail verstellbarer Exzenterzapfen
(Werkfoto Fa. Luxor, Schweden)

Bauteil a: Befestigung des Tonarmsockels
     b: Steuerung des Armes für den Automatenstop und
       Stütze für den Bedienungsarm
     c: Lagerzapfen für Bedienungsblech
     d: Chassisbefestigung für die Aufhängung im Plat-
       tenspielersockel. Die Befestigungslöcher sind
       zwecks Höhenjustierung des Chassis mit Gewinde
       versehen.
     e: Steuerung für beweglichen Arm
     f: Lagerzapfen für eine Drehfeder
     g: Buchse für die Achse zum Bedienungsarm (die
       Achse wird in die Buchse eingepreßt)
     h: Buchse für die Plattenspielerachse
     i: Der Exzenterzapfen stellt ein interessantes Kon-
       struktionsdetail dar; er ist drehbar zur Einstel-
       lung der Endlage des Bedienungsarmes. Der Zap-
       fen ist mit einem 6-Kant für die Einstellung mit-
       tels eines Schraubenschlüssels versehen (Bild
       5.12).

Das Blech, welches nach DIN 1544 bei einer Blechdicke von
1,5 mm eine zulässige Toleranz von plus/minus 0,05 mm
aufweisen darf, wird nach dem Stanzen gelb chromatisiert.

5.8.1.3 Plattenspieler mit Tangential-Tonarm-Ausführung

Der neu entwickelte Plattenspieler „Beogram 8000" der dä-
nischen Firma Bang Olufsen erlaubt originalgetreue Klang-
wiedergabe.
Dieser vollelektronische, mit Mikroprozessoren ausgerüstete
Tangential-Tonarm-Plattenspieler ist mit einer Chassis-Pla-
tine ausgestattet, auf welche nach dem Prinzip der Outsert-

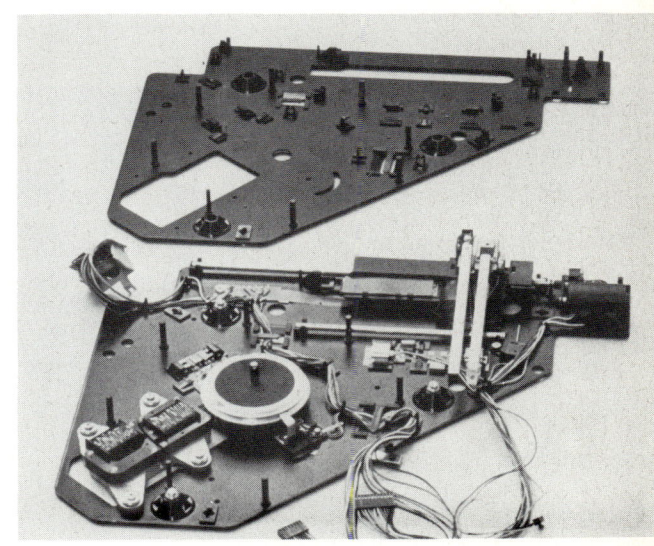

Bild 5.13 Chassis Tangential-Tonarm-Plattenspieler
(Werkfoto Fa. Bang Olufsen, Dänemark)

Technik die für die Befestigung und Fixierung der verschiedenen Komponenten notwendige Elemente aufgespritzt
werden (Bild 5.13).
An den Bauelementen werden u. a. befestigt und fixiert:
Verschiedene Printplatten, der Tangential-Antriebsmotor,
die Tangential-Schienen und Spindeln, die Transportsiche-
rung und dergleichen mehr.
Engste Toleranzen sind bei der Bewegung und Führung des
Tangential-Tonarmes notwendig. Auf der gesamten Länge
der Tonarmführung zwischen den Führungsschienen von ca.
180 mm ist zwischen den Führungsschienen und der Spin-
del eine max. Abweichung von plus/minus 0,1 mm zulässig.
Ein in diesem Bereich hochpräzises Bauelement stellt der
Lagerbock für die Antriebsspindel dar.

Diese, mit einer Einmal-Schmierung versehene Lagerstelle (Bild 5.14), weist selbst nach mehreren 1000 Stunden keinen Abrieb auf. Die Vorteile des in der Outsert-Technik eingesetzten Polyacetal-Copolymerisates kommen auch hier voll zum Tragen.

Bild 5.14 Konstruktionsdetail Lagerbach
(Werkfoto Fa. Bang Olufssen, Dänemark)

Bild 5.15 Chassis Kassetten-Front-Direktlader
(Werkfoto Fa. Grundig)

5.8.2 Kassetten-Front-Direktlader

Nicht nur die Wirtschaftlichkeit dieser Verarbeitungstechnik, sondern auch die Möglichkeit, erstmals das komplette Chassis (Bild 5.15) in einem Arbeitsgang zu prüfen, hat sich als wesentlicher Vorteil im Vergleich zu den bisher bekannten Arbeitstechniken erwiesen. Die zeitraubende Prüfung von einzelnen Baugruppen aus unterschiedlichen Werkstoffen entfiel.

In der Prüfung wurden von den neuen Kassetten-Direktladern der Fa. Grundig 20 000 Schaltbetätigungen erfüllt, auch bei Temperaturen von minus 20 °C bis plus 80 °C.

Fallversuche, die den Paket-Sicherheitsvorschriften der Bundespost entsprechen, und solche mit Belastungen von 100-facher Erdbeschleunigung wurden von den Outsert-Baugruppen problemlos überstanden.

Eine Outsert-spezifische Konstruktion sowohl des Stanzloches, als auch des Bauteils, sowie der Anbindung erfüllten hier die hohen Präzissionsansprüche der Lagerstellen (Bild 5.16).

5.8.3 Radiogeräte

Funktionsteile von untergeordneter Bedeutung, die jedoch einen wesentlichen Beitrag zur Reduzierung der Herstellkosten leisten, kennzeichnet die Bodenplatte für den High-Fidelity-UKW-Empfänger-Verstärker „Beomaster 8000" (Bild 5.17) mit einer Sinus-Leistung von 2 x 150 Watt.

Die Outsert-Bauteile dienen im wesentlichen der Fixierung und Halterung von Printplatten. Das ausgesprochen günstige Federverhalten der Acetalharze erlaubt bei der Montage und im Reparaturfalle eine gefahrlose Verformung der Federelemente und somit Aufbringen bzw. Lösen der Printplatten.

Ausreichende Feder (Klemm-)Kräfte sind selbst nach großen Zeiträumen gewährleistet.

Bild 5.16 Konstruktionsdetail Lagerstellen (Werkfoto Fa. Grundig)

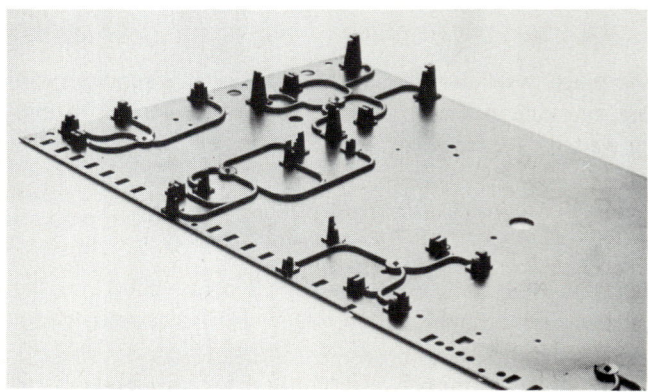

Bild 5.17 Bodenplatte für UKW-Empfänger
(Werkfoto Bang Olufsen, Dänemark)

5.8.4 Nadeldrucker

Der Einsatz neuester Technologie für Druckmechanik und -Elektronik sowie der einfache Aufbau bilden die Grundlage für die hohe Leistungsfähigkeit der neuen Nadeldrucker der Fa. Triumph-Adler (Bild 5.18).

Zwei Gerätetypen werden z. Z. auf dem Markt angeboten, die sich vor allem in Druckgeschwindigkeit und Anwendungsmöglichkeiten unterscheiden.

Der „DRH 250" verfügt über eine Druckgeschwindigkeit von 250 Zeichen/s, der „DRH 80" über 80 Zeichen/s.

Der Nadeldrucker „DRH 250" eignet sich für anspruchsvollste Systemanwendungen, z. B. für

Bildschirm-Arbeitsplätze,
Mehrplatzsysteme,
Datenverarbeitung,

während sich der Typ „DRH 80" anbietet für Ausgabedrucker, für Hobby-Computer, bis hin zur Groß-EDV, Protokoll-Meßwertdrucker im Meß- und Gaststättengewerbe. Es konnte bei diesen Geräten erreicht werden, daß die Datenaufnahme bzw. -übernahme für die nächste Zeile bereits zum großen Teil während des Ausdruckens erfolgt, und nicht — wie bisher — nach dem kompletten Ausdrucken der jeweiligen Zeilen.

In der Regel wird mit Endlosformularen beidseitig mit Führungslochrändern außerhalb der Formularbreiten gearbeitet. Auf dem nach der Outsert-Technik hergestellten Druckschlitten (Bild 5.19) sind der Druckkopf, die Farbbandkassette und Farbbandkassetten-Antrieb aufgebracht. Die Outsert-Bauteile erfüllen unterschiedliche Aufgaben. So dienen die Kalotten für die Aufnahme der Gleitlager, in denen der Schlitten auf den Achsen geführt wird. Weiterhin wird an den nachträglich eingepreßten Metallachsen der Antrieb für die Schlittenbewegung eingehängt.

Das Herzstück dieser neuen Nadelschreiber — der eigentliche Druckkopf — wird in der aufgespritzten Halterung fixiert.

5.8.5 Regeltechnik

5.8.5.1 Motorgetriebenes Steuerungsventil

Elektrische Steuerungen der Ventile für eine, den Außentemperaturen angepaßter Heizungswasser-Vorlauftemperatur leisten einen Beitrag zur Energieersparnis. Auch in diesem Bereich wird die Outsert-Technik genutzt.

Nicht nur Reduzierung der Herstellkosten, sondern auch eine wesentlich vereinfachte Montage, die von dem eingesetzten HOSTAFORM C von Natur aus gegebene elektrische Isolierung und eine, sich durch den Einsatz der Outsert-Platinen erheblich vereinfachte und von den Stückzahlen her stark reduzierten Lagerhaltung sind die Entscheidungskriterien der Fa. Billmann — Schweden (Landis & Gyr) gewesen. (Bild 5.20).

Bild 5.18 Nadeldrucker (Werkfoto Fa. Triumph-Adler)

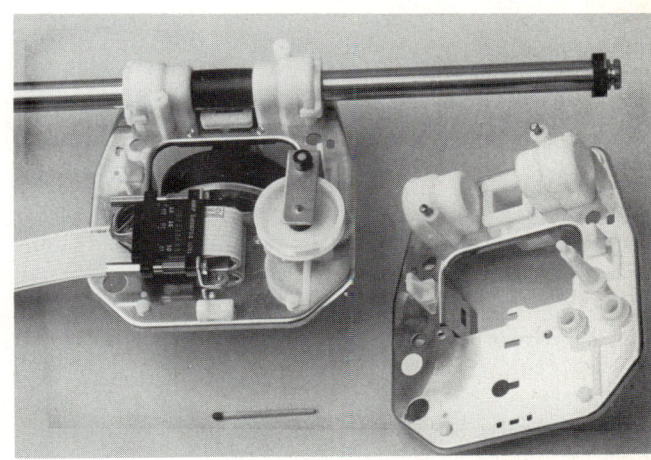

Bild 5.19 Druckschlitten für Nadeldrucker (Werkfoto Fa. Triumph-Adler)

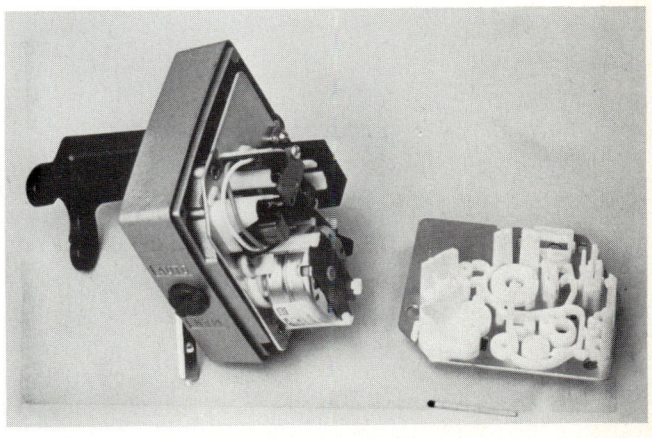

Bild 5.20 Steuerungsventil (Werkfoto Fa. Billmann, Landis u. Gyr, Schweden)

Die POM-Bauteile werden überwiegend als Lagerstellen und Halterungen, z. B. für den Motor, den Mikroschalter, den Kondensator etc. beansprucht.

Das aufwendige (und kostspielige) Einbringen von Metallfunktionsteilen, z. B. Sinterlagern erübrigt sich.

5.8.6 Weitere Anwendungsmöglichkeiten

Nachfolgend soll dem Leser ein Hinweis über möglicherweise für die Outsert-Technik in Frage kommende Branchen gegeben werden:

1. Zeitschaltuhren
Relais,
Schaltuhren und Zeiterfassungsgeräte,
Schaltapparate, Schaltanlagen, Regler,
Zeitschalter,
Elektronische und elektrische Meßinstrumente und Zähler,
schreibende Meß- und Registriergeräte.

2. Automaten
Briefmarken-,
Billett-,
Münz-,
Schacht-,
Getränke-,
Spiel-

3. Aufnahme und Wiedergabe-Geräte
Magnetband-, Registrier- und Magnetspieler,
Radiogeräte,
Kassetten- und Tonbandgeräte,
Musikdosen, Schallplattenspieler,
Kameras,
Diaprojektor.

4. Gasflüssigkeits- u. Wärmemeßapparate
Durchflußmesser, Luft und Gas
Gasmesser,
Gasdruckschreiber,
Benzinmeßapparate.

5. Büromaschinen

6. Uhren

7. Spielwaren
Elektrische Motoren,
Elektrische Baukasten.

8. Scharniere, Schlösser, Geldeinwurfschlösser

5.9 Ausblick

Der wesentliche Vorteil der Outsert-Technik, die Senkung der Herstellkosten, wird auch heute noch in vielen Branchen nicht voll erkannt. An dieser Stelle soll der Entwicklungsleiter einer nahmhaften deutschen Firma zitiert werden. „Derjenige, der im weiten Bereich der Feinwerktechnik tätig ist, und sich nicht mit der Outsert-Technik beschäftigt und sich die Vorteile nicht zunutze macht, wird es in einigen Jahren auf dem Markt sehr schwer haben."
Diese Aussage ist auch unter dem Aspekt der internationalen Wettbewerbsfähigkeit zu betrachten, hier ist insbesondere Japan nochmals zu erwähnen.
Von seiten des Verfassers dieses Beitrages kann festgestellt werden, daß das in der BRD vorliegende know-how dieser Technik als zumindest gleichwertig mit dem der Japaner betrachtet werden kann.

Literaturverzeichnis

H. Maus, U. Haack, H. Bopp: Outsert-Technik mit HOSTAFORM, Plastverarbeiter 28. Jahrgang 1977, Nr. 8, S. 409—412
U. Haack: Outsert-Technik — Verfahren zur wirtschaftlichen Herstellung feinwerktechnischer Bauteile, VDI-Bericht Nr. 309, 1978
U. Haack, W. Grolik: Fortschritte bei der Anwendung von Kunststoffen in Elektrogeräten, Kunststoffe, 68. Jahrgang 1978, Heft 10, Seite 647—654
U. Haack: Outsert-Technik, Verfahren zur wirtschaftlichen Herstellung feinwerktechnischer Bauteile, Reinwerktechnik und Messtechnik 6/79, Seite 1-6

6 Mechanische Aufbausysteme elektronischer Geräte

von Hans-Joachim Ludwig, AEG-TELEFUNKEN Nachrichtentechnik GmbH, Backnang

Unter dem Begriff „Mechanisches Aufbausystem" versteht man eine in mehrere Ordnungsebenen unterteilte Bauweise, die in elektronischen Einrichtungen folgende Funktionen zu erfüllen hat: Tragen, Halten, Verbinden, System vor der Umwelt schützen, Umwelt vor dem System schützen, Wärme abführen, Bedienen, Ordnen.

6.1 Gliederung, Auswahl, konstruktive Auslegung

Es gibt Aufbausysteme, die durch weitgehende Gliederung und Kombinierbarkeit universell anwendbar sind. Mit diesen können auch für sehr unterschiedliche Anwendungsbereiche technisch und wirtschaftlich optimale Lösungen erreicht werden. Voraussetzung dafür ist, daß im jeweils gegebenen Anwendungsfall mit den vorhandenen Einzelkomponenten des Aufbausystems die verlangten Funktionen erfüllt werden. Änderungen an den vorhandenen Teilen oder die Fertigung zusätzlicher Teile führen zu höheren Kosten. Andere Aufbausysteme sind nicht so weit gegliedert und nur eingeschränkt kombinierbar. Sie sind für spezielle Anwendungsfälle, meist mit relativ hohen Stückzahlen, vor allem in funktioneller und wirtschaftlicher Hinsicht optimiert. Mechanische Aufbausysteme (Bild 6.1) sind in der Regel gegliedert in:

— Bauelement (z. B. Steckerverbinder, Frontplatte)
— Baugruppe (z. B. Steckplatte, Teileinschub)
— Baugruppenträger (z. B. Einsatz, Volleinschub)
— Gestell, Schrank, Rahmen, Tischgehäuse, Wandgehäuse, Traggehäuse, Pult
— Elektrische Verbindungen (z. B. Leitung, Verdrahtungsplatte, Steckverbinder)

Die Baugruppe gehört zur unteren Ordnungsebene, der Baugruppenträger zur mittleren und das Gestell zur oberen (DIN 41639 Teil 4). In die höhere Ordnungsebene lassen sich jeweils Einheiten der niederen Ebene einsetzen. Bauteile befinden sich in allen Ebenen und die elektrischen Verbindungen in den Ebenen und zwischen den Ebenen.

Bei der konstruktiven Auslegung sind zu berücksichtigen: Einwandfreie Funktion, bedienungs-, wartungs-, reparatur- und sicherheitsgerechte Gestaltung, wirtschaftliche Fertigung und Montage (Automation), Anwendung kostengünstiger Verdrahtungsverfahren, prüfgerechte Konstruktion (Prüfautomaten), Lagerung, Verpackung, Transport, Korrosionsbeständigkeit, Betrieb (Änderung und Erweiterung der Anlagen), Service, äußerliches Aussehen (Design), Zuverlässigkeit und Lebensdauer. Bei der wertanalytischen Beurteilung des mechanischen Aufbausystemes darf dieses nicht allein, sondern es muß im Zusammenwirken mit dem gesamten elektronischen System gesehen werden. Das Verhältnis der Fertigungskosten des Aufbausystems zu denen des Gesamtsystems ist relativ niedrig, in der Regel kleiner

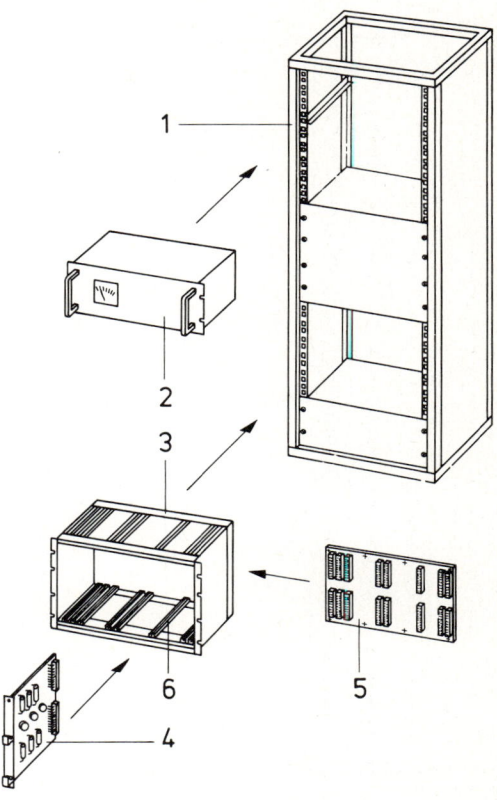

Bild 6.1 Mechanisches Aufbausystem 19″
1 Gestell, 2 Volleinschub, 3 Baugruppenträger, 4 Steckplatte, 5 Verdrahtungsplatte, 6 Führungsschiene

1 : 10. Durch nicht optimal ausgelegte oder ausgewählte mech. Aufbausysteme können in den Bereichen Planung, Entwicklung, Fertigung, Lagerung, Transport und Betrieb zusätzliche Kosten verursacht werden, die den Wert des mech. Aufbaues selbst weit überschreiten. Die heute verwendeten Bauweisen sind weitgehend durch die Halbleiterbauteile, durch integrierte Schaltkreise und die gedruckten Leiterplatten bestimmt. Bauweisen sind in relativ kurzen Zeitabständen an den neuesten Stand der Technik und an neue Fertigungstechnologien anzupassen.

Zur Kennzeichnung der Bauweisen werden oft Jahreszahlen der Entstehung oder Abmessungen benutzt. Beispiele:

— Bauweise 52 — für ein 1952 entstandenes Aufbausystem für Einrichtungen der Nachrichtentechnik.
— 19″ Bauweise für ein Aufbausystem mit der Frontplatten- oder Baugruppenträgerbreite von 19″.

Im Bild 6.1 ist die weitverbreitete 19″-Bauweise und im Bild 6.2 die Bauweise 7 R, ein Aufbausystem für Übertragungseinrichtungen der Deutschen Bundespost, dargestellt.

Bild 6.2
Mechanisches
Aufbausystem,
Bauweise 7 R

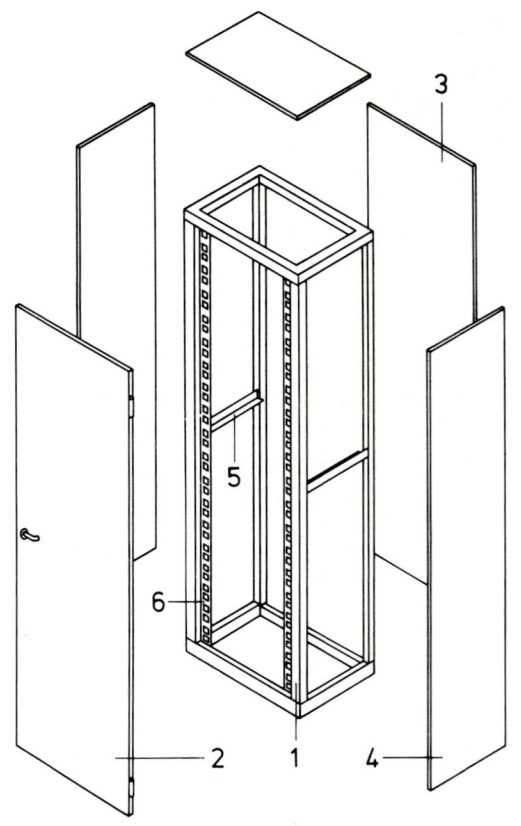

Bild 6.3 Schrank
1 Gestell, 2 Tür, 3 Rückwand, 4 Verkleidung, 5 Führungsschiene,
6 Gestellholm

6.2 Gestell, Schrank

Gestelle dienen zur Aufnahme von Baugruppenträgern und Einschüben (Bild 6.3). Bei Schrankgestellen schützt die Verkleidung das elektronische System vor mechanischen Einwirkungen von außen und den Benutzer vor dem direkten Berühren aktiver Teile. Die Schirmwirkung in Bezug auf elektromagnetische Strahlung ist in erster Linie von der Art der Verbindungen zwischen den Teilen der Verkleidung und dem Gestell abhängig. Hohe Dämpfungswerte werden, insbesondere bei hohen Frequenzen, mit geschweißten Schränken und durch die Anwendung spezieller HF-Dichtungen erreicht. Bevor sich der Anwender für eine hF-dichte Schrankenausführung entschließt, sollte er versuchen, die Störquelle und den störempfindlichen Teil unmittelbar in der Baugruppe abzuschirmen. Diese Maßnahme ist wirkungsvoller und in den meisten Fällen kostengünstiger. Schränke erlauben eine Trennung der Gerätebelüftung von der allgemeinen Raumbelüftung. In DIN 40050 ist der Schutzumfang gegen Eindringen von Fremdkörpern, Staub und Wasser und eine Einteilung in Schutzarten festgelegt.

Für die tragenden Gestellteile haben sich stranggepreßte Leichtmetallprofile (DIN 1748) bewährt. Profile aus korrosionsbeständigen AL-Legierungen können in den meisten Anwendungsfällen ohne kostspielige Oberflächenbehandlung verwendet werden. Warmausgehärtete Legierungen erreichen Zug- und Druckfestigkeiten um 300 N/mm^2, z. B. AL Mg Si 1 F28 oder F32. Bei Profilen aus AL-Legierungen für auf Knickung beanspruchte Teile ist der relativ niedrige Elastizitätsmodul zu berücksichtigen. Dieser Nachteil gegenüber Stahl kann bei der Gestaltung der Profilquerschnitte durch die Erzeugung hoher Flächenträgheitsmomente (Bild 6.4) kompensiert werden. Die Knicksteifigkeit der Gestelle wird erhöht durch die aussteifende Wirkung fest eingeschraubter Baugruppenträger.

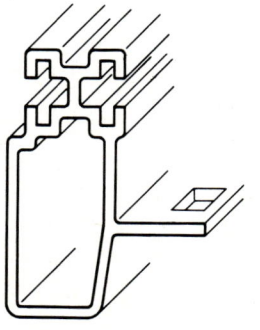

Bild 6.4
Querschnitt eines Gestellholmes,
stranggepreßt

6.3 Gehäuse, Pult

Von zentralen Einrichtungen abgesetzte Geräte werden in Wand-, Tisch- und Pultgehäusen untergebracht (Bild 6.5). Für mobile Einrichtungen verwendet man Traggehäuse. Im mobilen Einsatz sind elektronische Geräte hohen mechanischen und oft auch hohen klimatischen Beanspruchungen ausgesetzt. Bei empfindlichen Einrichtungen, die hohen mechanischen Beanspruchungen ausgesetzt sind, werden Traggehäuse mit Schwing- und Stoßdämpfern ausgerüstet. Bewährt hat sich der Einbau von Schwingmetall-Elementen zwischen dem Traggehäuse und dem Baugruppenträger (Abschnitt 6.7.4). Traggehäuse werden je nach Anforderung in staub-, spritzwasser- oder druckdichter Ausführung gefertigt (DIN 40050). Bei der Herstellung der Wand- und Pultgehäuse ist Stahlblech üblich. Für Traggehäuse eignen sich korrosionsbeständige Leichtmetalle besser.

Pulte werden für Bedienungs-, Steuerungs- und Überwachungseinrichtungen benötigt. Bei der Gestaltung der Pulte sind die Regeln der Ergonomie zu beachten, um beim Bedienungspersonal Ermüdung und Haltungsschäden zu vermeiden (Bild 6.6).

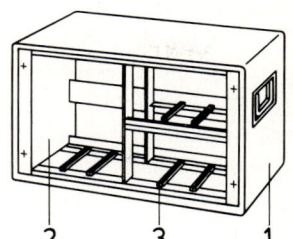

Bild 6.5
Traggehäuse
1 Gehäuse, 2 Baugruppenträger,
3 Führungsschiene

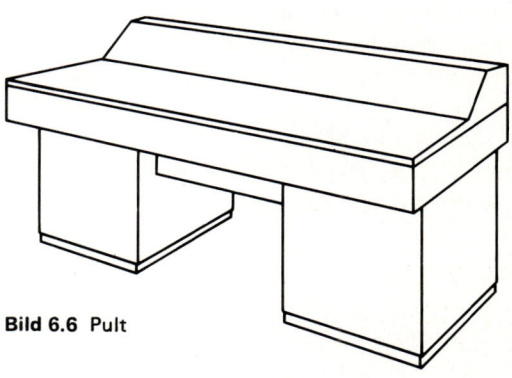

Bild 6.6 Pult

6.4 Baugruppenträger

Baugruppenträger nach Bild 6.7 dienen zur Aufnahme der Baugruppen und zur elektrischen Verbindung der Baugruppen untereinander. Die vorn an den Seitenwänden nach außen stehenden Schenkel werden für die Befestigung im Gestell verwendet. Die Trägerschienen sind so gestaltet, daß auf der Innenseite Führungsschienen für Steckbaugruppen eingeknöpft, an der Vorderseite Baugruppen oder Frontplatten und hinten Steckverbinder oder Verdrahtungsplatten befestigt werden können. Mit stranggepreßten Profilen (DIN 1748) aus AL-Legierungen lassen sich funktionell und wirtschaftlich optimale Ausführungen fertigen. Im Profil vorhandene Gewindekernnuten und die Anwendung gewindeformender Schrauben erübrigen das sonst übliche Bohren und Gewindeschneiden. In mitgepreßte c-förmige Nuten können Vierkantmuttern oder Gewindeschienen eingeschoben werden (Bild 6.8). Die Führungsschienen für leichte und mittelschwere Steckplatten oder Steckblöcke sind meistens Kunststoffspritzteile. Für schwere Teileinschübe, z. B. für große Stromversorgungseinheiten, gibt es Führungsschienen aus Metall.

Befestigungs-, Trag- und Führungselemente müssen so gestaltet, bemaßt und angeordnet sein, daß die Eingriffsbedingungen für sicheren Steckkontakt erfüllt werden. Der Nachweis wird durch eine Toleranzrechnung erbracht. Die Steckbedingungen sind in den Normblättern für Steckverbinder festgelegt.

Wenn schwere Baugruppenträger oder schwere Volleinschübe oft aus dem Gestell herausgezogen werden müssen, z. B. zum Abgleich oder zur Änderung einer Betriebsart, dann ist der Einbau handelsüblicher Teleskopschienen zu empfehlen.

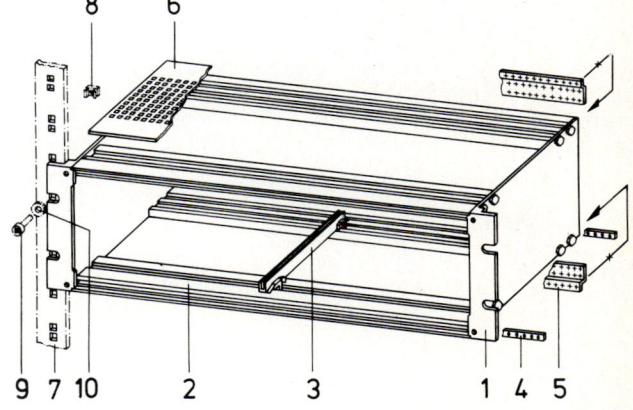

Bild 6.7 Baugruppenträger
1 Seitenwand, 2 Tragschiene, 3 Führungsschiene, 4 Gewindeschiene, 5 Trägerschiene für Steckverbinder, 6 Verkleidung, 7 Befestigungsschiene im Gestell, 8 Käfigmutter, 9 Schraube, 10 Scheibe.

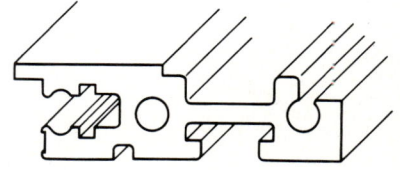

Bild 6.8
Trägerschiene,
stranggepreßt

Abdeckbleche werden als Schutz gegen das Eindringen von Fremdkörpern oder gegen direktes Berühren aktiver Teile verwendet, wenn unverkleidete Baugruppen eingesetzt werden. Die Perforation fördert die Wärmeabfuhr durch Konvektion.

6.5 Baugruppe

Das am meisten verbreitete Trag- und Verbindungselement in der Baugruppe ist die Leiterplatte. Leiterplatten mit Steckverbindern bieten als einzelne Steckplatten oder zusammengefaßt als Steckblöcke Vorteile in der Fertigung, bei der Prüfung, im Betrieb und für den Service. Die einfachste Art der Steckkarte besteht aus der Leiterplatte, dem Steckverbinder und der Griffleiste (Bild 6.9). Eine Verkleidung der Baugruppen ist dann notwendig, wenn empfindliche Bauelemente geschützt werden müssen, wenn elektromagnetische Beeinflussung zu verhindern ist oder weil Teile mit gefährlichen Spannungen einen Berührungsschutz erfordern.

HF-dichte Ausführungen erhält man, wenn die Steckkarten in einem Schirmgehäuse angeordnet werden. Bekannt sind z. B. Konstruktionen aus Blech- und Druckgußrahmen, die mit Blechplatten verschlossen werden. Sehr wirkungsvoll ist die Schirmung bei fließgepreßten Bechern (Fertigungsverfahren wie bei der Herstellung von Zahnpastatuben). Diese Lösung ist kostengünstig, wenn die äußeren Stege zur Führung im Baugruppenträger und innere Nuten zur Halterung der Leiterplatten oder zur Anordnung zusätzlicher Schirmwände, beim Fließpressen mitgeformt werden (Bild 6.10).

6.6 Wärmeabfuhr
6.6.1 Grundsätzliche Zusammenhänge bei der Wärmeabfuhr

Die in den elektronischen Bauelementen erzeugte Verlustleistung $P_v = J^2 \cdot R$ führt zur Erhöhung der Temperatur und dadurch zur Drift der Bauelementekennwerte. Zu hohe Temperaturen verkürzen die Lebensdauer der Bauelemente. Das Aufbausystem muß deshalb in der Lage sein, so viel Wärme abzuführen, daß die zulässige Höchsttemperatur nicht überschritten wird. Die Abfuhr der Wärme geschieht durch Wärmeleitung, freie oder erzwungene Konvektion und durch Wärmestrahlung. Im Beharrungszustand, d. h. wenn die Endtemperatur erreicht ist, sind der abfließende Wärmestrom $\varnothing$ (Wärmemenge pro Zeiteinheit) und die Verlustleistung P_v gleich groß.

6.6.1.1 Wärmeleitung

$$P_v = \Lambda_w \cdot \Delta T$$

$$\Lambda_w = \frac{\lambda \cdot A_L}{l}$$

Zeichen	Größe	Einheit
P_v	Verlustleistung (Wärmestrom)	W
Λ_w	Wärmeleitwert	$\dfrac{W}{K}$
λ	Wärmeleitfähigkeit	$\dfrac{W}{K \cdot m}$
A_L	Querschnittsfläche	m^2
l	Länge des Wärmeleiters	m
ΔT	Temperaturgefälle	K

Bild 6.9 Steckkarte

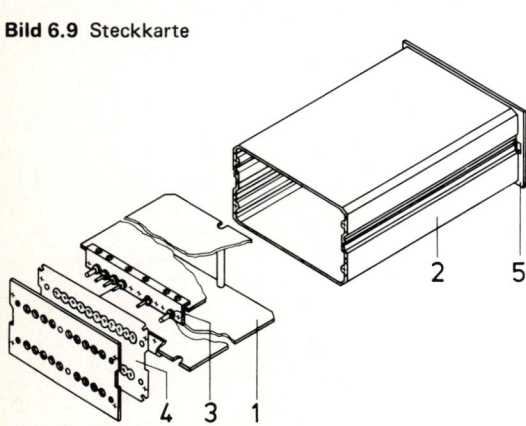

Bild 6.10 Steckblock, geschirmt
1 Leiterplatte, 2 Schirmbecher, 3 Steckverbinder, 4 Kontaktblech, 5 Frontplatte

Tafel 6.1 Wärmeleitfähigkeit

Werkstoff	λ $\dfrac{W}{K \cdot m}$
Cu	380
Al	220
Al Mg Si	160
Stahl	50
X12 Cr Ni 18 8	20
Hartpapier	0,3
Luft	0,023

In Tafel 6.1 ist die Wärmeleitfähigkeit einiger Werkstoffe aufgeführt. In Bild 6.11 ist, als Beispiel für die Wärmeabfuhr durch Leitung, die elektrisch isolierte Anordnung eines Leistungstransistors auf einer Kühlschiene dargestellt. Ein Teil der Wärme wird auch bei diesem Aufbau durch Konvektion und Strahlung abgegeben.

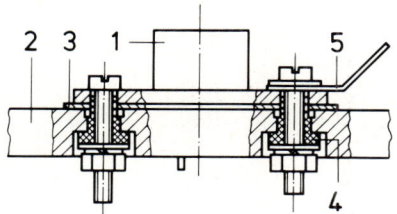

Bild 6.11 Befestigung eines Leistungstransistors
1 Transistor, 2 Kühlschiene, 3 Isolierscheibe (Glimmer), 4 Isolierbuchse, 5 Lötöse

6.6.1.2 Konvektion

$P_v = \alpha \cdot A_o \cdot \Delta T$

Zeichen	Größe	Einheit
P_v	Verlustleistung (Wärmestrom)	W
A_o	Oberfläche des Konvektors	m^2
α	Wärmeübergangszahl	$\frac{W}{K\,m^2}$
ΔT	Temperaturdifferenz zwischen Konvektor- und Raumtemperatur	K

$\alpha = 3 \ldots 10$ bei freier Luftkonvektion,

$\alpha = 10 \ldots 100$ bei erzwungener Luftkonvektion.

Flüssigkeiten sind als Kühlmedien wirksamer als Luft. Wegen des Aufwandes werden sie nur bei sehr hohen Leistungsdichten verwendet.

6.6.1.3 Wärmestrahlung

Absorption und Emission sind von der Temperatur der Strahlungsquelle bzw. von der Wellenlänge der Strahlung abhängig. Der Emissionsgrad ϵ, der das Verhältnis der Emission eines wirklichen Körpers zu der eines absolut schwarzen Körpers mit $\epsilon = 1$ angibt, wird mit steigender Temperatur bei Metallen größer, bei Nichtmetallen und Metalloxiden kleiner.

Innerhalb des Bereiches in dem sich die Temperatur der elektronischen Einrichtung verändert, kann man ϵ als konstant annehmen. Bei Einrichtungen, die der Sonnenstrah-

lung ausgesetzt sind, ist zu beachten, daß bei der Temperatur der Strahlungsquelle von 6000 K schwarz lackierte Körper, die Wärmestrahlung zu 96 % absorbieren, weiß lackierte etwa zu 30 %. Der Rest wird reflektiert. Beim Wärmeaustausch zwischen strahlenden Körpern mit Temperaturen, wie sie in elektronischen Einrichtungen auftreten, hat der weiß und der schwarz lackierte Körper etwa die gleiche Emission und Absorption von ca. 95 %.

Für die Abstrahlung im freien Raum gilt:

$$\phi_s = \epsilon \cdot C_s \cdot A \cdot \left(\frac{T}{100}\right)^4$$

$C_s = 5,67$

Zeichen	Größe	Einheit
ϕ_s (P_v)	Wärmestrom	W
ϵ	Emissionsgrad	1
C_s	Strahlungskonstante des schwarzen Körpers	$\frac{W}{K^4\,m^2}$
A	emittierende Fläche	m^2
T	Temperatur der emittierenden Fläche	K

Für den Strahlungsaustausch im begrenzten Raum, zwischen zwei parallel zueinander stehenden Flächen im geringen Abstand gilt:

$$\phi_s = C_{1,2} \cdot A \left[\left(\frac{T_1}{100}\right)^4 - \left(\frac{T_2}{100}\right)^4\right]$$

$$C_{1,2} = \frac{C_s}{\frac{1}{\epsilon_1} + \frac{1}{\epsilon_2} - 1}$$

Zeichen	Größe	Einheit
$C_{1,2}$	Strahlungsaustauschkonstante	$\frac{W}{K^4\,m^2}$
T_1	Temperatur der strahlenden Fläche	K
T_2	Temperatur der angestrahlten Fläche	K
ϵ_1	Emissionsgrad der strahlenden Fläche	1
ϵ_2	Emissionsgrad der angestrahlten Fläche	1

Wird ein Körper mit der Oberfläche A_1 von einer Fläche A_2 umhüllt, dann ist die Strahlungsaustauschkonstante

$$C_{1,2} = \frac{C_s}{\frac{1}{\epsilon_1} + \frac{A_1}{A_2}\left(\frac{1}{\epsilon_2} - 1\right)}$$

Im Fall $A_2 \gg A_1$ ist $C_{1,2} = C_1 = \epsilon_1 \cdot C_s$

In Tafel 6.2 ist der Emissionsgrad einiger Werkstoffe bzw. Oberflächen zusammengestellt.

6.6.2 Überschlagsrechnung

Bei der Planung elektronischer Systeme müssen oft Abmessungen für Baugruppen und Einschübe vor dem Beginn der Konstruktionsarbeiten festgelegt werden. Eine Berechnung der Wärmeteilströme (Leitung, Konvektion, Strahlung) ist zu diesem Zeitpunkt nicht möglich, weil konstruktive Einzelheiten noch nicht bekannt sind. Nimmt man an, daß ein Einschub zwischen anderen in einer Gestellreihe angeordnet, die Packungsdichte wie üblich hoch und eine Zwangsbelüftung unerwünscht ist, dann ist die Größe der Frontplatte maßgebend für die Höhe der zulässigen Verlustleistung.

Ist α' eine durch Messungen an Geräten mit ähnlichem Aufbau ermittelte Wärmeübertragungszahl die Leitung, Wärmeübergang, Konvektion und Strahlung erfaßt, dann ist die Größe der Frontplatte

$$A_F = \frac{P_v}{\alpha' \cdot \Delta T'}$$

Zeichen	Größe	Einheit
P_v	Verlustleistung	W
A_F	Frontfläche bei Rippenkörper Projektionsfläche, nicht Oberfläche	m^2
$\Delta T'$	Temperaturdifferenz zwischen der Temperatur der Umgebungsluft vor der Frontplatte und der Temperatur eines Bauteiles (z. B. Elkos) innerhalb des Gerätes	K
α'	Wärmeübertragungszahl (siehe Tafel 6.3	$\frac{W}{K\,m^2}$

Beispiel: Stromversorgungsgerät in 19''-Bauweise

a) Verlustleistung 120 W,
b) $\alpha' = 30$ W/Km^2
c) mittlere Umgebungstemperatur 25 °C,

Tafel 6.2 Emissionsgrad (= Absorptionsgrad)

Werkstoff Oberfläche	Emissionsgrad ϵ bei einer Temperatur der Strahlungsquelle von		
	300 K	1000 K	6000 K
Aluminium, poliert	0,07	0,14	0,3
Aluminium, eloxiert	0,8	0,37	0,16
Beton	0,88	0,86	0,6
Gummi, grau	0,85	0,77	0,66
Aluminiumfarbe	0,42	0,3	0,2
Lack, weiß	0,95	0,8	0,3
Lack, schwarz	0,96	0,96	0,96

Tafel 6.3 Wärmeübertragungszahl

Ausführung der Frontplatte	α' $\frac{W}{K\,m^2}$
ohne Kühlrippen, Al, lackiert	10
mit 20 mm hohen Kühlrippen, Al, lackiert	25 . . . 35
mit 35 mm hohne Kühlrippen, Al, lackiert	32 . . . 42

Anmerkung: Die niedrigen Werte gelten für wärmetechnisch ungünstige Anordnungen.
Die hohen Werte gelten, wenn die Bauteile mit hoher Verlustleistung guten Wärmekontakt mit der Frontplatte haben.
Abweichungen für α' ergeben sich nach oben, wenn benachbarte Baugruppen kälter, nach unten, wenn benachbarte Baugruppen wärmer sind.

d) maximale Umgebungstemperatur 40 °C,
e) maximal zulässige Temperatur der Elkos 85 °C,
f) geforderte Betriebsbrauchbarkeitsdauer ist gewährleistet, wenn die mittlere Temperatur der Elkos nicht höher als 60 °C ist.

$\Delta T_1 = 85 - 40 = 45$ K
$\Delta T_2 = 60 - 25 = 35$ K

zulässig ist also $\Delta T' = 35$ K

$$A_F = \frac{120}{30 \cdot 35} = 0,1143 \ m^2$$

$$\text{Einschubhöhe } H = \frac{A_F}{\text{Breite}} = \frac{0,1143}{0,45} = 0,254 \ m$$

1 Höheneinheit HE = 44,45 mm

$$\frac{254}{44,45} = 5,71 \ HE$$

Erforderlich ist ein 19'' Baugruppenträger mit 6 HE. Eine kleinere Höhe ist möglich, wenn das Gerät zwangsbelüftet wird.

6.6.3 Erzwungene Konvektion

Wenn die freie Konvektion zur Wärmeabfuhr nicht ausreicht, erzwingt man eine bessere Konvektion durch die Anwendung von Lüftern. Das Bild 6.12 zeigt ein Kanalbelüftungssystem für Gestelle. Der erforderliche Volumendurchfluß pro Zeiteinheit ergibt sich aus der Gleichung

$$q = \frac{P_v}{c_L \cdot \sigma_L \cdot \Delta T}$$

	Zeichen	Größe	Einheit
$c_L = 1010$	P_v	Verlustleistung (Wärmestrom)	W
$\sigma_L = 1{,}0 \ldots 1{,}3$	c_L	spez. Wärmekapazität der Luft	$\frac{Ws}{kg\,K}$
	σ_L	Luftdichte	$\frac{kg}{m^3}$
	q	Volumendurchfluß pro Zeiteinheit	$\frac{m^3}{s}$
	ΔT	Temperaturdifferenz der Luft zwischen Austritts- und Eintrittsstelle	K

Bild 6.12 Kanalbelüftungssystem

In größeren Anlagen wählt man meistens an Stelle der Belüftung einzelner Baugruppen die zentrale Belüftung der Schrankgestelle oder ganzer Gestellreihen. Um eine zu starke Verstaubung zu verhindern, ist der Einbau von Luftfiltern notwendig. Den Nachteil der Verstaubung kann man durch die Anwendung von Wärmetauschern (Bild 6.13) vermeiden. Bei nachrichtentechnischen Einrichtungen ist die Be- und Entlüftung der Betriebsräume zum Zweck der Wärmeabfuhr weitverbreitet. Diese Methode läßt aber nur eine Wärmebelastung von ca. 200 W pro m² Raumgrundfläche zu. Höhere Belastungen erfordern so hohe Luftgeschwindigkeiten, daß ein längerer Aufenthalt im Betriebsraum für das Bedienungs- oder Wartungspersonal nicht mehr zumutbar ist.

6.7 Schutzfunktionen des Aufbausystemes

Das Aufbausystem muß verschiedenen Schutzanforderungen gerecht werden:
Schutz von Personen und Sachwerten gegen die Wirkungen der elektrischen Energie,
Schutz gegen funktionsstörende Wirkungen elektromagnetischer Felder,
Schutz gegen Brand,
Schutz gegen Strahlung,
Schutz gegen Eindringen von Fremdkörpern,
Schutz gegen mechanische Schwingungen und Stöße.

Bild 6.13 Schrank mit Wärmetauscher in der Tür

Ein Schutz ist immer dann notwendig, wenn eine Gefahr für den Benutzer, für Dritte oder für Sachwerte besteht oder wenn die Funktionen des eigenen oder eines fremden Systemes gestört werden kann. Anforderungen und Prüfungen sind in Sicherheitsnormen festgelegt:

Allgemeine Leitsätze für das sicherheitsgerechte Gestalten	VDE 1000
Bestimmungen für das Errichten von Starkstromanlagen	VDE 0100
Bestimmungen für die Ausrüstung von Starkstromanlagen mit elektronischen Betriebsmitteln	VDE 0160
Bestimmungen für Fernmelde- und Informationsverarbeitungsanlagen	VDE 0800
Bestimmungen für Fernmelde- und Informationsverarbeitungsgeräte	VDE 0804
Sicherheit von Datenverarbeitungs-Einrichtungen	VDE 0805
Bestimmungen für die elektrische Sicherheit in Lasergeräten und -anlagen	VDE 0836
Bestimmungen für netzbetriebene Rundfunk und verwandte elektronische Geräte	VDE 0860
Vorschriften für Funksender	VDE 0866
Bestimmungen für die Funkentstörung	VDE 0875
Schutzarten, Berührungs-, Fremdkörper- und Wasserschutz für elektrische Betriebsmittel	DIN 40050

6.7.1 Schutz gegen elektrischen Schlag

6.7.1.1 Der „Schutz gegen direktes Berühren" solcher aktiven Teile, die gefährliche Spannungen führen, wird durch Verkleidungen oder andere Hindernisse hergestellt. Verkleidungen, die den Anforderungen genügen sollen, dürfen nur mit Hilfe von Werkzeugen entfernbar sein. Die Schutzwirkung von Verkleidungen mit Löchern oder Schlitzen, z. B. zum Zwecke der Be- und Entlüftung, wird geprüft mit Prüffinger, Prüfstift, Prüfhaken und Prüfkette (VDE 0860).

6.7.1.2 Der Schutz bei indirektem Berühren" ist erforderlich für alle nicht aktiven, berührbaren, leitenden Teile, die im Fehlerfall (Isolationsfehler) eine gefährliche Berührungsspannung annehmen können. Er wird erreicht durch die Verbindung dieser nicht aktiven Teile (Gehäuse, Verkleidung) untereinander und mit dem Schutzleiter des speisenden Netzes. Die Verbindungen müssen so niederohmig sein, daß im Falle eines Körperschlusses (Schluß zwischen aktiven und berührbaren leitenden Teilen) der Auslösestrom des vorgeschalteten Schutzorganes fließt und dadurch die Abschaltung schnell ($< 0,2$ s) erfolgt. In der Regel sind Übergangswiderstände von $< 0,1$ Ω an den Verbindungsstellen der nicht aktiven Metallteile ausreichend. Dies wird bei Schraubverbindungen durch Zahnscheiben erreicht. Auf Zahnscheiben kann verzichtet werden, wenn die Verbindungsstellen dauerhaft metallisch blank

bleiben, z. B. bei vernickelten oder verzinkten Oberflächen. Bei nicht stationären oder bei dynamisch beanspruchten Einrichtungen sind bei Schraubverbindungen zusätzliche Sicherungen gegen Lösen oder selbstsichernde Schrauben oder selbstsichernde Muttern erforderlich.

Die Schutzmaßnahme „Schutzisolierung" ist ohne die Verwendung eines Schutzleiters wirksam. Sie verlangt die Anwendung der „doppelten Isolierung", einer Kombination aus „Basisisolierung" und „zusätzlicher Isolierung" oder der „verstärkten Isolierung", die der doppelten gleichwertig sein muß. Bei der Schutzisolierung ist die Auslegung der Luft- und Kriechstrecken und der Dicke der Isolation nicht allein von der Höhe der Spannung abhängig, sondern vor allem von den mechanischen und klimatischen Beanspruchungen. Werte sind in VDE-Bestimmungen und IEC-Publikationen festgelegt, z. B. in VDE 0730.

6.7.2 Schirmung gegen HF-Strahlung

Der Konstrukteur kann durch günstige Anordnung der Bauteile und Leitungen funktionsstörende Wirkungen der Felder klein halten. Bei höheren Anforderungen (Empfänger, Oszillator, Schaltregler, Schaltnetzteil) an die Dichtigkeit müssen Baugruppen geschirmt werden (Bild 6.10). Bei der Schirmung von Baugruppen mit hohen Frequenzen ist besonders auf eine gute Kontaktgabe zwischen den Schirmwänden und dem Verschlußdeckel zu achten. Schlitze, die wie HF-Strahler wirken, werden mit Kontaktblechen oder mit speziellen HF-Dichtungen verschlossen. HF-Leitungen werden meistens über Koaxsteckverbinder an die geschirmte Baugruppe angeschlossen, Versorgungs-, Steuer- und Signalleitungen über Durchführungskondensatoren oder Durchführungsfilter. Diese Bauteile gibt es auch kombiniert mit Steckerstiften.

6.7.3 Schutz gegen zu hohe Erwärmung und Brand

Die Entstehung von Bränden, insbesondere in Stromversorgungs-, Leistungs- und Hochspannungsteilen kann verhindert werden durch große Abstände zwischen brennbaren Isolierstoffen und Teilen, die bei Störungen glühen können oder Teilen, an denen Lichtbögen entstehen können, durch ausreichende Kühlung, durch den Einbau strom- und temperaturbegrenzender Schutzorgane, durch die Verwendung schwer entflammbarer und selbstverlöschender Isolierstoffe, durch richtige Bemessung der Luft- und Kriechstrecken (VDE 0110) und durch den Schutz der Kriechstrecken gegen Verschmutzung.

Die Ausbreitung von Bränden kann man verhindern durch die Anwendung dichter unbrennbarer Gehäuse für solche Baugruppen oder Bauteile, in denen z. B. bei Störungen die Temperatur so ansteigen kann, daß Isolierstoffe gefährdet sind.

Prüfverfahren zur Beurteilung des thermischen Verhaltens fester Isolierstoffe sind in VDE 0304 beschrieben: Teil 1

Kenngrößen, Teil 2 Verhalten nach langandauernder Wärmeeinwirkung, Teil 3 Brennverhalten.

6.7.4 Schutz gegen dynamische Beanspruchungen

Einrichtungen in Fahrzeugen, an Verkehrswegen, an Maschinen, in Flugzeugen und Schiffen werden durch mechanische Schwingungen und Stöße beansprucht. Abhängig von der Art, Höhe und Dauer der Beanspruchung und von der Empfindlichkeit der Geräte sind zusätzliche konstruktive Maßnahmen zur Vermeidung von Schäden nicht immer zu umgehen, z. B. müssen größere Bauteile auf Leiterplatten zusätzlich befestigt werden. Die liegende Anordnung der Bauteile ist günstiger als die stehende. Bewährt hat sich die elastische Lagerung der Baugruppenträger oder ganzer Gestellreihen in Gehäusen oder Rahmen mit Hilfe von Gummi-Metallteilen. Das sind Formteile aus Gummi mit anvulkanisierten Metallteilen, die mit Befestigungsbohrungen, Gewindebolzen oder Muttergewinden versehen sind (Bild 6.14). Gummi-Metallteile gibt es in verschiedenen Formen, Abmessungen und Federkonstanten $c = F/s$ (F/Kraft, s/Federweg). Bei der Reihenschaltung mehrerer federnder Elemente ist $1/c = 1/c_1 + 1/c_2 + \dots$ und bei der Parallelschaltung ist $c = c_1 + c_2 + \dots$

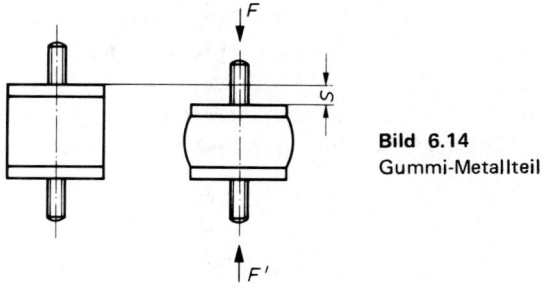

Bild 6.14
Gummi-Metallteil

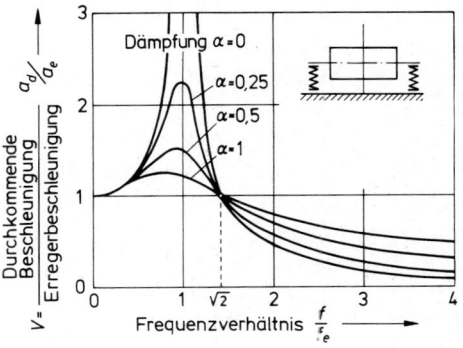

Bild 6.15 Kennlinien, Feder-Massesystem

6.7.4.1 Mechanische Schwingungen

Das Schwingungsverhalten eines Systems und die Wirkungen auf die einzelnen Teile lassen sich mit Hilfe von Schwingerregern (DIN 40046 Blatt 8) untersuchen. Zur Messung der durch die elastische Lagerung hindurchkommenden Beschleunigung werden Beschleunigungsgeber an den schwingenden Teilen angebracht.
Im Bild 6.15 ist das Verhältnis $V = a_d : a_e$ in Abhängigkeit vom Frequenzverhältnis $f : f_e$ dargestellt. Es bedeutet a_d = Amplitude der durchkommenden Beschleunigung, a_e = Amplitude der Erregerbeschleunigung, f = Erregerfrequenz, f_e = Eigenfrequenz.
Die beste Isolierwirkung bzw. die geringsten Erschütterungen erhält man bei einer Lagerung im überkritischen Bereich $f/f_e > \sqrt{2}$. Im Resonanzfall $f/f_e = 1$ treten die höchsten Beanspruchungen auf.
Die Eigenfrequenz ergibt sich aus der Schwingungsgleichung

$$f_e = \frac{1}{2\pi} \sqrt{\frac{c}{m}}$$

f_e Eigenfrequenz in s^{-1}
c Federkonstante in Schwingungsrichtung in Nm^{-1}
m Masse des schwingenden Systems in kg

Bei der überschlägigen Berechnung beschränkt man sich oft auf das Verhalten in vertikaler Richtung. Ist s der durch die statische Last der Masse m erzeugte Federweg, dann ergibt sich für die vertikale Richtung die Eigenfrequenz

$$f_e = \frac{1}{2\sqrt{s}} \quad \text{s in m, } f_e \text{ in } s^{-1}$$

Die Werkstoffdämpfung verhindert besonders beim Durchfahren der Resonanzstellen zu große Beschleunigungsüberhöhungen. In der Praxis werden Resonanzstellen beim An- und Herunterfahren von Maschinen bzw. Fahrzeugen durchlaufen. Die Eigenschwingungszahl f_e wird durch die Dämpfung kaum beeinflußt.
Für sinusförmige Schwingungen kann die Amplitude der Beschleunigung folgendermaßen berechnet werden:

$$a = 4\pi^2 \cdot d \cdot f^2$$

a: die Amplitude der Beschleunigung in ms^{-2}
f: die Frequenz in s^{-1}
d: die Amplitude der Auslenkung in m

Die Amplitude der Beschleunigung wird in der Praxis oft in Vielfachen der Fallbeschleunigung angegeben:

$1 g = 9,81 \, ms^{-2}$.
Schärfegrade für Schwingbeanspruchungen sind den Pflichtheften oder Geräteeinzelbestimmungen zu entnehmen. In DIN 40046 Blatt 8 sind Empfehlungen für Schärfegrade enthalten.

6.7.4.2 Stöße

Stöße sind einzelne, sich nicht in gleichmäßigen Zeitabständen wiederholende schockartige Lasten, hervorgerufen z. B. durch Schlaglöcher in Straßen oder schnelles Absetzen der Geräte auf harten Unterlagen, durch Erdbeben oder Explosionen.

Auf Schockmaschinen werden die Wirkungen auf das elektronische Gerät untersucht. Dabei werden Schockformen, wie Halbsinus-, Sägezahn- oder Trapezform angewandt. Der Schärfegrad der Belastung ist durch die Beschleunigungsamplitude und die Dauer des Schocks bestimmt.

Beispiel: Halbsinusform, 30 g, 18 ms.

Die Antwortbeschleunigungen, das sind die durch die Anregungsbeschleunigungen in den einzelnen Massen des Prüflings erzeugten Beschleunigungen werden mit Hilfe von Beschleunigungsaufnehmern aufgezeichnet.

Wenn ein Gerät einem Schock ausgesetzt wird, so werden die einzelnen Massen Schwingungen ausführen. Die größte Beschleunigung der schwingenden Einzelmassen tritt auf, wenn während des Schocks Resonanzen angeregt werden. In den meisten Fällen ist die höchste mechanische Beanspruchung der Befestigungsteile durch die maximale Beschleunigung der schwingenden Masse bestimmt. Die größtmögliche Antwortbeschleunigung in Abhängigkeit von der Resonanzfrequenz der schwingenden Masse, die in ungedämpften Systemen auftreten kann, läßt sich aus dem Schockspektrum ablesen.

Schockspektren (Bild 6.16) sind Verbindungslinien der Maximalwerte der Antwortbeschleunigungen als Funktion der Resonanzfrequenzen linearer, ungedämpfter Feder-Massesysteme. Schockspektren sind für alle Schocks gleicher Form gültig, wenn man sie normiert, d. h. auf der Abszisse die normierte Frequenz als Produkt $f \cdot D$ (Eigenfrequenz x Schockdauer) aufträgt und an der Ordinate die normierte maximale Schockbeschleunigung a_{max}/A (Maximalwert der Antwortbeschleunigung zum Maximalwert der Anregungsbeschleunigung).

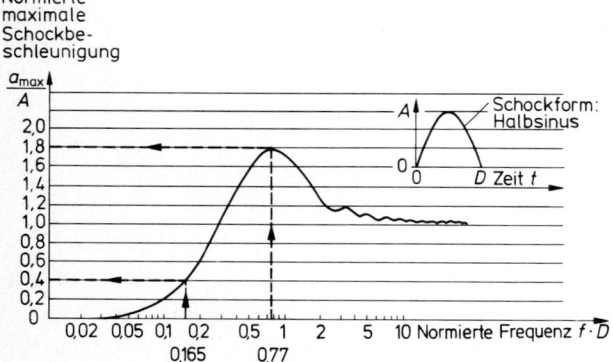

Bild 6.16 Schockdauerspektrum

In DIN 40046 Teil 7 sind Schockspektren für verschiedene Schockformen dargestellt. Mit diesen Diagrammen können die maximalen Antwortbeschleunigungen ermittelt werden, wenn die Resonanzfrequenzen durch Berechnung oder Schwingprüfung ermittelt werden. Bei der Anwendung sind

die in DIN 40046 Teil 7 angegebenen Einschränkungen zu beachten:

Lineare ungedämpfte Systeme mit einem Freiheitsgrad (Dubbels Taschenbuch für Maschinenbau). Zu beachten ist auch der Einfluß von Störschwingungen, die dem Schock überlagert sein können

Auf gedämpfte Systeme ist die zerstörende Wirkung der Schocks in der Regel geringer als auf ungedämpfte. Aus den einfachen Schockspektren in DIN 40046 Teil 7 ergeben sich auch noch brauchbare Werte für Systeme, bei denen die Resonanzfrequenzen der hintereinandergeschalteten Einzelschwinger ausreichende Abstände haben.

Anwendungsbeispiel: Ein ungedämpftes System mit 2 Resonanzfrequenzen

$f_1 = 15$ Hz
$f_2 = 70$ Hz

Schockform: Halbsinus
Beschleunigung: A = 30 g (294 ms^{-2})
Dauer: D = 11 ms

gesucht: maximale Beschleunigungsantwort während des Schocks

Lösung: $f_1 \cdot D = 15 \cdot 0{,}011 = 0{,}165$
$f_2 \cdot D = 70 \cdot 0{,}011 = 0{,}77$

$$\frac{a_1\ max}{A} = 0{,}4 \qquad \frac{a_2\ max}{A} = 1{,}8 \text{ (Bild 6.16)}$$

$a_1\ max = 0{,}4\ A = 0{,}4 \cdot 30 = 12\ g =$
$12 \cdot 9{,}81 = 118\ ms^{-2}$

$a_2\ max = 1{,}8\ A = 1{,}8 \cdot 30 = 54\ g =$
$54 \cdot 9{,}81 = 530\ ms^{-2}$

Aus der Schockrestspektrums-Kurve (DIN 40046 Teil 7) können auch Beschleunigungen abgelesen werden, die nach der Schockanregung auftreten. Diese können vor allem im Bereich $f \cdot D < 1$ höher sein als die Beschleunigungen während der Dauer des Schocks.

6.7.4.3 Fallen

Bei der Handhabung und während des Transportes können verpackte oder unverpackte Geräte durch Fallen hohen Schockbeanspruchungen ausgesetzt sein. Die Wirkungen werden auf der Schockmaschine oder einfacher durch Freifallversuche ermittelt.

Freifallversuche werden in DIN 40046 Teil 30 beschrieben.

6.8 Normen

Die Herstellung elektronischer Einrichtungen mit Hilfe halbautomatischer und automatischer Verfahren ist nur möglich, wenn Teilungs- und Rastermaße genormt sind. In Anlagen ist die Verwendung von Geräten verschiedener Hersteller nur möglich, wenn die Abmessungen, die Befestigungs- und Anschlußschnittstellen vereinheitlicht, d. h. genormt sind.

Die Planung von Systemen vereinfacht sich, wenn genormte Bauweisen zur Verfügung stehen. Der Anwender findet ein breites Angebot einzelner Komponenten, die in sein System passen, auf dem Markt. In den Deutschen Normen (DIN) und IEC-Empfehlungen sind Standards für elektronische Bauweisen festgelegt (Bilder 6.17 bis 6.21).

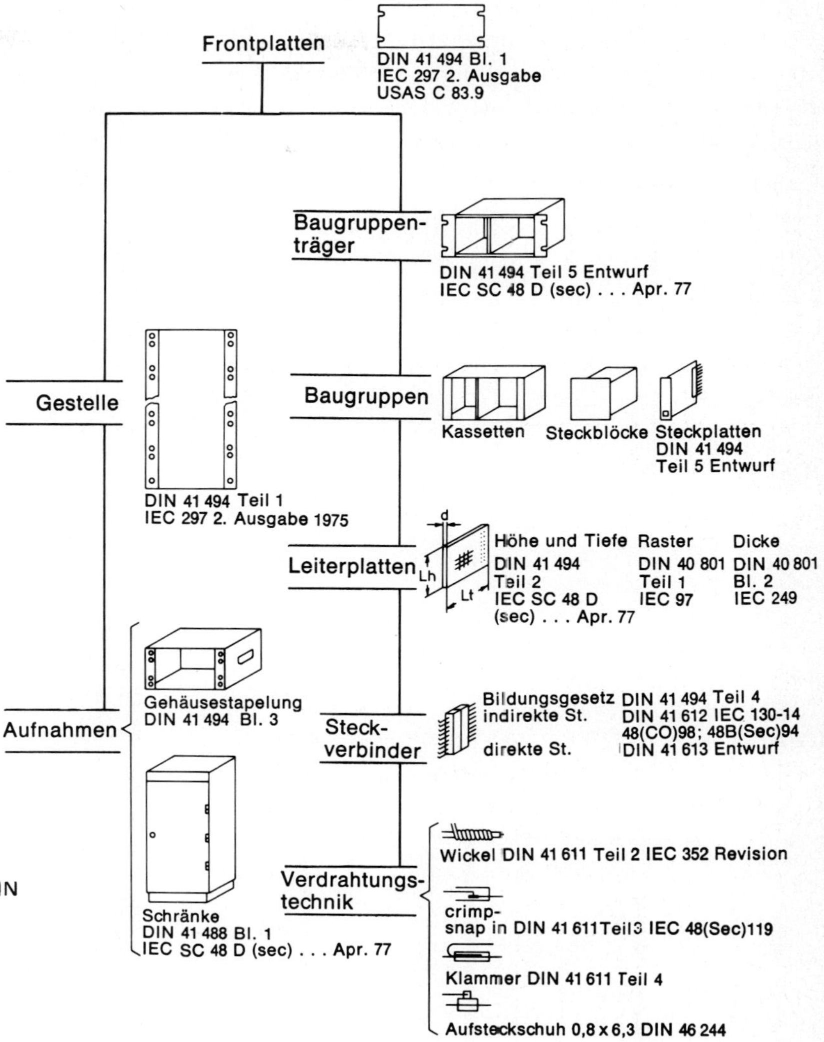

Frontplatten
DIN 41 494 Bl. 1
IEC 297 2. Ausgabe
USAS C 83.9

Baugruppenträger
DIN 41 494 Teil 5 Entwurf
IEC SC 48 D (sec) . . . Apr. 77

Baugruppen
Kassetten   Steckblöcke   Steckplatten
DIN 41 494
Teil 5 Entwurf

Gestelle
DIN 41 494 Teil 1
IEC 297 2. Ausgabe 1975

Leiterplatten
	Höhe und Tiefe	Raster	Dicke
	DIN 41 494	DIN 40 801	DIN 40 801
	Teil 2	Teil 1	Bl. 2
	IEC SC 48 D	IEC 97	IEC 249
	(sec) . . . Apr. 77		

Steckverbinder
Bildungsgesetz   DIN 41 494 Teil 4
indirekte St.   DIN 41 612 IEC 130-14
                         48(CO)98; 48B(Sec)94
direkte St.   DIN 41 613 Entwurf

Aufnahmen
Gehäusestapelung
DIN 41 494 Bl. 3

Schränke
DIN 41 488 Bl. 1
IEC SC 48 D (sec) . . . Apr. 77

Verdrahtungstechnik
Wickel DIN 41 611 Teil 2 IEC 352 Revision
crimp-snap in DIN 41 611 Teil 3 IEC 48(Sec)119
Klammer DIN 41 611 Teil 4
Aufsteckschuh 0,8 x 6,3 DIN 46 244

Bild 6.17 Stand der Normen nach DIN

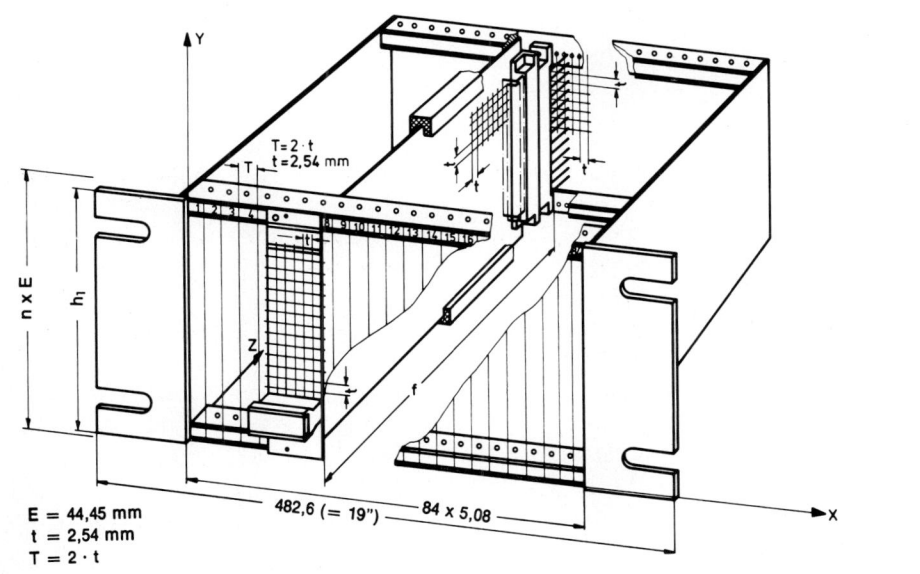

E = 44,45 mm
t = 2,54 mm
T = 2 · t

T = 2 · t
t = 2,54 mm

Bild 6.18 Raster und Teilungen

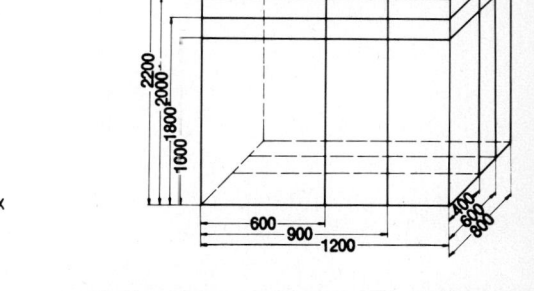

Bild 6.19 Schrankabmessungen nach DIN 41488

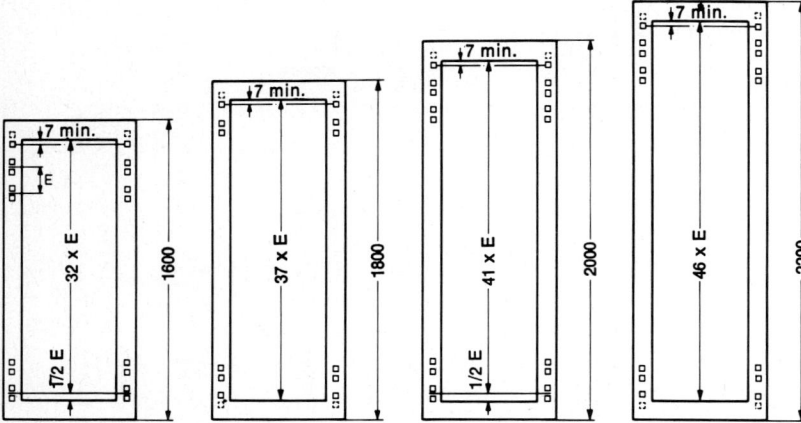

Bild 6.20 Gestellteilungen nach DIN 41494

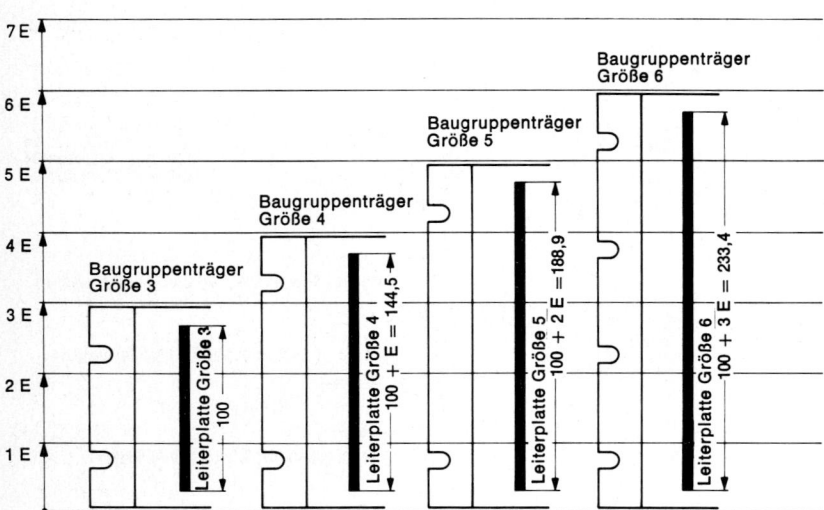

Bild 6.21 Baugruppenträger- und Leiterplattenhöhen

7 Verbindungstechnik elektronischer Geräte

von Hans Freutel, AEG-TELEFUNKEN Nachrichtentechnik GmbH, Backnang

7.1 Verbindungsverfahren

7.1.1 Steckverbindungen

Die Hauptaufgabe einer Steckverbindung ist es, einen leicht lösbaren elektrischen Kontakt, zwecks Übertragung elektrischer Energie herzustellen [7.1].

Dabei sind die elektrisch leitenden Teile zu isolieren, mechanische Stabilität zu gewährleisten und eine Anschlußmöglichkeit für die Verdrahtung vorzusehen. Es gibt Einfach- und Vielfachsteckverbinder in den verschiedensten Formen wie Flach-, Rund-, Koaxial-Steckverbinder.

Für steckbare Leiterplatten als Verbindung zu einem im Baugruppenträger angeordneten Verdrahtungsfeld werden vorzugsweise Vielfachsteckverbinder angewendet. Dabei unterscheidet man zwischen direkten und indirekten Steckverbindungen (Bild 7.1). Beide bestehen aus einem im Baugruppenträger anzuordnenden Buchsenteil. Die indirekte benützt einen zusätzlichen Steckerteil auf der Leiterplatte. Bei der direkten Steckung entfällt der Stecker; dort sind die Anschlüsse entweder ein- oder beidseitig auf der Leiterplatte durch an den Rand geleitete, oberflächenveredelte Leiterbahnen vorgesehen, die in das Buchsenteil passen. Die Kosten dieser beiden Steckverbinderarten sind nahezu gleich, zumal bei der direkten Steckung die Anschlüsse speziell und partiell veredelt werden müssen. Außerdem fehlt bei der direkten Steckung die Gesamtverantwortlichkeit über die Qualität der Verbindungen, da beide Teile im Gegensatz zur indirekten Steckung meistens nicht vom gleichen Hersteller bezogen werden.

Es stehen außerdem noch einige spezielle Steckverbinderarten zur Verfügung, wie z. B. Steckverbinder mit koaxialen Anschlüssen, Steckverbinder für Schalt- und Prüfzwecke, Hochstromsteckverbinder. Die Kontaktüberzüge sind hauptsächlich Gold, bei entsprechenden höheren Kontaktdrücken auch Silber oder Zinn. (Gold: Kontaktkraft 0,3 N entspricht Kontaktwiderstand < 1 mΩ. Silber: Kontaktkraft 2 N entspricht Kontaktwiderstand von etwa 10 mΩ).

Die gebräuchlichste Steckverbindung für Leiterplatten ist die Steckverbinderfamilie nach DIN 41612 mit 32-, 48-, 64- und 96-poliger Kontaktbestückung [7.2]. Die Anschlüsse an den Buchsenleisten zur Weiterverdrahtung sind wahlweise für Löt- bzw. Wickelverbindungens-Technik ausgelegt.

Für die lösbare Verbindung von Licht-Wellen-Leitern, die der optischen Übertragung von Signalen dienen, stehen spezielle Steckverbinder zur Verfügung. Sie müssen das genaue Fluchten zweier stirnflächig auf Stoß gebrachter, sehr dünner Lichtwellenleiter gewährleisten und sind daher Steckverbinder von sehr hoher mechanischer Präzision.

7.1.2 Schraubverbindungen

Nicht unerwähnt sollen Schraubanschlüsse sein. Sie werden in modernen elektronischen Einrichtungen selten angewendet, sind aber für die Verbindungen mit Bauelementen der konventionellen Relais- und Starkstromtechnik notwendig. Der Schraubanschluß ist wegen seiner Abmessungen nur für geringe Verdrahtungsdichten geeignet. Er hat den Vorzug nur einen handelsüblichen Schraubendreher zu benötigen.

7.1.3 Weichlötverbindungen

Die gebräuchlichsten Lötverfahren für elektronische Einrichtungen sind das Löten mit dem Lötkolben, das Tauchlöten und das Schwallöten.

Das Löten mit dem Lötkolben von Hand ist eine der ältesten Methoden zur Herstellung von Verbindungen. Es ist bekannt, welche Fehler durch überhitzte Lötkolben, zu lange Lötzeit, zu reichlichem Gebrauch von Flußmitteln und durch unsaubere Anschlußdrähte entstehen können. Hinzu kommt, daß zur einwandfreien Kolbenlötung eine längere Anlernzeit erforderlich ist. Zum Einlöten von Abgleichbauelementen oder Brücken, sowie für Reparaturzwecke ist die Handlötung unentbehrlich. Der Preis eines Lötkolbens von ca. 20,00 DM spricht dafür, das Handlötverfahren weiterhin anzuwenden, wenn man sich vorstellt, daß man für ein Handwerkzeug einer lötfreien Verdrahtungstechnik das Vielfache dieses Betrages aufwenden muß.

Beim Tauchlöten können mehrere Lötstellen in einem Arbeitsgang verlötet werden. In einer beheizten Stahlwanne wird das Lot geschmolzen und auf konstanter Temperatur gehalten. Nach Reinigung und Benetzung mit Flußmitteln wird das zu verlötende Teil, z. B. eine Leiterplatte, in das geschmolzene Lot getaucht. Das Lot benetzt die Metallflächen der Leiterplatte und verbindet sie mit den Bauelementanschlüssen. Nach Herausnahme der Leiterplatte aus dem Lot erstarrt das Lötzinn. Man erhält auf diese Weise eine einwandfreie Flächenlötung, vorausgesetzt daß das Lötbad durch Wischvorgänge an der Oberfläche des Lötbades ständig von der sich bildenden Oxydschicht befreit wird.

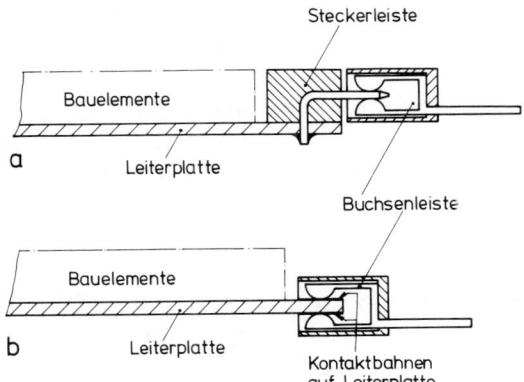

Bild 7.1 Schematische Darstellung von
a indirektem Steckverbindersystem
b direktem Steckverbindersystem

Beim Schwallöten wird durch einen Pumpvorgang das flüssige Lot zu einer Lötwelle geformt, über die eine zu lötende Fläche, z. B. eine Leiterplatte so geführt wird, daß das flüssige Lot die zu lötenden Flächen benetzt. Auf diese Weise können eine Vielzahl von Lötstellen in wenigen Sekunden gelötet werden. Auch hierbei muß das Lot ständig von Oxyden befreit werden. Bei automatischen Schwallötmaschinen werden die zu lötenden Flächen zunächst mit Flußmitteln besprüht, anschließend getrocknet, dann erfolgt die Lötung auf der Lötschwallstrecke. Danach wird die gelötete Leiterplatte aus der Maschine ausgeworfen.

Das Maschinenlöten bedarf zwar gegenüber der Handlötung weitaus höherer Investitionskosten, hat aber dafür eine Reihe entscheidender Vorzüge. Die maschinelle Lötung ist unabhängig von der Fertigkeit des Ausführenden. Es können eine Vielzahl von Lötstellen gleichzeitig an verschiedenen Stellen gelötet werden. Es herrschen definierte Verhältnisse der Flußmittelmengen, der Temperatur des Lötbades und der Dauer der Lötung.

7.1.4 Preß-, Quetsch- und Crimpverbindungen

Die Preß-, Quetsch- und Crimpverbindung ist die älteste, bekannteste und am häufigsten angewandte lötfreie Anschlußtechnik. Es handelt sich um Anschlußelemente, die auf der einen Seite für die oben genannten Verbindungsarten ausgelegt sind, während an der entgegengesetzten Seite zur Weiterverbindung entweder Buchsen, Federn, Stecker, Fahnen, Kabelschuhe, Stifte oder Hülsen angebracht sind.

Die Anschlußseite für Preß- und Quetschverbindungen besteht aus einer runden Hülse, in die ein entisolierter Massivoder Litzendraht oder mehrere derselben eingeschoben werden. Mittels spezieller Handzangen, pneumatischer oder hydraulischer Werkzeuge, halbautomatischer Anschlagmaschinen oder Vollautomaten wird die Hülse mit den Anschlußdrähten verpreßt. Durch genau auf Kontakt und Leitermaterial abgestimmte Profile werden durch Druck und Verformung ohne Zusatz von Bindestoffen und ohne thermische Behandlung einwandfreie, sichere, unlösbare, gasdichte Verbindungen erzeugt. Bei der Preßverbindung wird die Hülse in der Mitte zu Vier-, Sechs- oder Achtkantprofil verformt (Bild 7.2). Bei der Quetschverbindung werden ein-, zwei- oder vier Backen eingedrückt (Bild 7.3).

Beim Crimpverfahren werden die abisolierten Anschlußdrähte aus Massivdraht oder Litze oder gemischt in eine schalenförmige, offene Hülse gelegt und mit ähnlichen Werkzeugen gecrimpt. Zum Schutz gegen Knick- und Zugbeanspruchung der Drähte wird ein Teil der Isolation beim Crimpvorgang mit umpreßt (Bild 7.4).

Die genannten Werkzeuge arbeiten nach einem vorgegebenem Arbeitszyklus, der bis zur Erreichung einer einwandfreien Verbindung nicht unterbrochen werden kann. Man erzielt Verbindungen höchster mechanischer und elektrischer Zuverlässigkeit, von stets gleichbleibender Qualität, da der Preß-, Quetsch- oder Crimpvorgang völlig unabhängig von der Fertigkeit des Ausführenden abläuft.

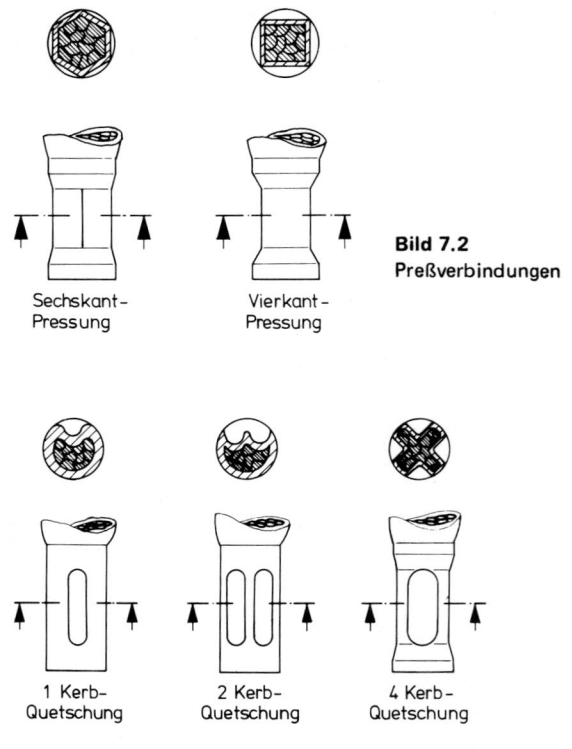

Bild 7.2
Preßverbindungen

Sechskant-Pressung   Vierkant-Pressung

1 Kerb-Quetschung   2 Kerb-Quetschung   4 Kerb-Quetschung

Bild 7.3 Quetschverbindungen

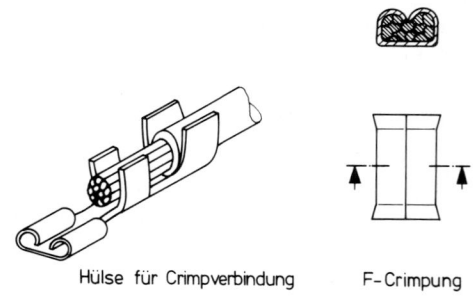

Hülse für Crimpverbindung   F-Crimpung

Bild 7.4 Crimpverbindung

Die Preßverbindung eignet sich vorwiegend für die Starkstromtechnik mit Leitungsquerschnitten bis etwa 300 mm^2. Die Quetschtechnik wird sowohl für die Starkstromtechnik als auch für elektronische Einrichtungen angewendet. Maximaler Leiterquerschnitt etwa 250 mm^2. Crimpen eignet sich für geringere Leiterquerschnitte bis etwa 10 mm^2 und wird bevorzugt bei elektronischen Anlagen eingesetzt.

Die Nachteile dieser Anschlußtechniken liegen in den hohen Kosten für die Anschlagwerkzeuge.

7.1.5 Wickelverbindungen (wire wrap) nach DIN 41611 Ts

Heute weisen elektronische Einrichtungen bei zunehmender Miniaturisierung eine wesentlich höhere Verdrahtungsdichte auf als früher. Besonders geeignet hierzu ist die Wickelverbindungstechnik. Begonnen hat diese Anschlußart damit, daß man, um einen sicheren Lötanschluß zu erreichen, Schaltdraht wendelförmig um eine Kontaktfahne gewickelt hat, um sie anschließend zu löten. Es stellte sich heraus, daß man bei diesem Vorgang auf das Löten verzichten konnte, wenn man den Draht mit hoher Kraft bei gleichzeitiger Dehnung um eine Kontaktfahne wickelte.

Die Wickeltechnik ist ausschließlich mit Massivdraht vorzunehmen. Als Anschluß dient ein Kontaktelement, das einerseits einen scharfkantigen, rechteckigen oder quadratischen Anschlußpfosten trägt. An der Gegenseite ist üblicherweise ein federndes Buchsenteil oder ein Steckerstift angebracht. Dies geschieht mit Hilfe spezieller Werkzeuge, für kleine bis mittlere Stückzahlen ist dieses ein von Hand zu bedienendes elektrisch betriebenes pistolenähnliches Werkzeug. Der Schaltdraht wird zunächst mit einem Abisolierhandwerkzeug oder einer Abisoliermaschine abisoliert. Das nun blanke Drahtende wird von vorne in eine versetzte Bohrung in den Wickeleinsatz der Wickelpistole eingeführt. Durch eine Aussparung der Führungshülse wird der Draht vor Beginn des Wickelns verankert. Das Werkzeug wird nun mit seiner Mittelbohrung über den Anschlußpfosten geschoben. Durch einen Schalter wird ein Motor betätigt, der den Wickeleinsatz routieren läßt. Dabei wickelt sich der Draht um den Pfosten. Bei diesem Wickelvorgang entsteht im Draht eine mechanische Spannung, die vorwiegend von der Biegekraft und der Reibung beim Gleiten des Drahtes aus dem Werkzeug abhängt. Durch diese Spannung beißen sich die scharfen Kanten des Anschlußpfostens in den Draht und durchbrechen etwaige Oxydationsschichten (Bild 7.5). Bei üblicherweise sechs Windungen pro Anschluß entstehen 24 festgefügte metallische Kontaktzonen, die man als gasdichte Kaltschweißstellen bezeichnen kann. Um ein Brechen des Drahtes an der Übergangsstelle zur Isolation bei mechanischer Belastung zu vermeiden, werden noch ein bis zwei Windungen Draht mit Isolation um den Anschlußpfosten gewickelt. Die Pfosten sind in ihrer Länge so ausgelegt, daß maximal drei Wickelverbindungen auf einen Pfosten gewickelt werden können. Eine einwandfreie Verbindung setzt voraus, daß Drahtstärken und Pfosten aufeinander abgestimmt sind.

Die gebräuchlichsten Querschnitts-Nennmaße für die Pfosten sind 0,6 x 0,6 mm, 1 x 1 mm, und 0,9 x 1,6 mm.

Neben dem bereits erwähnten pistolenähnlichen Handwerkzeug gibt es für Reparatur- und Servicezwecke ein einfaches Wickelwerkzeug, mit dem man das Drahtwickeln von Hand durchführen kann. Für elektronische Geräte in hohen Stückzahlen stehen lochstreifengesteuerte Halb- und Vollautomaten zur Verfügung. Mit letzteren kann man Verdrahtungsgeschwindigkeiten von über 1000 Verbindungen pro Stunde erreichen.

Die Wickelverbindung ist von hoher Qualität und Zuverlässigkeit. Bei entsprechender Vorbereitung ist eine Zeiteinsparung von etwa 50 % gegenüber der Handlötung erreichbar. Dies setzt bei Einsatz der Handpistole voraus, daß die Verbindungsleitungen bereits abgelängt und abisoliert in Behältern verschiedener Längen bereitgestellt werden.

7.1.6 Klammerverbindungen (termi-point) nach DIN 41611 T4

Eines der Wickeltechnik artverwandtes Verbindungsverfahren ist die Klammerverbindungstechnik oder termi-point Verfahren der Firma AMP. Unter termi-point ist zu verstehen: kürzeste Verbindung von Anschlußpunkt zu Anschlußpunkt.

Bei diesem Verfahren lassen sich sowohl Massivdrähte wie auch Litzendrähte verarbeiten. Als Anschluß dient ein Kontaktelement, das einerseits einen rechteckigen, eng tolerierten, gezogenen Anschlußpfosten trägt, während an der anderen Seite zur Weiterverbindung, wie bei der Wickeltechnik, ein federndes Buchsenteil oder ein Steckerstift angebracht ist. Für die Klammerverbindungstechnik ist zusätzlich eine Klammer in Form einer federnden Klemmhülse (Clip) erforderlich, die aus Phosphorbronze mit galvanischen Überzügen aus Gold oder Zinn besteht. Das pneumatisch betriebene, pistolenähnliche Handwerkzeug trägt zwei Vorratsspulen, eine mit den Klammern, die andere mit Draht bestückt. Das an den Anschlußpfosten angelegte Werkzeug löst durch Hebeldruck die Pneumatik aus. Dabei wird der Draht von der Rolle in einem Arbeitsgang abisoliert und zusammen mit einer Klammer auf den Anschlußpfosten geschoben. Das Drahtmaterial wird durch die Federwirkung der Klammer bis zur Streckgrenze beansprucht. Durch die beim Aufschieben der Klammer mit dem Draht entstehende Reibung werden die Kontaktstellen gereinigt. Die auf diese Weise beanspruchte Klammer erzeugt auf dem Anschlußpfosten einen hohen Anfangsdruck und behält als Federelement die notwendige Restspannung zur Aufrechterhaltung bei maximaler Qualität des Kontaktes. Es entsteht eine sehr zuverlässige gasdichte Verbindung (Bild 7.6). Es können drei bis vier Anschlüsse auf einen Pfosten gebracht werden. Durch Verformen der Klammer mit einem einfachen Handwerkzeug kann jede bestehende Verbindung leicht wieder gelöst und entfernt werden. Das an-

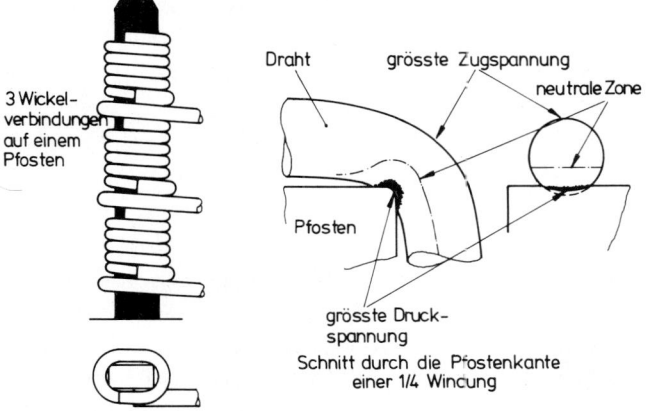

3 Wickelverbindungen auf einem Pfosten

Draht
grösste Zugspannung
neutrale Zone
Pfosten
grösste Druckspannung
Schnitt durch die Pfostenkante einer 1/4 Windung

Bild 7.5 Wickelverbindung

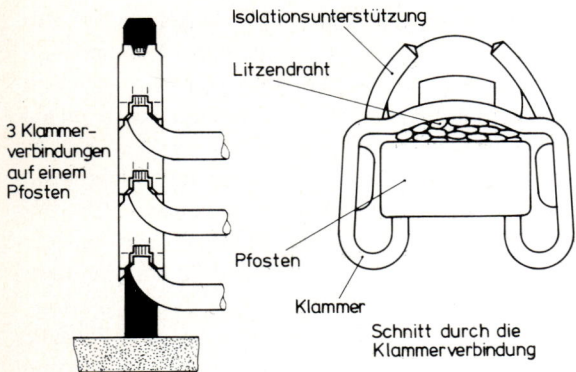

Bild 7.6 Klammerverbindung

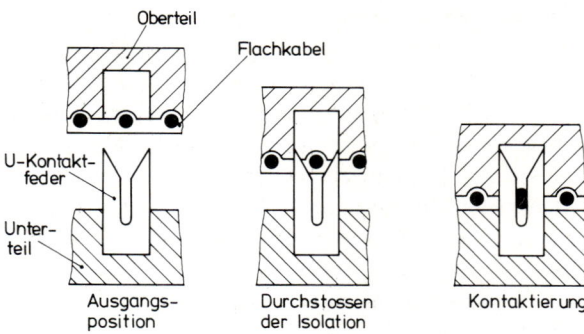

Bild 7.7 Erstellung einer Schneid-Klemm-Verbindung (3 Phasen)

schließende Nachschieben einer weiteren Verbindung ist möglich.

Diese Technik ist für zwei Pfostengrößen ausgelegt: Standard-termi-point Pfosten 0.8 x 1,6 mm, mini-termi-point Pfosten 0,55 x 0,91 mm.

Für die Herstellung großer Serien stehen vollautomatische Verdrahtungsmaschinen zur Verfügung. Für Reparatur- und Servicezwecke gibt es eine von Hand zu betätigende Pistole ohne Druckluftanschluß. Der erforderliche Kraftaufwand durch das Aufschieben der Pistole auf den Pfosten schließt aber einen Dauereinsatz aus.

7.1.7 Schneid-Klemm-Verbindungen

Der praktische Einsatz von Flachkabeln brachte zunächst keine wirtschaftliche Verbesserung. Das Trennen, Abisolieren und Anschließen der einzelnen Leitungen benötigte mehr Zeit als die konventionelle Verdrahtungsmethode.

Viele Steckverbinderhersteller sind daher dazu übergegangen, ihre Steckverbinderserien auf die Schneid-Klemm-Technik umzustellen.

Diese Anschlußtechnik kann sowohl mit Massivdraht wie auch mit Litzendraht vorgenommen werden.

Das Anschlußelement trägt auf der einen Seite eine Kontaktfeder als Buchsenteil für Steckverbinder oder einen Anschlußstift. Auf der Gegenseite ist für die Schneid-Klemm-Verbindung ein U-förmig ausgebildeter Kontakt aus Beryllium-Kupfer mit unternickelter Goldoberfläche angebracht. Im Prinzip besteht dieser Kontakt aus einem Schlitz, der aus zwei freitragenden federnden Armen gebildet wird. Das isolierte Kabel wird in diesen Schlitz gedrückt, dabei wird die Kabelisolation durchtrennt, so daß der Leiter mit den federnden Armen des U-Kontaktes in Berührung kommt. Beim Eindrücken des Kabels werden eventuell vorhandene Oxydschichten am Leiter und am Kontakt abgeschert. Durch die hohe permanente Federkraft des U-Kontaktes entstehen dabei durch eine Kaltverschweißung gasdichte Verbindungen zum Leiter. Bei diesem Vorgang wird kein Leitermaterial abgetragen, es findet lediglich eine Deformation des Leiters statt (Bild 7.7).

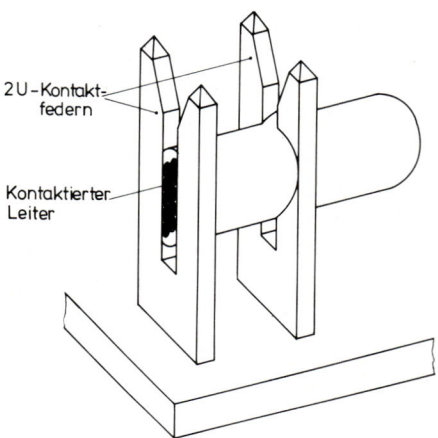

Bild 7.8 Schneid-Klemmverbindung

Wichtig ist, daß bei dieser Kabelverbindungsanordnung die Größe des U-Kontaktes dem jeweiligen Kabelquerschnitt entspricht.

Auf diese Weise können sowohl Einzelleitungen wie auch Flachleitungen mit bis zu über sechzig Leitern mit einem Arbeitsgang verbunden werden. Aus Sicherheitsgründen werden teilweise zwei U-Kontakte parallel angeordnet, so daß der Leiter an insgesamt vier Stellen gasdicht verbunden ist (Bild 7.8). Einzel- und Flachleitungen müssen für diesen Eindrückvorgang vorher nicht abisoliert werden.

Die für die Schneid-Klemm-Verbindung notwendigen Werkzeuge sind denkbar einfach und daher kostengünstig.

7.1.8 LWL-Schweißverbindungen (Licht-Wellen-Leiter)

Die Übertragung von Signalen über Lichtwellenleiter findet auf breiter Basis Einzug in die Übertragungstechnik.

Gegenüber metallischen Leitern hat die Übertragung über Lichtwellenleiter eine Reihe großer Vorteile, wie die Abhörsicherheit der Informationsübertragung, die Unempfindlichkeit gegenüber elektromagnetischen Störungen, die elektrische Isolation und insbesondere die starke Verminderung von Gewicht und Größe.

Der Lichtwellenleiter besteht aus einer Faser aus Quarzglas mit einem Durchmesser von etwa 125 μm. Sie ist umgeben von einer Oberflächenschutzschicht mit einer Schichtdicke von ca. 50 μm. Zur besseren Handhabung ist die Faser von einer Schutzumhüllung aus Kunststoff von etwa 1 mm Ø umschlossen (Bild 7.9).

Für lösbare Verbindungen von Lichtwellenleitern sind Steckverbinder vorgesehen. Verbindungen, die nicht lösbar sein müssen, werden verschweißt.

Als Beispiel kann ein Schweißvorgang folgendermaßen ablaufen. Zunächst werden die Enden der beiden zu verbindenden Lichtwellenleiter mit einer Abisolierzange jeweils ca. 30 mm lang von der Schutzumhüllung befreit. Chemisch wird der Oberflächenschutz von der Faser entfernt. Um möglichst ebene Stirnflächen zu erhalten, werden die Faserenden in einem entsprechenden Werkzeug in einem bestimmten Radius gebogen, mit definierter Zugspannung belastet und mit einem Diamanten angeritzt. Die Fasern brechen an den geritzten Stellen ab, es entstehen Stirnflächen gewünschter Qualität. Die beiden zu verbindenden freien Faserenden haben danach eine Länge von ca. 10 mm.

Die Fasern der beiden Lichtwellenleiter werden auf einem Verschiebetisch in Führungsnuten eingelegt, mit hoher Genauigkeit auf Stoß gebracht und mit einem definierten Lichtbogen verschweißt. Ein gewisser Restversatz der beiden Faserenden ist zulässig, da sie sich beim Verschmelzen durch Oberflächenspannungen selbsttätig ausrichten (Bild 7.10).

Zur mechanischen Stabilisierung wird die Schweißstelle in einer wiederverwendbaren Gußform mit einem kurzzeitig aushärtenden Zweikomponentenkunststoff vergossen. Die fertig vergossene Schweißstelle hat eine Länge von ca. 30 mm und einen Durchmesser von ca. 2,5 mm (Bild 7.11). Ein Schweißvorgang dauert einschließlich Vorbereitung und Verguß ca. 6 min. Die Festigkeit der Verbindungsstelle beträgt > 20 N. Die Dämpfungsverluste je Schweißstelle liegen bei identischen Fasern bei ca. 0,1 dB.

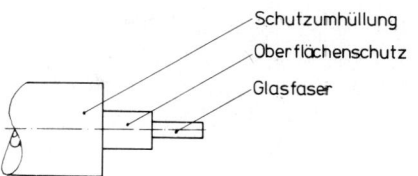

Bild 7.9 Aufbau eines Lichtwellenleiters

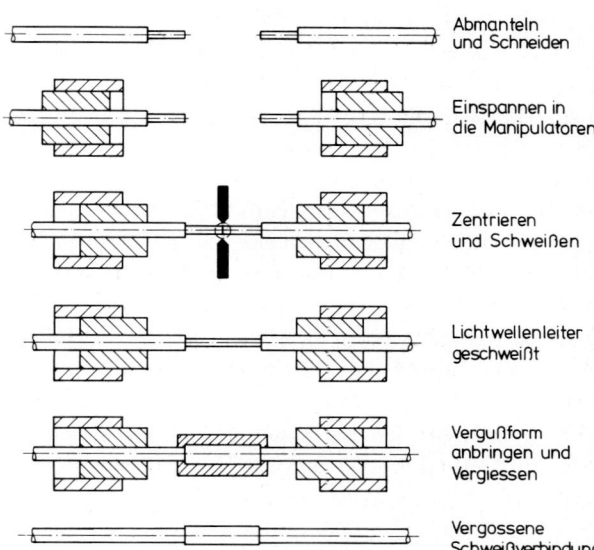

Bild 7.10 Verfahrungsschritte zur Herstellung einer LWL-Schweißverbindung

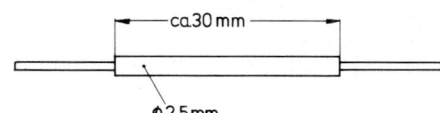

Bild 7.11 Vergossene LWL-Schweißverbindung

7.2 Verbindungen in Baugruppen

7.2.1 Gedruckte Schaltung

Die Weiterentwicklung diskreter und integrierter Bauelemente für elektronische Einrichtungen erreichte in den vergangenen Jahren einen immer höheren Miniaturisierungsgrad. Durch Anwendung von integrierten Schaltungen in DIL-Gehäusen wurden auch diskrete Bauelemente in Form und Größe immer ähnlicher. Man erreichte eine hohe Packungsdichte, indem man die Bauelemente dicht nebeneinander auf einer Fläche anordnete, um sie auf der Rückseite miteinander zu verbinden. Dies erbrachte den Vorzug der guten Zugänglichkeit zu den Bauelementen auf der einen Seite und zu deren Verbindungen auf der anderen Seite. Damit war die Grundlage der Technik der *gedruckten Schaltung* gegeben [7.3].

Bei der Entstehung einer *gedruckten Schaltung* wird von einem Stromlaufplan ausgegangen. Er ist die aufgelöste, symbolische Darstellung einer elektrischen Schaltung mit allen Bauelementen, Leitungen und Anschlußstellen. Aufgrund des Stromlaufplanes wird ein Konstruktionsentwurf (layout) erstellt. Er ist die maßstäbliche Darstellung der Schaltung mit allen Bauelementen, Leitungen und Anschlußstellen auf einer vorgegebenen Fläche.

Die Daten des Konstruktionsentwurfes werden heutzutage weitgehend mit Programmiereinrichtungen der geometrischen Datenverarbeitung gespeichert. Sie dienen zur Steuerung einer Zeichenmaschine, die mit einem Lichtknopf das maßstäbliche Leiterbild auf einen Film zeichnet. Dieser Film ist das Druckoriginal. Eine Kopie dient als Belichtungsschablone, um entweder bei der additiven Technik metallische Leiter auf dem Basismaterial aufzubauen oder bei der subtraktiven Technik durch Ätzvorgänge Kupfermaterial bis auf das gewünschte Leiterbild galvanisch abzutragen. Die subtraktive Technik wird bevorzugt angewendet. Als Basismaterial für die additive Technik werden Isolierstoffplatten mit der üblichen Dicke von 1,6 mm verwendet. Basismaterial für die subtraktive Technik sind Isolierstoffplatten, die für die Ausbildung einseitiger Leiterbilder mit einer, für beidseitige Leiterbilder auf beiden Seiten aufgewalzten Kupferfolie versehen sind, die eine Dicke von üblicherweise 0,35 μm hat. Zur Verbindung beidseitiger Leiterbilder sowie zum Einstecken von Bauelementenanschlüssen wird die Leiterplatte mit Hilfe NC-gesteuerter Bohrmaschinen mit Löchern versehen, die zur Bestückung der Bauelemente dienen. Bei beidseitigen Leiterbildern werden diese Löcher zwecks metallischer Verbindung durch spezielle galvanische Verfahren durchmetallisiert. Neben den Leiterplatten mit ein- oder beidseitigem Leiterbild werden für besonders hohe Leiterdichten Mehrlagenleiterplatten angewendet. Sie entstehen durch das Zusammenpressen mehrerer mit Leiterbildern versehener Isolierstoffolien zu einer starren Platte. Diese mit Leiterbildern versehenen Isolierstoffolien werden als flexible *gedruckte Schaltungen* meistens dort benützt, wo man Leiter von einer ebenen Fläche in die 3. Dimension führen muß. Es sind außerdem kombinierte Leiterplatten in Anwendung, die aus starren und flexiblen Leiterplattenabschnitten bestehen, die sich nach dem Bestücken mit Bauelementen beispielsweise wie ein Buch raumsparend zusammenklappen lassen. Nach Bestückung der Leiterplatte mit Bauelementen wird diese zwecks Verbindung der Leiterbilder mit den Bauelementen über ein Schwallötbad gefahren. Dabei werden in wenigen Sekunden eine Vielzahl von einwandfreien Lötstellen maschinell hergestellt. Die so entstandene Baugruppe *gedruckte Schaltung* kann zum Schutz gegen äußere Einflüsse ein- oder beidseitig mit einem entsprechenden Schutzlack versehen werden.

Die *gedruckte Schaltung* hat gegenüber der konventionellen Verdrahtung von Bauelementen mit Einzelleitungen oder Formkabeln entscheidende Vorteile.

Die *gedruckte Schaltung* kann ausgehend von Konstruktionsentwurf über die geometrische Datenverarbeitung, einschließlich Anfertigung der Leiterplatte, Bestückung mit Bauelementen bis zur Prüfung teil- oder sogar vollautomatisch hergestellt werden. Durch die immer gleichbleibende Anordnung der Leiter sind die elektrischen Verhältnisse stets definiert. Selbst bei kleinen Stückzahlen ist die Wirtschaftlichkeit der gedruckten Schaltung der konventionellen Verdrahtungstechnik weit überlegen.

Die äußeren Abmessungen von *gedruckten Schaltungen* (Bild 7.12) werden von verschiedenen Faktoren bestimmt, wie z. B. Größe des Gerätes, mechanische und klimatische Anforderungen an das Gerät. In den vergangenen Jahren haben sich zwei Standardgrößen für gedruckte Schaltungen entwickelt, die sich auf die 19'' Bauweise abstützen. Es sind die Größen 100 x 160 mm, auch als Europaformat bekannt, und die Größe 233,5 x 160 mm.

Bild 7.12 Gedruckte Schaltungen

Gedruckte Schaltungen sind in verschiedensten Aufbauarten bekannt, ausgehend von der ungeschirmten Einzelplatte bis zu allseitig geschirmten Baugruppen aus einer oder mehreren Leiterplatten bestehend bis zu hochfrequenzdichten Baugruppen.

Um Leiterplattenbaugruppen möglichst raumsparend anzuordnen, werden sie üblicherweise in geringem Abstand neben- oder übereinander über Steckverbinder in Baugruppenträger eingesteckt.

Die gebräuchlichsten Steckverbinder gehören zu der Steckverbinderfamilie 32-, 64-, 96-polig nach DIN 41612.

Erfahrungsgemäß reichen bei *gedruckten Schaltungen* der Größe 100 x 160 mm, bei Bestückung mit diskreten Bauelementen, ca. 30 Anschlüsse aus. Bei Bestückung mit integrierten Bauelementen werden $\geq$ 60 Anschlüsse benötigt. Die *gedruckte Schaltung* der Größe 100 x 160 mm kann mit der o. a. Steckverbinderfamilie mit max. 96 Steckanschlüssen, die gedruckte Schaltung der Größe 233,5 x 160 mm mit max. 192 Steckanschlüssen ausgestattet werden.

Die Fehlerhäufigkeit an Bauelementen und Leitern hat bei der starken Massierung gezeigt, daß es zweckvoll ist, vor der üblichen Funktionsprüfung einer gedruckten Schaltung, eine Bauelemente- und Leiterprüfung vorzunehmen, indem eine Vielzahl von Abgreifnadeln eines Prüfautomaten möglichst viele Bauelemente-Anschlußpunkte auf der Lötseite abtastet, um vorgegebene Werte damit zu vergleichen und etwaige Fehlerstellen zu orten.

7.2.2 Draht-Fädeltechnik

Diese Technik wird vorzugsweise für Baugruppen in geringen Stückzahlen angewendet (Laborleiterplatten). Es ist kein Leiterbildentwurf (lay out) erforderlich. Die Bauelemente sind in handelsübliche Hartpapierlochplatten ohne Leiterbild eingesteckt. Die Bauelementeanschlüsse werden bis auf 3 bis 5 mm gekürzt.

Das Werkzeug ist ein kugelschreiberähnlicher, längsdurch-
bohrter Stift der am oberen Ende eine Rolle mit dem zu
verarbeitenden Kupferlackdraht trägt. Der Draht läuft
durch den Stift und tritt am unteren Ende aus. Mit diesem
Draht wird ein Bauelementeanschluß umwickelt, dann wird
der Stift zum nächsten Anschlußpunkt geführt und dort
ebenso umwickelt und ggf. abgeschnitten. Nach Fertigstel-
lung aller erforderlichen Verbindungen werden die Umwick-
lungen handgelötet, dabei schmilzt die Lackisolation an der
Lötstelle weg. Es entsteht eine einwandfreie Lötverbindung.
Um die Drahtführung zu ordnen, kann man vor dem Fädel-
vorgang entsprechende Kunststoffkanäle auf die Lochplatte
aufbringen. Stromzuführungsleitungen als geätzte oder gestanzte Metallstreifen können falls erforderlich zusätzlich
aufgebracht werden.

Der besondere Vorzug dieser Technik ist, daß keine Leiterbildzeichnungen erarbeitet werden müssen.

7.2.3 mulit-wire Verdrahtungsverfahren

Die Technik ist geeignet bei kleineren bis mittleren Stückzahlen für Baugruppen mit hoher Verdrahtungsdichte. Auch
hierbei ist die Erstellung von Leiterbildzeichnungen für
mehrere Ebenen nicht erforderlich. Grundlage ist lediglich
ein geätztes Leiterbild, das vorzugsweise breite Leiterzüge
für die Stromversorgung und Abschirmflächen enthält. Die
Leiterplatte wird mit einer speziellen Haftschicht verpreßt.
Die so vorbereitete Basisplatte enthält auf einer multi-wire
NC-Drahtlegemaschine nach vorgegebenem CAD-Programm
(Computer-Aided-Design) das Leiterbild in Form von iso-
lierten Kupferdrähten. Die Drähte werden von einem mit
Ultraschall arbeitenden Verlegekopf in die Haftschicht ein-
gebettet. Nach Verlegung der Leiterzüge, die sich beliebig
kreuzen können, wird die Platte mit einer Kunststoffolie
verpreßt. Die Drahtleiterzüge sind dann geschützt und un-
verrückbar mit der Oberfläche verbunden. Anschließend
werden mit einer NC-Bohrmaschine nach Rechnerpro-
gramm die Löcher für die Aufnahme der Bauelementeanschlüsse gebohrt. Danach werden die Löcher nach speziel-
lem Verfahren metallisiert, es entstehen einwandfreie elektrische Verbindungen zwischen den Drahtleitern und der
Leiterplatte. Messungen ergaben an Drahtkreuzungen eine
Durchschlagsfestigkeit von mehr als 2000 V.

7.2.4 Wrap-Platte

Bei dieser Technik handelt es sich um eine Kombination
von Leiterplatte und wire-wrap Verbindungstechnik. Das
Anschlußelement trägt an einem Ende eine runde Buchse,
die zur Aufnahme von Anschlußstiften der integrierten
Schaltungen in DIL-Gehäusen bestimmt ist, und am entgegengesetzten Ende einen Vierkantstift 0,6 x 0,6 mm für die
wire-wrap Verdrahtung (Bild 7.13). Eine Vielzahl solcher
Anschlußelemente ist in Rasterabständen, für die Plazierung
eng aneinander angeordneter DIL-Gehäuse, mit ihrem Buchsenteil in der Leiterplatte fest eingepreßt. Auf der Leiter-

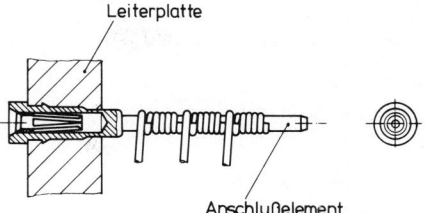

Bild 7.13 Anschlußelement für Wrap-Platte

platte befinden sich bedarfsweise ein- oder beidseitig geätzte
Spannungs- und Masseleiter, die je nach Anwendung mit
den Anschlußelementen durch Handlötung verbunden werden können. Die Spannungs- und Masseleitungen auf beiden
Seiten der Leiterplatte gewährleisten beste Entkopplung
von HF-Schaltungen.

Es entsteht eine Baugruppe, die auf der einen Seite der Leiterplatte, neben den o. a. Leitern, die Buchsen zur Bestük-
kung mit integrierten Schaltungen in DIL-Gehäusen trägt
und auf der anderen Seite die Pfosten für die wire-wrap-
Verdrahtung. Notwendige diskrete Bauelemente werden auf
eigens dafür vorgesehenen Steckerplatten, die den DIL-Gehäusen ähnlich sind, gelötet und wie die DIL-Gehäuse in das
Buchsenfeld eingesteckt. Diese Technik eignet sich vorzugsweise für integrierte Schaltungen in DIL-Gehäusen.

Durch die Wickelverbindungstechnik (wire wrap) ist eine
hohe Verdrahtungsdichte möglich, die bei Anwendung der
Technik von gedruckten Schaltungen eine kostspielige
Mehrebenenleiterplatte notwendig machen könnte.

Die wrap-Platte ist sowohl für die Herstellung kleinerer wie
auch für größere Stückzahlen geeignet. Kleinere Stückzahlen
können mit der wire-wrap Handpistole verdrahtet werden.
Für größere Stückzahlen stehen kostenaufwendige halb- und
vollautomatische Verdrahtungsmaschinen zur Verfügung.

Das wire-wrap Pfostenfeld auf der Verdrahtungsseite der
Leiterplatte ist in zwei Ausführungen erhältlich. Einmal mit
einer Pfostenlänge von 9,4 mm für 2-lagiges Bewickeln,
sowie 13 mm für 3-lagiges Bewickeln in wire-wrap Technik.

Bei einer gewünschten raumsparenden Kompaktbauweise
wirkt sich bei der wrap-Platte der verhältnismäßig große
Verdrahtungsraum gegenüber einer gelöteten gedruckten
Schaltung (3 bis 4 mm) nachteilig aus.

In vielen Fällen muß eine Leiterplatte auch noch während
des Fertigungsablaufes geändert werden. Dies ist bei gedruckten Schaltungen oft sehr aufwendig, vor allem, wenn
ein neuer Leiterbildentwurf und eine neue Druckvorlage erforderlich wird. Die wrap-Platte ermöglicht durch die Punkt
zu Punktverdrahtung mit Leitungen eine schnellere und
problemlosere Änderung, da Leitungen leicht entfernt und
durch neue ersetzt werden können.

7.2.5 multi-snap Verdrahtungsverfahren

Diese Technik ist geeignet für Baugruppen mit elektronischen Schaltungen mit integrierten Schaltkreisen in DIL-Ge-

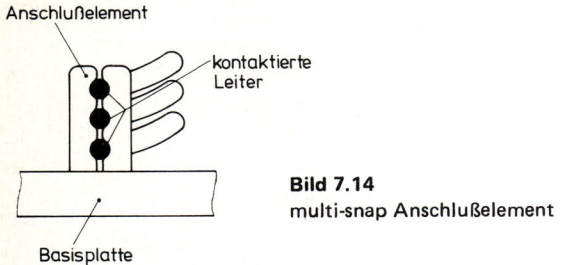

Anschlußelement

kontaktierte
Leiter

Bild 7.14
multi-snap Anschlußelement

Basisplatte

Bild 7.15 Stitch-wire Maschine

häusen, bei hoher Verdrahtungsdichte, insbesondere für kleine bis mittlere Stückzahlen.

Anschlußelement ist ein aus zwei starren Teilen bestehender Pfosten, der so ausgebildet ist, daß zwischen die starren Teile des Pfostens max. 3 isolierte Drähte übereinander eingedrückt werden können (Bild 7.14). Beim Eindrücken des Drahtes wird durch die Ausbildung des Pfostens die Isolation aufgeschnitten; es kommt zu einer gasdichten Quetschverbindung zwischen Leiter und Pfosten. Die in der Kunststoffplatte sitzende Seite des mulit-snap Pfostens ist so ausgebildet, daß mit Pressitz von der Gegenseite aus für die verschiedensten Verwendungen Federkontakte, Lötstützpfosten oder dergl. angesetzt werden können. Die Federkontakte dienen dem direkten Einstecken von integrierten Schaltkreisen in DIL-Gehäusen. An die Lötstüzpfosten können diskrete Bauelemente angelötet werden.

Mulit-snap-Pfosten können nach Entfernung einer Drahtverbindung immer wieder verwendet werden. Ein an einen multi-snap-Pfosten angeschlossener Draht von 0,25 mm Ø kann einer Belastung von 3,5 kg ausgesetzt werden. Die Übergangswiderstände liegen unter 1 mΩ. Soll die fertige Baugruppe nicht nur vorübergehend benutzt werden, so empfiehlt sich ein leichtes Besprühen mit Isolierlack zur Fixierung der Verdrahtung. Es ist auch möglich, die Verdrahtung in bekannter Weise zu vergießen.

Die für diese Technik erforderlichen Werkzeuge sind kostengünstig.

Ein Vorzug ist, daß die Verdrahtungshöhe nur ca. 3,5 mm beträgt.

7.2.6 Stitch-wire Verdrahtungstechnik

Die Stitch-wire Verdrahtungstechnik ist ein seit 10 Jahren in Amerika eingeführtes Verbindungssystem zur Verdrahtung von Platten mit zum Einstecken der Bauelemente dienenden durchmetallisierten Löchern. Zur Weiterverbindung mit Drähten muß bei dieser Technik neben diesen Löchern jeweils ein weiteres durchmetallisiertes Loch gleichen Potentials vorgesehen werden. In diese Löcher werden runde Presterm-Edelstahl Anschlüsse gasdicht eingepreßt. Es handelt sich um eine Edelstahllegierung mit Nickelanteilen. Verdrahtet wird mit teflonisiertem Nickeldraht. Die Stitch-wire Verdrahtungsmaschine (Bild 7.15) besteht, ähnlich einer Schweißeinrichtung, aus einer oberen und unteren Elektrode. Die obere Elektrode ist zum Zwecke der Drahtzu-

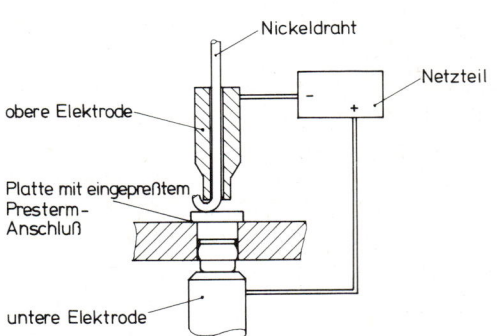

Nickeldraht

Netzteil

obere Elektrode

Platte mit eingepreßtem Presterm-Anschluß

untere Elektrode

Bild 7.16 Prinzip der Stich-wire Maschine

führung durchbohrt. Der Nickeldraht wird von einer Rolle her durch die obere hohle Elektrode zugeführt, das unten kurz herausstehende Drahtende wird umgebogen (Bild 7.16). Nach erfolgter Positionierung der Platte liegt der zu verdrahtende Edelstahlanschluß auf der unteren Elektrode auf. Beim Absenken der oberen Elektrode auf den Presterm — Anschluß wird durch Druck die Teflonisolation des Nickeldrahtes verdrängt, der Draht liegt kontaktgebend an. Mit einem Hochstromimpuls von 2,5 ms Dauer wird eine Bondung zwischen den Nickeldraht und dem Presterm-Anschluß, die eine Oberflächenfusion der beiden Nickellegierungen bewirkt und eine dem Schweißen ähnliche Verbindung hergestellt.

Die Bezeichnung Bondung wurde anstelle von Schweißen gewählt, um das Fehlen von lokalen Verschmelzungen und Schweißperlenformationen, die charakteristisch für eine Fusionsverschweißung sind, herauszustellen.

Nach Herstellung einer Verbindung wird der Draht entweder an der Bondstelle abgeschnitten oder er wird ggf. an ei-

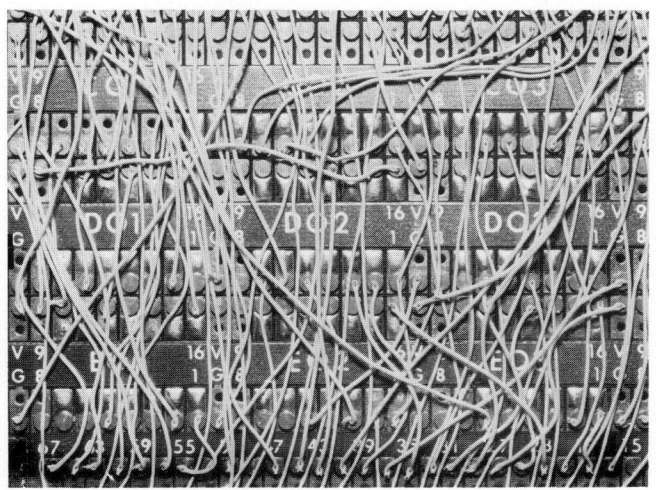

Bild 7.17 Stitch-wire Verdrahtung

ne weitere Anschlußstelle geführt. An einen Presterm-Anschluß können zwei Bondungen aufgebracht werden, so daß man maximal vier abgehende Leitungen erhält. Bei Bedarf kann die Verdrahtung zusätzlich mit Formkabeln auch auf die Bauelementeseite verlegt werden.

Mit dieser Verdrahtungsmethode kann ein Leiterbild von extrem hoher Leiterdichte erstellt werden und damit eine kostspielige Mehrlagenleiterplatte ersetzt werden (Bild 7.17). Verdrahtet wird entweder nach einem Stromlaufplan oder nach einer Verdrahtungsliste. Bei dieser Technik sind weder Leiterbildentwurf (lay out) noch Druckvorlagen erforderlich. Für die Stitch-wire Verdrahtungstechnik stehen manuelle Maschinen für Kleinserien und NC gesteuerte Halbautomaten für die Herstellung größerer Stückzahlen zur Verfügung. Bei Schaltungen mit steckbaren integrierten Schaltkreisen in DIL-Gehäusen werden spezielle Presterm-Anschlüsse mit einseitig ausgebildeten Kelchfeldern eingesetzt. Bei dieser Anwendung kann daher auf die o. g. zusätzlichen Löcher verzichtet werden. Diese Anschlußtechnik erfordert die Anschaffung einer Stitch-wire Verdrahtungsmaschine.

7.3 Verbindungen in Baugruppenträgern

Baugruppenträger dienen zur Aufnahme von Baugruppen. Diese werden üblicherweise raumsparend, dicht nebeneinander im Baugruppenträger angeordnet und dort über Steckverbinder mit der Rückseite des Baugruppenträgers, dem Verdrahtungsfeld, mechanisch und elektrisch verbunden. Die gebräuchlichsten Baugruppenträger sind die der 19"-Bauweise, mit einer Gesamtbreite von 19". Die am häufigsten verwendeten sind in den Höhenabmessungen so ausgelegt, daß sie entweder Baugruppen mit der Höhe von 100 mm oder 233,5 mm aufnehmen können. Letztere können auch innerhalb eines Baugruppenträgers so kombiniert wer-

den, daß neben den Baugruppen 233,5 mm auch solche mit der Höhe von 100 mm übereinander angeordnet sind. Baugruppenträger sind einzeln oder mehrfach übereinander in Gestelle, Schränke, Koffergehäuse, Tisch- oder Wandgehäuse einsetzbar. Baugruppen sind üblicherweise steckbar, sie tragen auf ihrer Rückseite Steckerleisten. Im Baugruppenträger sind dazu passend die Buchsenleisten montiert. Die Anschlüsse der Buchsenleistungen sind innerhalb des Baugruppenträgers miteinander verdrahtet, sie bilden das Verdrahtungsfeld. Weitere Drahtverbindungen können zu benachbarten Baugruppen, zur Front- bzw. Rückseite des Gerätes oder direkt zu benachbarten Geräteeinheiten geführt werden. Das Verdrahtungsfeld, an der Rückseite des Baugruppenträgers, kann mit verschiedenen Verdrahtungstechniken beschaltet werden.

Die in den vergangenen Jahren gestiegene Massierung von Anschlüssen an den Baugruppen zwang zu einem immer dichter werdenden Verdrahtungsfeld mit immer enger angeordneten Anschlußpunkten. Bei einem Rasterabstand der Anschlußpunkte von 5,08 mm war das Einlöten von Einzelleitungen oder Formkabeln noch möglich. Bei kleineren Rasterabständen von 3,81 mm oder 2,54 mm ist die Handlötung kaum noch durchführbar. Sie ist sehr kostenaufwendig und daher unwirtschaftlich. Diese Erkenntnis zwang zur Anwendung lötfreier Anschlußtechniken.

7.3.1 Verbindung mit Preß-, Quetsch- oder Crimpkontakten

Bei dieser Verdrahtungstechnik (7.1.4) sind die im Verdrahtungsfeld des Baugruppenträgers montierten Buchsenleisten zunächst kontaktlos, d. h. es handelt sich um Kunststoffkörper versehen mit Löchern zur späteren Aufnahme von Kontakten. Die Anschlußelemente tragen an einem Ende Buchsen als Verbinder zu den Steckern der Baugruppe, am anderen Ende Hülsen zur Aufnahme der Drähte, die dort durch Pressung, Quetschung oder Crimpung angeschlagen werden.

Es sind sowohl Massiv- wie auch Litzendrähte verwendbar. Man kann die Verbindungstechnik mit einer Drahtfarbe ausführen. Die Drähte werden zunächst wie erforderlich abgelängt und an ihren Enden abisoliert. Anschließend werden jeweils zwei Drähte an die Anschlußelemente angeschlagen und in die vorgegebenen Löcher der Buchsenleisten eingeschoben. An den Anschlußelementen sind Nasen ausgeformt, die beim Einschieben in die Löcher der Buchsenleisten fest einrasten (snap-in). Zwecks Änderung oder für Reparaturzwecke lassen sie sich mit Hilfe eines einfachen Werkzeuges wieder aus den Buchsenleisten herausschieben. Es ist auch möglich, neben den benötigten Leitungen fortlaufend andersfarbige Blindleitungen anzuschlagen, um eine durchgehende Leitungskette für die Verdrahtung eines ganzen Verdrahtungsfeldes zu erhalten. Diese wird dann zweckmäßigerweise auf eine Trommel gewickelt. Die Leitungskette wird anschließend von der Trommel abgewickelt, dabei werden die Anschlußelemente in die vorgegebenen Löcher der Buchsenleiste gesteckt. Die andersfarbigen Blindleitungen, die aus Sparsamkeitsgründen möglichst kurz sind, müssen bei dem Bestückungsvorgang herausgeschnitten werden. Diese Verbindungstechnik kann als Wildverdrahtung bezeichnet werden, da die einzelnen Verbindungen auf kürzestem Wege von Anschlußunkt zu Anschlußpunkt verlegt sind.

Nachteilig ist, daß im Laufe des Bestückungsvorganges die Drähte die Löcher abdecken und daher das Einschieben der Anschlußelemente behindern (Bild 7.18). Diese Verbindungstechnik kann bis zu einem Rasterabstand von 2,54 mm angewendet werden. Sie ist besonders geeignet für den Einsatz von Geräten mit hohen klimatischen und mechanischen Beanspruchungen.

Bild 7.19 Baugruppenträger verdrahtet in Wickelverbindungstechnik (mini-wrap)

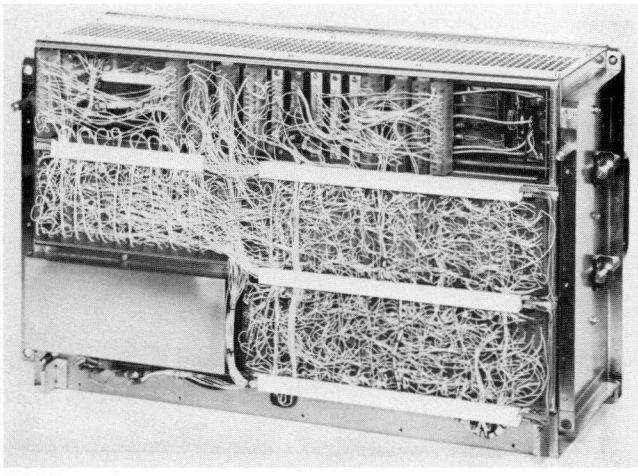

Bild 7.18 Mobiles Gerät verdrahtet mit Crimpkontakten

Die Verdrahtung kann für kleine Stückzahlen mit einem mechanischen oder elektrischen pistolenähnlichen Handwerkzeug durchgeführt werden. Für mittlere und große Stückzahlen stehen lochstreifengesteuerte Halb- oder Vollautomaten zur Verfügung. Das Lösen einer Verbindung bei einer Änderung geschieht mit einem einfachen Handwerkzeug durch Lösen des Wickels. Die Leitung kann aber auch einfach durchtrennt werden. Ist ein Pfosten bereits dreimal bewickelt und ein weiterer Anschluß erforderlich, so kann dies mit einem Crimp-Aufsteckschuh mit gecrimptem Drahtabschluß geschehen. Üblicherweise kommt man bei einer durchdachten Verdrahtung mit 2 Ebenen aus.

Die Wickelverbindung hat, wie schon erwähnt, durch eine gasdichte Verbindung von Draht und Wickelpfosten eine hohe Kontaktsicherheit. Sie ist automatisierbar und daher für eine wirtschaftliche Fertigung geeignet.

7.3.2 Verbindungen in Wickelverbindungstechnik (wire wrap)

Für die Wickelverbindungstechnik (7.1.5) ist das Verdrahtungsfeld des Baugruppenträgers mit Buchsenleisten bestückt, auf deren Verdrahtungsseite Wickelpfosten angeordnet sind. Diese Pfosten mit den Abmessungen 0,6 x 0,6 mm (mini-wire-wrap) gestatten einen Rasterabstand von 2,54 mm. Diese Technik ist nur mit Massivdraht durchführbar. An jeden Pfosten können max. 3 Wickelverbindungen übereinander angebracht werden. Die gesamte Verdrahtung verläuft innerhalb des Pfostenfeldes und ist daher gegen Berührung geschützt. Es empfiehlt sich, um eine gleichmäßige Verteilung der Drähte zu erreichen, diese in die sich durch die Pfostenreihen gebildeten Gassen zu verlegen. Die Gassenverdrahtung gestattet eine wesentlich höhere Packungsdichte als die Wildverdrahtung (Bild 7.19).

7.3.3 Verbindungen in Klammerverbindungstechnik (termi-point)

Ähnlich den Wickelverbindungen ist auch bei der Klammerverbindungstechnik (7.1.6) das Verdrahtungsfeld eines Baugruppenträgers mit Buchsenleisten bestückt, auf deren Verdrahtungsseite Pfosten angeordnet sind. Diese Pfosten haben bei der Standardtechnik die Abmessungen 0,78 x 1,56 und erlauben einen minimalen Rasterabstand von 3,81 mm. Diese Technik gestattet die Anwendung von Massiv- und Litzendrähten. Pro Pfosten können maximal drei Klammerverbindungen aufgebracht werden. Auch hier verläuft die gesamte Verdrahtung innerhalb des Pfostenfeldes und ist daher gegen Berührung geschützt. Um für eine hohe Packungsdichte eine gleichmäßige Verteilung der Drähte zu erreichen, empfiehlt es sich die Drähte in die durch die Pfostenreihen gebildeten Gassen zu verlegen (Bild 7.20).

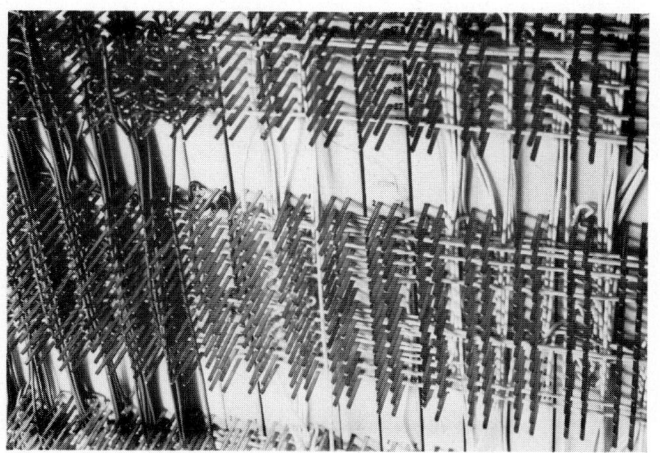

Bild 7.20 Verdrahtung in Klammerverbindungstechnik

Für die Verdrahtung von Baugruppenträgern in kleinen oder mittleren Stückzahlen stehen mechanische oder pneumatische pistolenähnliche Handwerkzeuge zur Verfügung. Größere Stückzahlen können mit aufwendigeren lochstreifengesteuerten Vollautomaten verdrahtet werden. Jede Klammerverbindung kann in jeder Lage, durch Zerstörung der Klammer, mit Hilfe eines einfachen Werkzeuges gelöst werden, wobei der Draht für eine neue Verbindung wiederholt benutzt werden kann. Wird eine Klammer der unteren Ebene entfernt, so kann jederzeit eine weitere Klammer nachgeschoben werden, dabei rücken die bereits aufgebrachten Verbindungen um eine Ebene nach unten.

Die Anwendung von Litzendrähten eignet sich besonders für Geräte mit hoher Vibrationsbeanspruchung. Auch die Klammerverbindung hat durch eine gasdichte Verbindung zwischen Draht und Anschlußpfosten eine hohe Kontaktsicherheit. Sie ist, wie die Wickelverbindungstechnik, automatisierbar und daher für eine wirtschaftliche Fertigung geeignet.

7.3.4 Verbindungen mit Flachbandkabeln in Schneidklemmentechnik

Ein weiteres Verbindungssystem ist durch die Anwendung von Flachbandkabeln und Schneidklemmenverbindern (7.1.7) gegeben. Für diese Zwischenverbindungen stehen eine Vielzahl von mehrpoligen Flachkabeln mit flexiblen Litzendrähten ein- oder mehrfarbig zur Verfügung. Bild 7.21a zeigt den Querschnitt durch ein Flachbandkabel. Diese Flachbandkabel können mit Hilfe einfacher Werkzeuge an verschiedene Anschlußelemente durch Eindrücken des Kabels in Schneidklemmen angeschlossen werden. Die Flachbandkabel müssen vor dem Eindrücken nicht abisoliert werden.

Zwecks flexibler Verbindung von Leiterplatten einer Baugruppe untereinander kann man z. B. ein 16-poliges Flach-

bandkabel anwenden, das an Anschlußelemente, die den DIL-Gehäusen ähnlich sind, angeklemmt wird (Bild 7.21b). Diese Verbindung kann beidseitig an den Leiterplatten angelötet werden, also nicht lösbar. Um die Leiterplatten leicht voneinander trennen zu können, empfiehlt es sich eine Seite der Flachkabelverbindung steckbar zu gestalten.

Für Baugruppenträger mit im Verdrahtungsfeld angeordneten Steckverbindern nach DIN 41612 und rückseitigem wire-wrap-Pfostenfeld (0,6 x 0,6 mm) sind für eine Flachbandkabelverdrahtung aufsteckbare Buchsenleisten mit Schneidklemmverbindern vorgesehen. An diese Buchsenleisten können Flachbandkabel sowohl an den Enden wie auch an beliebigen Stellen angeklemmt, also durchgeschleift werden. Eine Flachbandkabelverdrahtung mit diesen Buch-

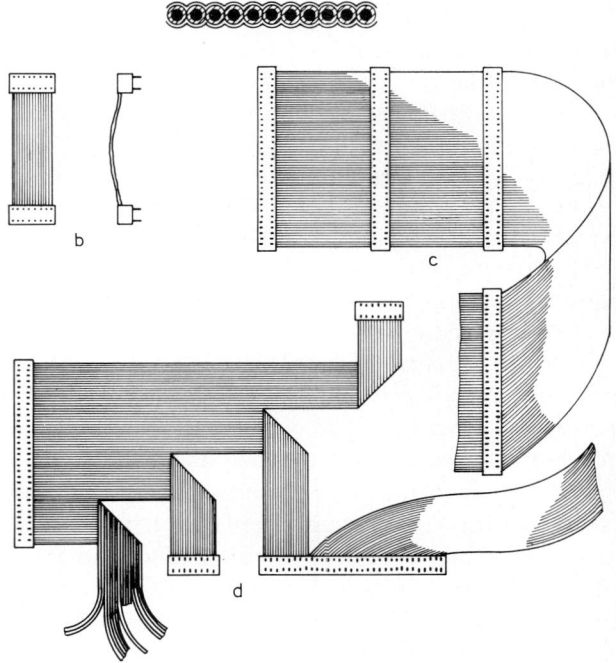

Bild 7.21 Verschiedene Anwendungen von Flachbandkabeln

Bild 7.22 Baugruppenträger verdrahtet mit Flachbandkabeln

senleisten kann von Baugruppenanschluß zu Baugruppenanschluß geführt werden. Sie kann aber auch beidseitig zu benachbarten Baugruppenträgern geleitet werden (Bild 7.21c). Muß man mehrere Baugruppen in verschiedenen Lagen miteinander verbinden, so kann man die beiden vorstehenden Möglichkeiten miteinander kombinieren (Bild 7.21d). Hier ist zu erkennen, daß man Flachbandkabel auch zu Einzelleitern auftrennen kann.

In zahllosen Anwendungsfällen hat sich der Einsatz von Flachkabelverbindungen von Baugruppen und Baugruppenträger in elektronischen Anlagen bewährt (Bilder 7.22, 7.23).

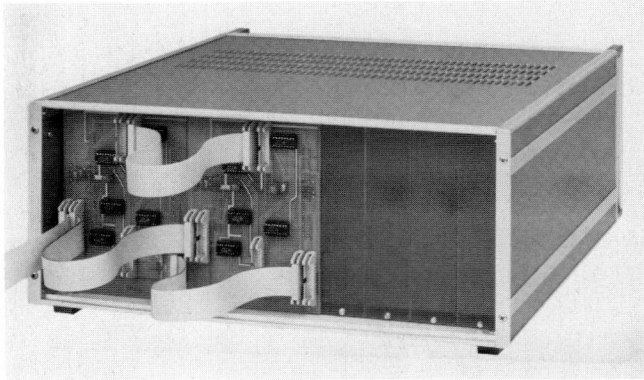

Bild 7.23 Tischgerät verdrahtet mit Flachbandkabeln

7.3.5 Verbindungen durch gedruckte Verdrahtung (mother board)

Unter *gedruckter Verdrahtung* ist eine bemerkenswerte Verdrahtungsmethode zu verstehen, die in den vergangenen Jahren immer häufiger zur Anwendung gelangt ist. Es handelt sich um die Verbindung mehrerer steckbarer Baugruppen über eine Leiterplatte. Die Rückseite eines Baugruppenträgers, das Verdrahtungsfeld, besteht teilweise oder ganz aus einer ein- oder mehrlagigen Leiterplatte. Diese Leiterplatte ist zwecks steckbarer Verbindung mit den Baugruppen mit Buchsenleisten bestückt, die mit Lötanschlüssen ausgestattet sind. Die Buchsenleisten können maschinell in der Leiterplatte eingelötet sein.

Die *gedruckte Verdrahtung* enthält alle Leiter die zur Verbindung der Baugruppen untereinander sowie zu benachbarten Baugruppenträgern, die meistens an den Rand der gedruckten Verdrahtung geführt werden (Bild 7.24).

Die *gedruckte Verdrahtung* ist besonders für elektronische Geräte und Anlagen geeignet, bei denen eine stets definierte Verdrahtung wichtig ist. Sie sollte möglichst nur dort angewendet werden, wo das Leiterbild festliegt und nicht mehr verändert werden muß. Eine Änderung des Leiterbildes würde durch erforderlichen neuen Leiterbildentwurf (lay out) und neuen Druckvorlagen recht kostenaufwendig werden.

Eine Kombination der *gedruckten Verdrahtung* und der Wickelverbindungstechnik ist die lötfreie *Einpreßtechnik.* Hierbei haben die Buchsenkontakte der Buchsenleisten Wickelanschlüsse nach DIN 41 611 (wire wrap). Sie sind am Kunststoffkörper zusätzlich mit einem speziell geformten Schaft ausgebildet. Die Buchsenleisten werden mit diesen Schäften in die durchmetallisierten Löcher einer ein- oder mehrlagigen gedruckten Verdrahtung eingepreßt. Es entsteht dabei eine gasdichte, korrosions- und vibrationssichere Verbindung zwischen den Buchsenkontakten und der gedruckten Verdrahtung.

Die Buchsenkontakte verformen beim Einpreßvorgang die durchmetallisierten Zylinder in den Löchern der gedruckten Verdrahtung und erzeugen an jedem Kontakt mehrfach gasdichte Preßzonen, die einer Kaltverschweißung ähnlich sind (Bild 7.25).

Bild 7.24 Gedruckte Verdrahtung (im Scharfbereich) bestückt mit steckbaren gedruckten Schaltungen

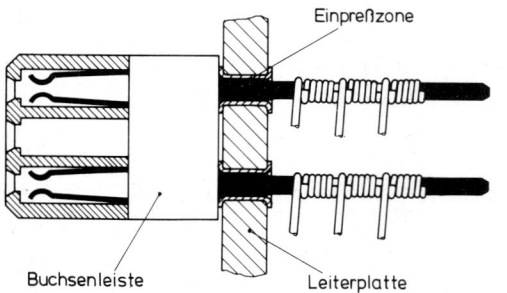

Bild 7.25 Buchsenleiste lötfrei in Leiterplatte eingepreßt

Ein Teil der Verdrahtung des Verdrahtungsfeldes, vorzugsweise Schirmflächen und Spannungsversorgungsleitungen, sowie Leiter die keiner Änderung unterliegen, können in die ein- oder mehrlagige Leiterplatte eingebracht werden, während eine zusätzliche variable Verdrahtung in Wickeltechnik auf die Anschlußpfosten aufgebracht werden kann.

Die Einpreßtechnik verlangt zum Einpressen der Buchsenleisten eine hohe Genauigkeit der Aufnahmebohrungen in der Leiterplatte zueinander. Mit den üblichen numerisch gesteuerten Bohrmaschinen kann man diesen Forderungen gerecht werden.

7.4 Verbindungen in Gestellen und Schränken

Gestelle und Schränke, die mit übereinander angeordneten Baugruppenträgern bestückt sind, werden weitgehend noch mit Formkabeln verdrahtet. Formkabel sind auf einem Formkabelbrett nach einer Zeichnung verlegte Einzelleitungen, die entweder mit Bindegarn oder mit Kunststoffspannbändern zusammengebunden werden.

Vielfach werden Baugruppenträger miteinander oder zur Front- und Rückseite oder zu benachbarten Gestellen oder Schränken über Einzel- oder Mehrfachleitungen durch Steckverbinder zusammengeschaltet.

Bekannt sind auch Gestell- und Schrankverdrahtungen aus gedruckter Verdrahtung in Form eines flexiblen Leiterbandes, das an die Baugruppenträger angeschlossen ist und entsprechend gefaltet seitlich untergebracht wird. Diese Technik bietet sich bei Gestellen und Schränken an, die mit gleichartigen Baugruppenträgern bestückt sind.

Strom- und Masseleitungen werden von den Baugruppenträgern und Leitern entsprechender Leiterquerschnitte an in Gestellen oder Schränken seitlich angeordnete Kupferflachbänder geführt.

Durch den Aufbau der Baugruppenträger mit senkrecht angeordneten Baugruppen und der sich daraus ergebenden Kaminwirkung innerhalb von Gestellen oder Schränken, kann zwecks Wärmeabfuhr in vielen Fällen auf eine zusätzliche Ventilation durch Fremdbelüftung verzichtet werden.

Literaturverzeichnis

[7.1] *K. G. Faas/J. Swozil:* Verdrahtung und Verbindungen in der Nachrichtentechnik, Akademische Verlagsgesellschat, Frankfurt/Main

[7.2] *Dirk Hesse:* Die universelle Steckverbinderfamilie für Leiterplatten nach DIN 41612, Verlag Markt u. Technik, München

[7.3] *Helmut Müller:* Konstruktive Gestaltung und Fertigung in der Elektronik, Band 1, Elementare integrierte Srukturen, Verlag Vieweg, Wiesbaden 1980

8 Mehrebenenschaltungen, Multilayer – Volumenintegration der Elektronik –

von Prof. Helmut Müller, Fachhochschule Dortmund

8.1 Definitionen, Klassifikationen

Definitiv versteht man unter einer Mehrebenenschaltung oder einem Multilayer eine gedruckte Schaltung, die aus mehr als zwei strukturierten Leiterebenen oder Schaltungsebenen besteht, die durch eine spezielle Laminiertechnik zu einer Einheit verbunden sind. Die einzelnen Leiterebenen sind durch innere oder durchgängige Zwischenverbindungen, je nach den Erfordernissen der Schaltung, der Bestückung und des äußeren Anschlusses, verbunden. Ausgehend vom Aufbau der Zwischenverbindung unterscheidet man drei Formen des Multilayer oder der Mehrebenenschaltung:

1. Multilayer mit reiner Durchkontaktierung (plated-through-hole type), auch im Falle innerer, verdeckter Durchkontaktierung (multilaminated type).
2. Multilayer mit freigelegten inneren Anschlußsystemen oder inneren Durchkontaktierungen (acces-hole type, clearance-hole type).
3. Multilayer in Aufbauform (built-up type).

Bild 8.1 demonstriert die angesprochenen Formen. Multilayer garantieren eine hohe Zahl an diskreten Leitern je Volumenelement. Sie sind die adäquate Antwort auf die steigenden Großintegrationen der Halbleiterelektronik. Multilayer ermöglichen völlig neue Schaltungskonzeptionen, die mit den bisherigen Techniken nicht darstellbar sind.

Beispielhaft zeigt Bild 8.2 einen Multilayer mit 6 strukturierten Leiterebenen, also einen 6-Ebenen-Multilayer [8.1]. Der Schichtaufbau besteht aus drei zweiseitig kupferkaschierten Epoxilaminaten, die ätztechnisch strukturiert werden. Dabei werden auch zwei Potentialflächen strukturiert, zu denen von der Bestückungsebene aus durch Zwischenverbindungen Zugriff genommen wird. Zwischenverbindungen, die keinen Zugriff zu einer Potentialebene haben sollen, sind durch freigeätzte kreisförmige Anschlußflächen angedeutet. Die beiden äußeren strukturierten Epoxilaminate werden zum Inneren durch je zwei Isolierfolien, sog. Klebeprepregs, getrennt. Prepregs (pre impregnated materials) sind mit Epoxidharz imprägnierte Glasgewebe, deren Harzkomponente in einem Zwischenzustand der Vernetzung gehalten wird. Wird die Multilayerschichtung unter der Einwirkung definierter Temperatur einem definierten Druck ausgesetzt, so entwickelt das Harz seine hervorragenden Klebeeigenschaften und die Schichtungseinheit ist gebildet. Im Anschluß an diesen Prozeß erfolgt die Kontaktierung der Ebenen untereinander; häufig nach der Form der durchgängigen Zwischenverbindung durch hybridadditive oder additive Verfahren. Multilayer werden fast nur in Verbindung zur Digitalelektronik gebracht. Auch Bild 8.1 stellt einen Multilayer für digitalelektronische Anwendungen dar. Daher werden auch die wesentlichen Aufbauformen und deren Behandlung einem späteren Abschnitt vorbehalten bleiben.

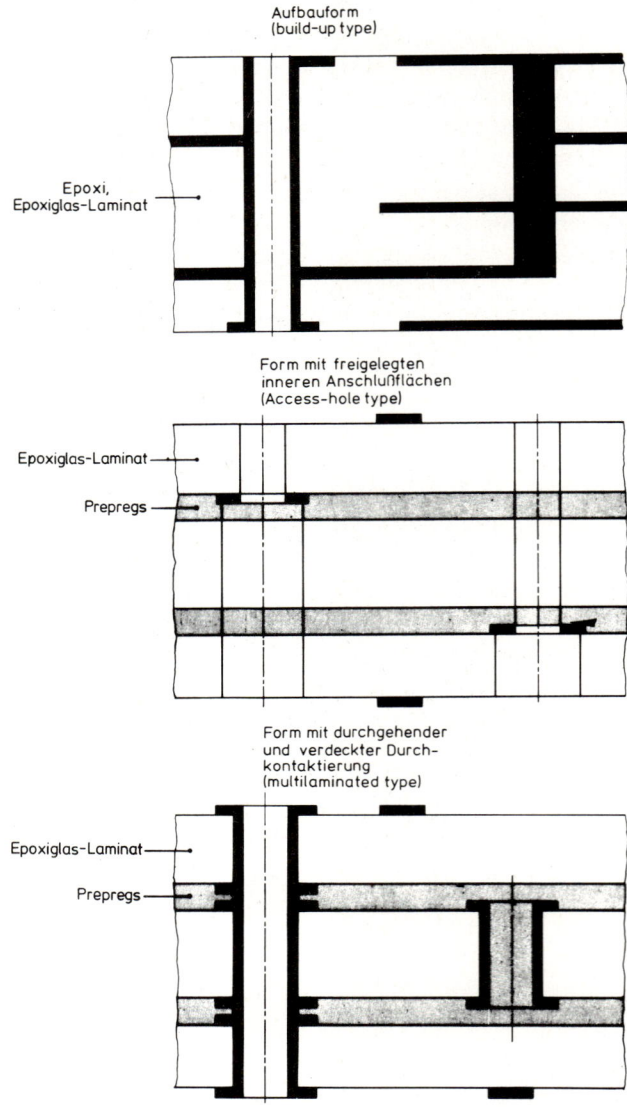

Bild 8.1 Multilayerformen

Immerhin läßt sich eine Entwicklungstendenz aufzeigen, die den Multilayer auch in die analoge Elektronik einführt. Hier sind es vor allem Anwendungen im Hoch- und Höchstfrequenzbereich mit dem Merkmal einer deutlichen Reduktion des Gewichts der Systemkomponenten und ihrer umweltsicheren hermetsichen Kapselung. Diese Tendenz führt stark in die Anwendungsgebiete der Luft- und Raumfahrt [8.2], [8.3]. Möglichkeiten scheinen sich auch für den Konsumbereich zu eröffnen [8.4]. Sofern es sich um reine Leiterstrukturen handelt, auch im Sinne von passiven verteilten Elementen, darf die Entwicklungsproblematik als gelöst angesehen werden. Bei der Laminatintegration von aktiven Elementen, wie Transistoren und Dioden oder auch von passi-

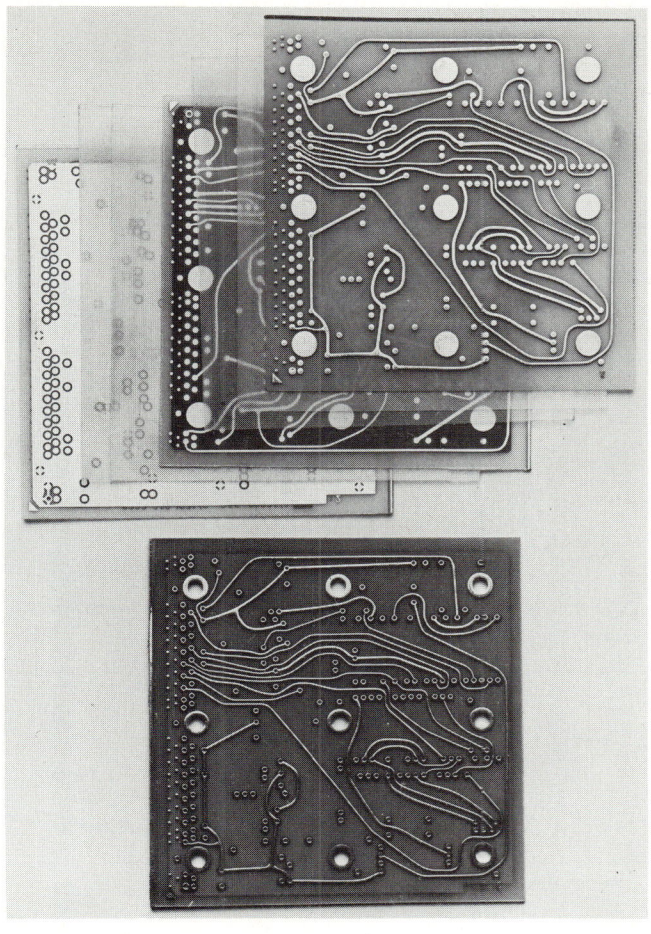

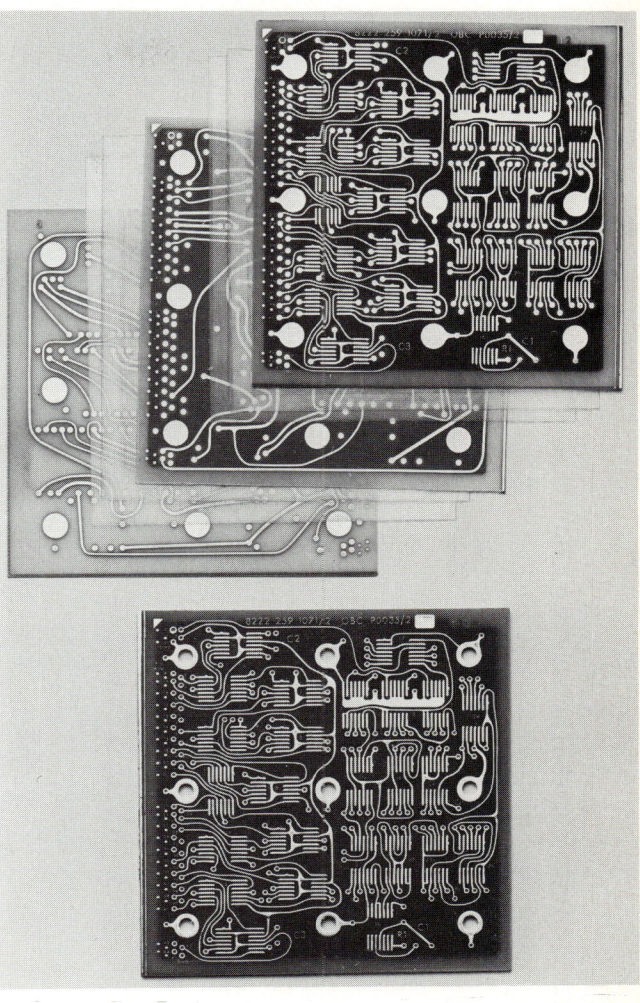

Bild 8.2 6-Ebenen Multilayer; Schichtungsaufbau aus ätztechnisch strukturierten Epoxilaminaten und je zwei Isolierfolien (Klebeprepregs)

ven konzentrierten Elementen, ist noch Entwicklungsarbeit erforderlich.

Die anfänglich getroffene Definition Multilayer bedarf für analogelektronische Anwendungen der Ergänzung. Leiterebene kann eine Vollfläche im Sinne einer Schirmungsfläche sein, und Zwischenverbindungen zum äußeren Anschluß der Schaltungsstruktur sind Verbindungen für koaxiale Anschlußsysteme und damit sehr viel komplexer als bei reinen Steckleistensystemen.

Die verschiedenen Formen der Multilayer in Durchkontaktierungstechnik haben ihren Ideenhintergrund in der Problematik der Reduktion des Volumens des Verbindungselements bestehend aus Anschlußfläche und Zwischenverbindungshülse. Das Verbindungselement tritt in zweifacher Funktion auf; einmal als Aufnahmeelement für das Anschlußsystem eines Bestückungselementes und einmal als reines Verbindungselement zwischen den Leitungen unterschiedlicher Ebenen (Durchsteigeverbindung). Die ursprüngliche und auch heute noch praktizierte Durchkontaktierungsform des Multilayer geht von der Gestaltungsidee eines einzigen Verbindungselements aus, ob nun als Element-

aufnahme oder als Leitungsverbindung. Dabei ist es im Falle der reinen Leitungsverbindung unerheblich, daß es in vielleicht 4 Strukturebenen zu keinem Anschluß an die Zwischenverbindungshülse kommt. Die so gestalteten Multilayer zeigen einen Schichtaufbau wie beispielsweise Bild 8.3.

Das Bild zeigt weiter jenes abgesprochene Verbindungselement mit dem notwendigen Freifeld um die Anschlußflächen, damit in der Nachbarschaft geführte Leiter den nötigen Abstand halten. Somit entsteht ein zylinderförmiges Volumenelement, das in entsprechender Verteilung das Multilayerpaket besetzt und eine freizügige Leitungsführung in jeder Ebene einschränkt. Die erste Abhilfe schafften extrem klein dimensionierte Verbindungselemente. Dann fand man die Gestaltungsidee der separaten, nur der Leitungsverbindung dienenden Zwischenverbindung in einer Multilaminattechnik. Die dabei entstehenden Zwischenverbindungen sind völlig oder teilweise im Gesamtlaminat verdeckt. Daraus entstand der Terminus vergrabene Kontaktierung oder buried via hole. Mit dieser Technik einher ging nun eine weitere Reduktion des vergrabenen Verbindungselements auf die Dimension 0,4 mm Lochdurchmesser und

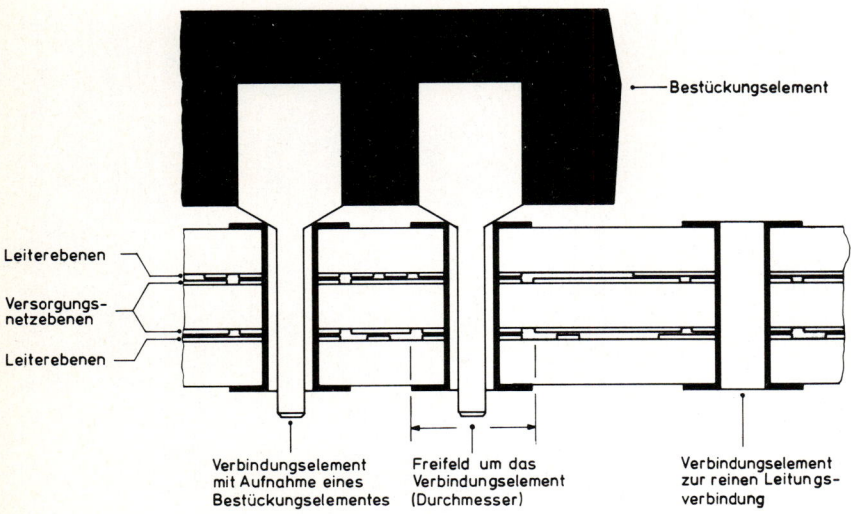

— Bestückungselement

Leiterebenen
Versorgungs-
netzebenen
Leiterebenen

Verbindungselement
mit Aufnahme eines
Bestückungselementes

Freifeld um das
Verbindungselement
(Durchmesser)

Verbindungselement
zur reinen Leitungs-
verbindung

Bild 8.3
Schichtungsaufbau eines Multilayer mit
durchgehender Kontaktierung für die
reine Leitungsverbindung und die
Elementaufnahme

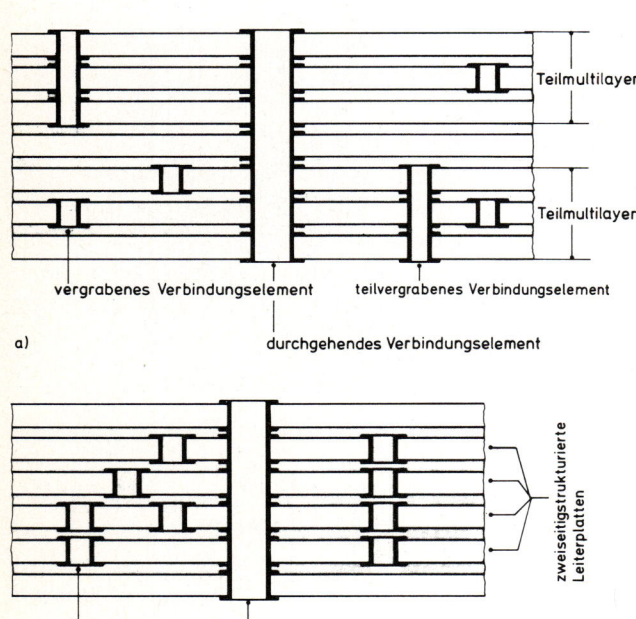

Teilmultilayer

Teilmultilayer

vergrabenes Verbindungselement   teilvergrabenes Verbindungselement

a)   durchgehendes Verbindungselement

zweiseitigstrukturierte
Leiterplatten

vergrabene
Verbindungselemente

b)   durchgehendes Verbindungselement

Bild 8.4 a) u. b) Schichtungsaufbau eines Multilayer mit vergrabenen
Durchkontaktierungen; a) Multilayer mit vergrabenen und durchgehenden Verbindungselementen, b) Gesamtlaminat aus zweiseitig
strukturierten Leiterplatten

Tafel 8.1: Minimale Dimensionen der Verbindungselemente und Abstände

	Verbindungselemente für		minimale Abstände Leiter/Leiter/ Anschlußfläche
	Bestückung	innere Leiter-ver-bindung	
minimaler Lochdurchmesser	0,8 mm	0,4 mm	
minimaler Durchmesser der Anschlußfläche	1,25 mm	0,8 mm	
äußere Ebenen			0,4 mm
innere Ebenen			0,125 mm

0,8 mm Anschlußflächendurchmesser. In Bild 8.4 sind zwei
Schichtungsformen von Multilayer in Multilaminattechnik
dargestellt. Bild 8.40a zeigt einen Multilayer mit vergrabenen und durchgehenden Verbindungselementen. Diese
Form entsteht aus der Gesamtlamination zweier Teilmultilayer, während Bild 8.4b eine Form darstellt, die aus der
Gesamtlamination von durchkontaktierten, zweiseitig strukturierten Leiterplatten gebildet wird.

Dadurch, daß die inneren Leiterstrukturen völlig in Harz gebettet sind, reduzieren sich die Minimalabstände von Leiter
zu Leiter und Leiter zu Anschlußfläche auf 0,125 mm, was
zu einer weiteren freien Gestaltung der Leitungsführung
führt. Tafel 8.1 listet Geometriedaten des Multilaminat-
Multilayer zusammenfassend auf.
Beispielhafte Konstsruktionsentwürfe für typische digitalelektronische Schaltungen weisen die nachfolgenden Bilder
auf. Dabei wird durch schnitthaftes Vorgehen und durch
Freistellen des leitfähigen Gerüstes versucht, die komplexe
Struktur von Multilayern einsichtig darzustellen.
Bild 8.5 zeigt in einer freigestellten Grafik die Schichtung
und die Leiter- und Verbindungsstruktur eines 6-Ebenen-
Multilayer für digitalelektronische Anwendungen mit einem
inneren Lochraster-Versorgungsnetz. Der Konstruktionsentwurf ist ein Entwurf nach dem Kriterium der Temperaturbezogenheit im Sinne der Abhandlungen des Abschnitts 8.2.3.

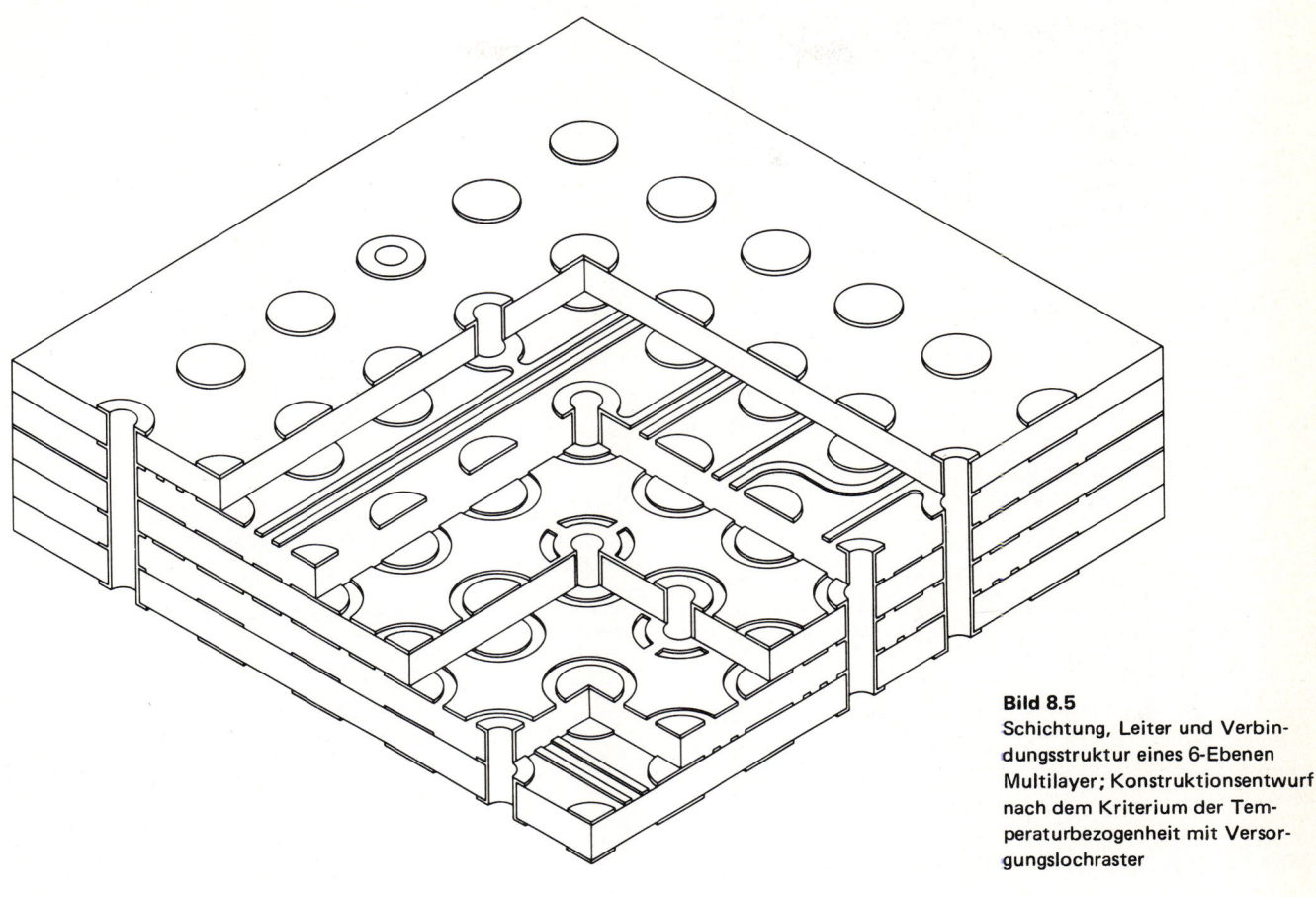

Bild 8.5
Schichtung, Leiter und Verbindungsstruktur eines 6-Ebenen Multilayer; Konstruktionsentwurf nach dem Kriterium der Temperaturbezogenheit mit Versorgungslochraster

Deutlich wird, daß Anschlußflächen ohne erkenntliche elektrische Funktion auftreten. Diese Anschlußflächen dienen der Reduktion temperaturbedingter Dehnbeanspruchungen der Zwischenverbindungen und der Gesamtstruktur. Deutlich wird ferner die Anschlußmethode der Zwischenverbindungshülsen an die Versorgungsnetzebenen. Bild 8.6

Bild 8.6 Durchsichtaufnahme der Strukturebenen eines 6-Ebenen Multilayer; die äußeren Ebenen weisen nur Anschlußflächen auf

zeigt in einer Durchsichtfotografie die einzelnen Ebenenstrukturen eines 6-Ebenen-Multilayer. Die äußeren Ebenen weisen lediglich Anschlußflächen auf.

8.2 Grundlagen Konstruktiver Gestaltung

8.2.1 Fertigungsdaten, Toleranzen

Die Standards und Normen der Strukturgestaltung sind vielfältig und vom Basismaterial und Prozeßgeschehen abhängig. Die vollständige Systematik ist in Band 1 der Werkfolge dargestellt [8.5]. Diese Systematik wird hier in einer für Mehrebenenschaltungen modifizierten Form dargestellt. Grundlage ist die Symbolik des Bildes 8.7.

Zweckmäßig beginnt man mit der Festlegung einer Fertigungsklasse in Korrespondenz zur Leiterbreite W. Diese Leiterbreite kann ermittelt sein aus Berechnungen des erforderlichen Leitungswellenwiderstandes oder aber aus Berechnungen der zulässigen Leitungsinduktivität, der resistiven Dämpfung, der thermischen Belastbarkeit oder aus Betrachtung maximaler Leitungsdichte. Die Entscheidung für eine bestimmte Fertigungsklasse ist gegen die Fertigungsmöglichkeiten wohl abzuwägen; siehe Tafel 8.2.

Tafel 8.2:

Minimale Leiterbreite W
und Breitentoleranz W_{Tol}
für Leiter unterschiedlicher
Dicke und Plattierung

Dicke der Leiterstruktur	minimale Leiterbreite W		
	Klasse 1	Klasse 2	Klasse 3
	inch., (mm)		
70 μm, unplattiert	0,020, (0,51)	0,015, (0,38)	0,010, (0,25)
35 μm, unplattiert	0,015, (0,38)	0,010, (0,25)	0,005, (0,13)
'	Breitentoleranz W_{Tol}		
70 μm, unplattiert	+ 0,004, (0,10) − 0,006, (0,15)	+ 0,002, (0,05) − 0,005, (0,13)	+ 0,001, (0,025) − 0,003, (0,08)
35 μm, unplattiert	+ 0,002, (0,05) − 0,003, (0,08)	+ 0,001, (0,025) − 0,002, (0,050)	+ 0,001, (0,025) − 0,001, (0,025)
70 μm + Metallresist	+ 0,008, (0,20) − 0,006, (0,15)	+ 0,004, (0,10) − 0,004, (0,10)	+ 0,002, (0,05) − 0,002, (0,05)

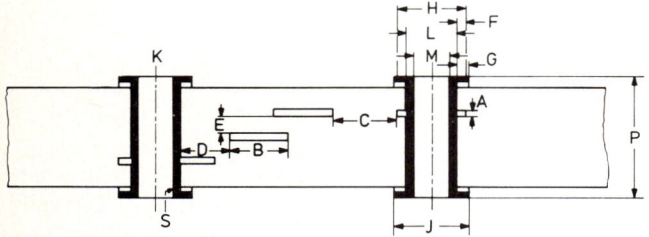

R: Rückätzung (nicht dargestellt)
B $\hat{=}$ w
A $\hat{=}$ t

Bild 8.7 Bildinterpretation der Fertigungsstandards nach IPC

Tafel 8.3: Grenzen für den minimalen Leiterabstand E aus technologischer Sicht

minimaler Leiterabstand E		
Klasse 1	Klasse 2	Klasse 3
inch., (mm)		
0.007 (0,18)	0.005 (0,13)	0.003 (0,08)

Tafel 8.4: Minimale Dimensionen der Anschlußflächen

Bezeichnete Größen	minimale Dimensionen der Anschlußflächen		
	Klasse 1	Klasse 2	Klasse 3
	inch., (mm)		
F_{min}	0.005, (0,13)	0.002, (0,05)	0.001, (0,025)
G_{min}	0.010, (0,25)	0.005, (0,13)	0.002, (0,05)
H_{min}	H_{min} = Lochϕ_{max} + 2 F_{min} + T		
I_{min}	I_{min} = Lochϕ_{max} + 2 G_{min} + T		

Tafel 8.5: Fertigungskonstante T

Abmessung der Plattenlangseite	Fertigungskonstante T		
	Klasse 1	Klasse 2	Klasse 3
	inch., (mm)		
< 300 mm	0.028, (0,71)	0.020, (0,51)	0.012, (0,31)
> 300 mm	0.034, (0,86)	0.024, (0,61)	0.016, (0,41)

Der minimale Abstand von Leiter zu Leiter C und Leiter zu Zwischenverbindungshülse D ist für innere coplanare Strukturen einmal aus den Gegebenheiten des Isolationsabstandes nach [8.6] zu ermitteln, zum anderen aus den Gegebenheiten der Übersprechbedingungen. Für den minimalen Abstand Leiter zu Leiter E gilt auch das in Zusammenhang mit Übersprechen in [8.5] Gesagte. Technologisch gelten die Grenzen nach Tafel 8.3. Die Auswahl und die Dicke des Dielektrikums hängen bei definierten Leiterstrukturen von den gewünschten Leitungseigenschaften ab. Weitere Auswahlkriterien sind die thermische Belastbarkeit des Multilayer und die Verfahrenstechnologie. Bei den Prepregs ist zu beachten, ob das Harzvolumen zur vollständigen Strukturauffüllung ausreicht. Der Dickenschwund der Prepregs durch Preßlaminieren ist zu berücksichtigen und durch Probepressungen zu verifizieren.

Die minimalen inneren und äußeren ringförmigen Anschlußflächen F und G und die minimalen Durchmesser H und I innerer und äußerer Anschlußflächen bestimmen sich nach Tafel 8.4 und den nachfolgenden Beziehungen [8.7]. Die angegebenen Beziehungen sind angenäherte Beziehungen eines komplexeren Zusammenhangs aus einer Toleranzkette die statistisch zu verarbeiten ist. Die Größe T ist eine von der Plattenabmessung her abhängige Fertigungsgröße, Tafel 8.5.

In die komplexeren Zusammenhänge gehen Größen ein wie die Lochplazierungstoleranz K, die Durchmessertoleranz des plattierten Loches M, die Lochbildtoleranz N, die Rückätzgröße des Loches R und die Plattierungsstärke S, die in Tafel 8.6 mit der Durchmessertoleranz L des unplattierten Loches aufgeführt sind.

Tafel 8.6:
Strukturtoleranzen und Strukturdaten zur Berechnung von H_{min} und I_{min}

Bezeichnete Größen	Klasse 1	Klasse 2	Klasse 3
	inch., (mm)		
Durchmessertoleranz L_{Tol} (einseitig, unplattiert) für Lochdurchmesser min.:			
$\geqq$ 0,032, (0,81)	0,004, (0,10)	0,003, (0,08)	0,002, (0,05)
0,033, (0,84)−0,63, (1,61)	0,006, (0,15)	0,004, (0,10)	0,002, (0,05)
0,064, (1,63)−0,188, (4,77)	0,008, (0,20)	0,006, (0,15)	0,004, (0,10)
Durchmessertoleranz M_{Tol} (einseitig, plattiert) für Lochdurchmesser min:			
0,015, (0,38)−0,030, (0,76)	0,008, (0,20)	0,005, (0,13)	0,004, (0,10)
0,031, (0,79)−0,061, (1,56)	0,010, (0,25)	0,006, (0,15)	0,004, (0,10)
0,062, (1,59)−0,186, (4,75)	0,012, (0,31)	0,008, (0,20)	0,006, (0,15)
Lochpositionstoleranz K_{Tol} für Plattenlängen < 300 mm	0,010, (0,25)	0,006, (0,15)	0,004, (0,10)
> 300 mm	0,014, (0,36)	0,010, (0,25)	0,006, (0,15)
Bildpositionstoleranz N_{Tol} für Plattenlängen < 300 mm	0,016, (0,41)	0,014, (0,36)	0,012, (0,31)
> 300 mm	0,020, (0,51)	0,018, (0,46)	0,016, (0,41)
Rückätzung R	0,002, (0,05)−0,003, (0,08)		
Plattierungsstärke S	nach Strukturierungsverfahren		

Der Durchmessertoleranz M sind folgende Zusätze hinzuzufügen:

Für das Verhältnis $\dfrac{\text{Loch-}\phi\,\text{min.}}{\text{Plattenstärke max.}} > \dfrac{1}{3}$ den Summand

0,002 ; (0,05) und für das Verhältnis $> \dfrac{1}{4}$ den Summand 0,004 ; (0,10).

Die exakten Beziehungen ergeben sich zu:

$$H_{min} = M_{max} + 4\,S_{min} + 2\,F_{min} + 2\,R_{max} + \sqrt{K^2 + N^2 + W^2}$$

$$I_{min} = M_{max} + 4\,S_{min} + 2\,G_{min} + R_{max} + \sqrt{K^2 + N^2 + W^2}$$

8.2.2 Entwurfsmethoden

Entsprechend der Ebenenzahl erfordern Multilayer eine Anzahl von Druckwerzeugen, deren Passergenauigkeit derart ist, daß der Loch/Anschlußflächenversatz aller Strukturebenen sich in tolerierten Grenzen hält. Das angemessene Zeichenverfahren ist hier das Verfahren mit Lichtzeichenmaschinen mit stets gleichbleibendem rechnergeneriertem Referenzsystem extremer Wiederholgenauigkeit. Zeichenverfahren anderer Art, wie beispielsweise das Klebeverfahren, lassen angemessene Genauigkeiten nur unter Beachtung bestimmter Verfahrensweisen zu.

Diese sind:

1. ein ausreichender Maßstab der Druckvorlage,
2. die weitgehende Verwendung von Strukturmakros als Tochtervorlagen je Ebene,
3. die Anwendung hochwertiger Zeichenfolien,
4. die Anwendung hochwertiger Klebesymbole,
5. ein eindeutiges Referenzsystem.

In IPC-ML-975 [8.8] werden vier Entwurfsmethoden vorgestellt, die auf verschiedenartige Zeichenverfahren anwendbar sind und teils die Druckvorlage teils das Druckoriginal betreffen. Die Grundidee ist, daß jede Ebene oder Lage auf eine tolerierte Urzeichnung bezogen wird. Die Urzeichnung enthält die für den Fertigungsprozeß notwendigen Informationen. Als solche sind zu empfehlen und jedem Zeichenverfahren zugrunde zu legen:

1. die Toleranzklasse nach IPC oder anders,
2. der Lagenaufbau,
3. die Zeichen- oder Blickrichtung der einzelnen Entwürfe,
4. die Zahl und die Arten der Anschlußflächen
5. die Leiterbreiten und Abstände
6. bei Prüfstreifen, die Orientierung der Verbindungselemente,
7. die Ebenenbezeichnung möglichst gestuft und im Durchlicht sichtbar.

Aus einer Studie über Konstruktionsmethoden stammt ein Entwurf eines 8-Ebenen-Multilayer für Speicheranwendungen [8.9]. Die folgende Bildserie 8.8 demonstriert in einer Plazierungszeichnung und in den Ebenenzeichnungen diese Methode.

Lage 1
BESTÜCKUNGSLAGE

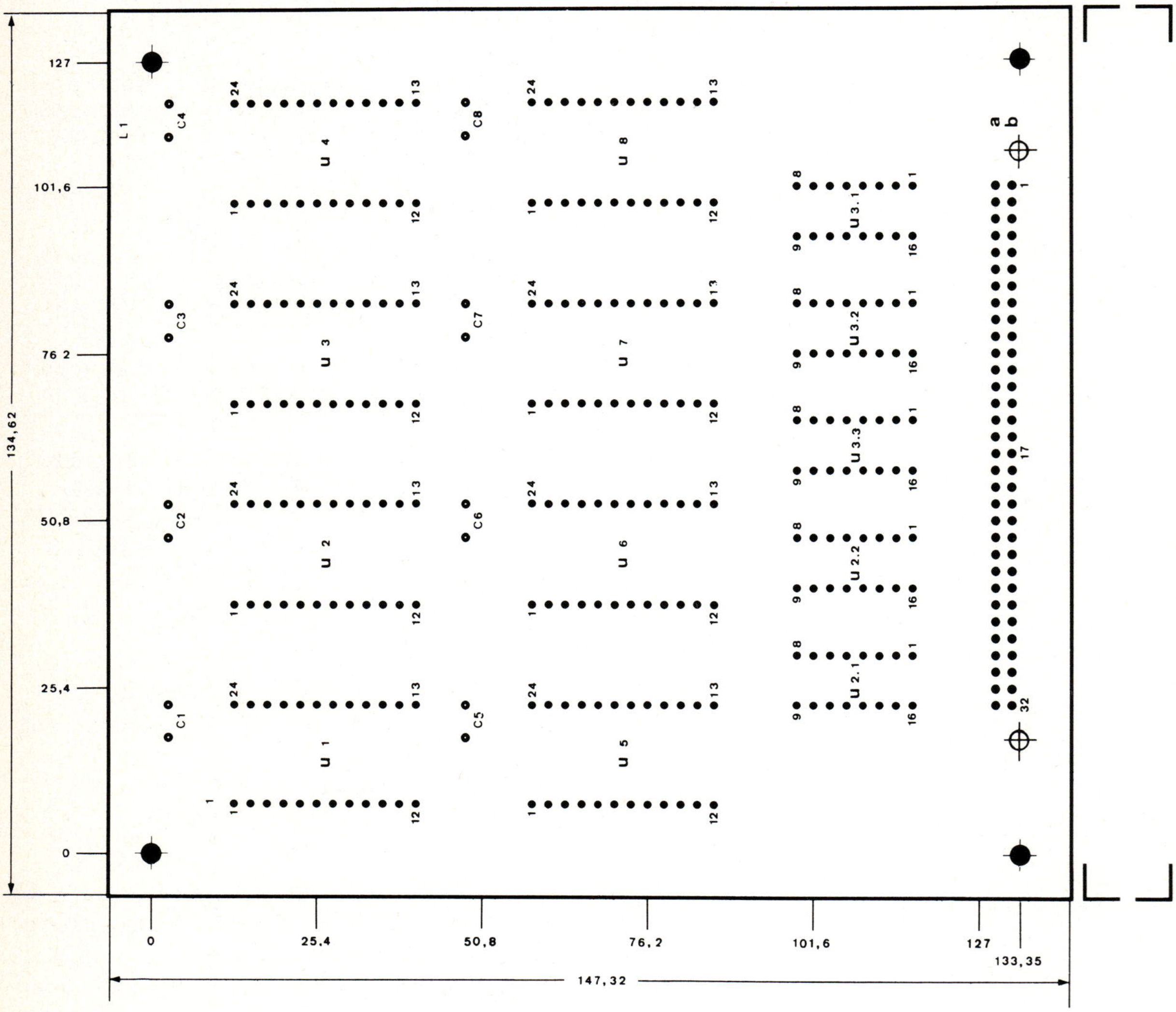

Bemerkungen

ALLE MASSANGABEN SIND IN mm !

1. LOCHER A&B SIND DURCHMETALLISIERT, DIE DURCHMESSER-
   ANGABEN SIND ENDGÜLTIGE GRÖSSEN (S. TABELLE).
2. ALLE LEITER SIND 0,400 BREIT.
3. MIN. LEITERABSTAND : 1,270
4. MIN. LÖCHER - LEITER - ABSTAND : 0,345
5. METALLISIERUNG IST MIT CU UND AU (CU: 0 025 ; AU: 0 003).
6. BASISMATERIAL : CU - KASCHIERTE EPOXIDHARZ - GLAS
   CU : 0,035
   EPOXIDH. GLAS : 0,640
7. PREPREG : EPOXIDHARZ - GLAS 0,120 DICK.

TABELLE

LOCH		DURCHMESSER
A	●	0.800
B	◉	1.000
C	⊕	2.800
D	●	3.170

DIE BOHRUNGEN DER DURCHM.
LÖCHER SOLLEN 0,020 - 0,025
GRÖSSER ALS DIE ANGEGE-
BENEN GRÖSSEN SEIN

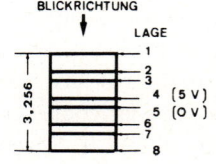

Bild 8.8 Druckvorlagen der einzelnen Ebenen eines 8-Ebenen
Multilayer für eine Systemverdrahtung.

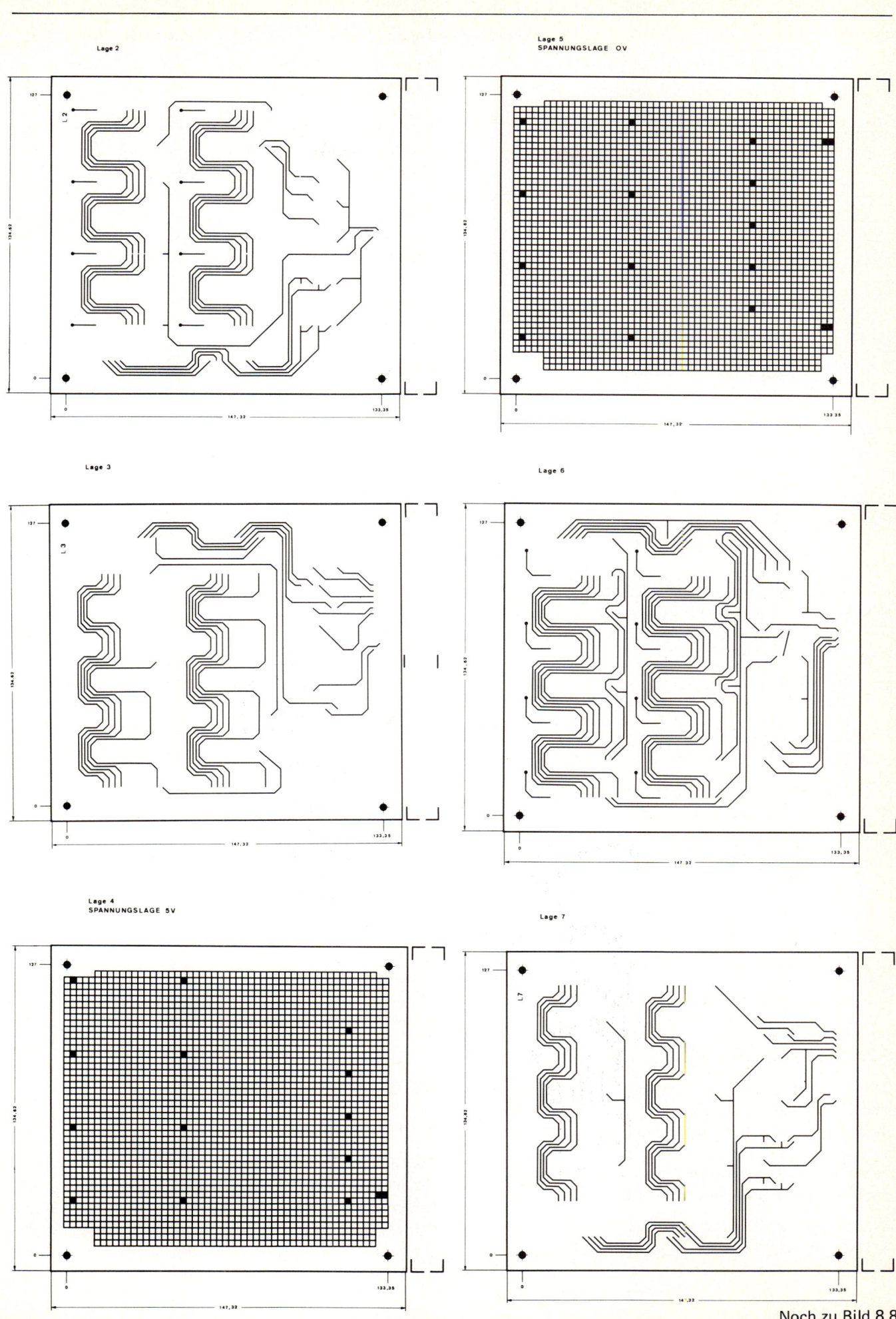

Lage 2

Lage 5
SPANNUNGSLAGE 0V

Lage 3

Lage 6

Lage 4
SPANNUNGSLAGE 5V

Lage 7

Noch zu Bild 8.8

Noch zu Bild 8.8

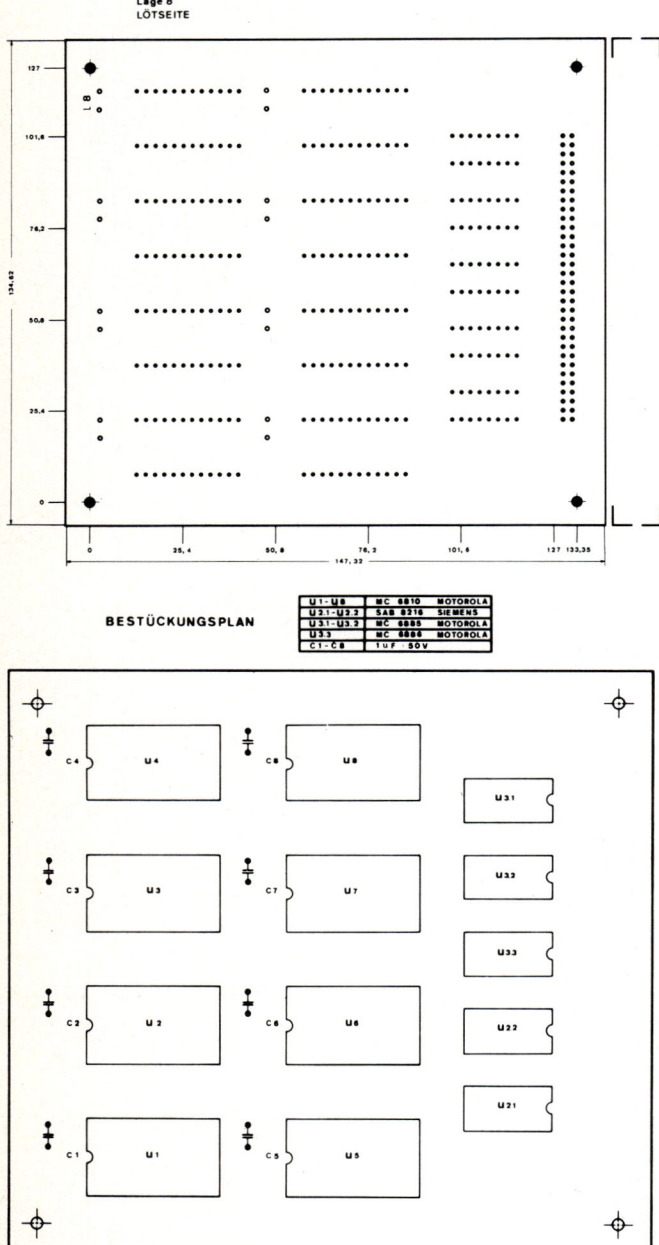

Die bei Multilayern angewandten Basismaterialien sind ausschließlich Isolierstoffe mit wärmehärtbaren Harzen unter Verwendung von Trägerstoffen. Epoxidharze mit Glasfaserträger sind die weitaus häufigsten Multilayermaterialien starrer Platten. Von der Harzseite her sind den thermischen und mechanischen Eigenschaften nach noch hervorragend geeignet, Polytetrafluoraethylene und Polyimide.

Die Anwendung von Anschlußflächen ohne elektrische Funktion ist ein besonderes Strukturmerkmal durchgehender Durchkontaktierungen bei Multilayer. Diese Anschlußflächen reduzieren die temperaturbedingte Dehnbeanspruchung der Durchkontaktierung. Dabei sind die Anschlußflächen nahe den Schichtungsoberflächen im Vergleich zu denen des Schichtungszentrums von besonderer Bedeutung. Häufig ist die Anwendung von stärkeren Metallkaschierungen im Oberflächenbereich empfehlenswert.

In diesem Zusammenhang ist auch die Gesamtdicke des Multilayer von Bedeutung, denn mit steigernder Dicke steigt die thermische Beanspruchung. Nach IPC wird die maximale Dicke je nach Klassifizierung bei 2,3 mm und 3,8 mm angesetzt [8.11]. Vergleichbar erfahren auch die maximale Rückätzung mit 0,013 mm und 0,076 mm und der minimale Lochdurchmesser mit 0,51 mm und 0,76 mm eine Begrenzung.

Die Lötfähigkeit einer durchgehenden Durchkontaktierung ist dann schwierig, wenn die an die Kontaktierungshülse angeschlossenen Leiter summarisch ein hohes Wärmeabsorbtionsvermögen aufweisen. Deshalb sollte die Summe der Querschnittflächen aller an eine Durchkontaktierung angeschlossenen Leiter die Lochquerschnittsfläche nicht übersteigen.

In Tafel 8.7 sind thermisch bedingte Konstruktionsparameter der Multilayer zusammengefaßt.

Tafel 8.7: Thermisch bedingte Konstrukionsparameter

Konstruktionsparameter	Grenzbereich
min. Lochdurchmesser	0,51 mm—0,76 mm
max. Rückätzung	0,013 mm—0,076 mm
max. Schichtungsdicke	2,3 mm—3,8 mm
Leiteranschluß an das einzelne Verbindungselement	$A_{Loch} \geqq \Sigma\, A_{Leiter}$

8.2.3 Temperaturbezogener Entwurf

Der in [8.10] beschriebene Problembereich temperaturbedingter Einflüsse ist bei Vielschichtstrukturen besonders ausgeprägt und für die Schaltungsfunktion kritisch. Erscheinungsformen, die zum Zerstören der Struktur führen, sind Delaminationen innerer Ebenen und Risse der Verbindungselemente. Die Randbedingungen hierzu sind:

1. Anwendungs- und Umweltbedingungen,
2. Wahl des Basismaterials,
3. Strukturauslegungen.

8.3 Beispielhafte Konstruktionsentwürfe

8.3.1 MPU-Modul

Tendenziell besteht die Bestrebung, Mikrorechner, auch in Bezug auf die Leiterplattenauslegung, in einer hohen Strukturdichte auszuführen. Bild 8.9 zeigt in einer Montage die Fotowerkzeuge der Löt- und Bestückungsseiten einer Mikroprozessoreinheit eines Mikrorechners in der angeführten tendenziellen Auslegung. Deutlich werden die hohe

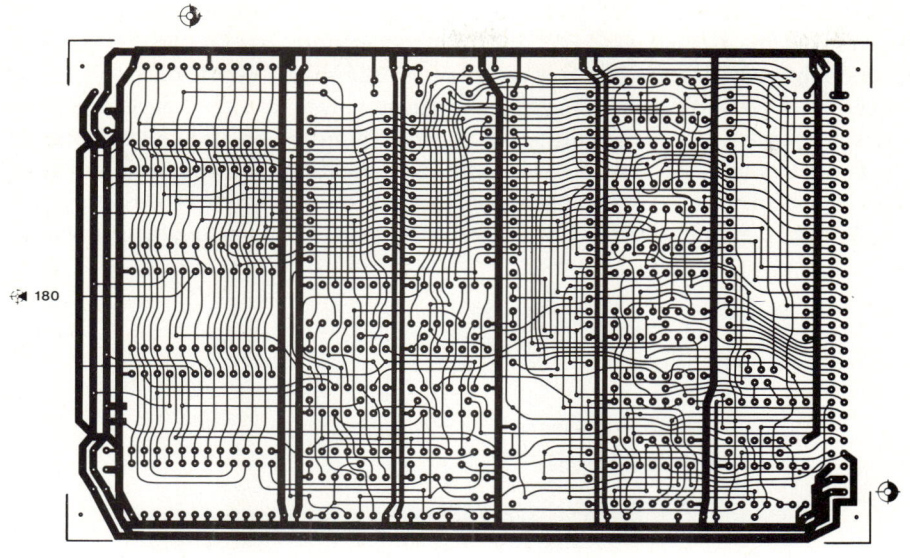

Bild 8.9
Bildmontage der Fotowerkzeuge von
Löt- und Bestückungsseite einer
Mikroprozessoreinheit

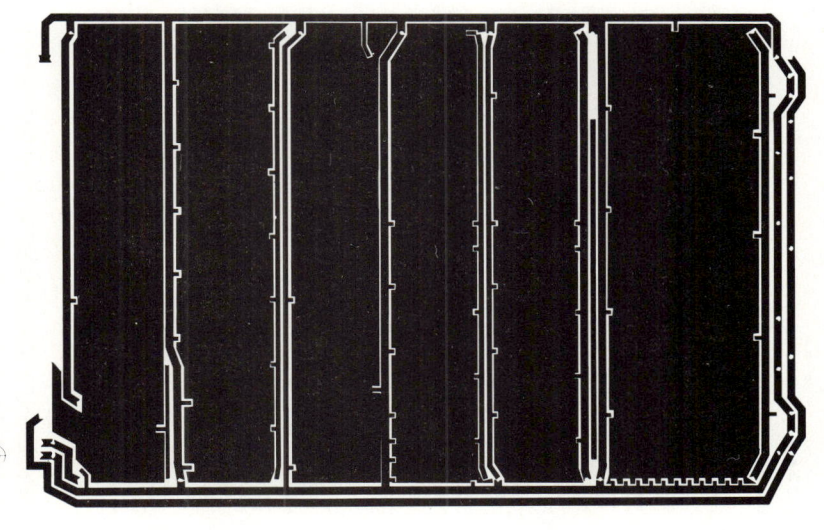

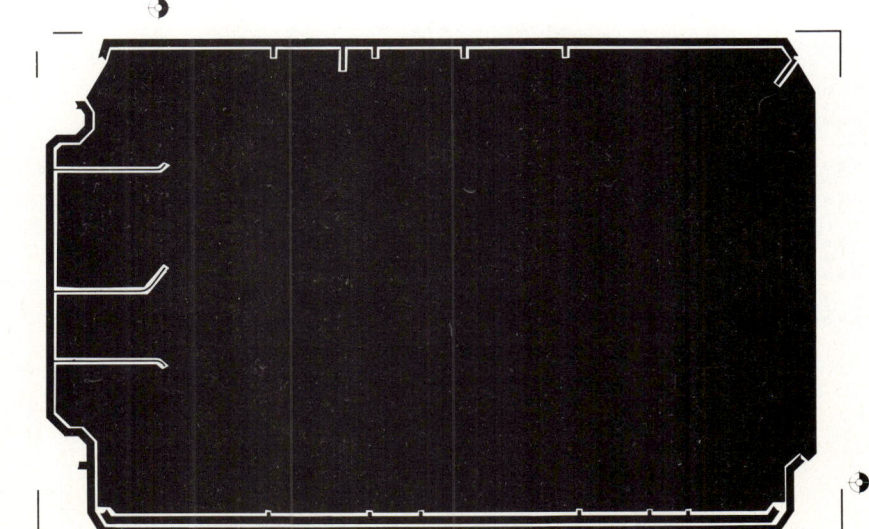

Bild 8.10a und **b**

Versorgungsleitungssysteme des Bildes 8.9
in freigestellten Darstellungen für Löt- und
Bestückungsseite

Strukturdichte der Signal und Versorgungsleiter, die Lötaugen für den Bauelementeanschluß und extrem kleine Anschlußflächen für eine reine Durchkontaktierung der zweiseitigen Struktur. Auffallend ist ein ausgeweitetes Versorgungsnetz, da neben OV die Versorgungsspannungen — 5 V; + 5 V, + 12 V erforderlich sind. Die Analyse der trassierten Versorgungsleiter zeigt, daß nur teilweise eine vollständige Netzvermaschung erreicht werden konnte, Bild 8.10 a und

b. Dadurch wird das Problem störsicherer Versorgungsnetze evident [8.12]. Insbesondere wird das Problem der induktivitäts- und verlustarmen Speiseleitungen deutlich.
Der Übergang von einem teilvermaschten Stegleitungs-Versorgungssystem zu einem störsicheren Voll- oder Rasterflächen-Versorgungssystem bedeutet den Übergang von einer zweiseitigen Struktur zu einer Mehrebenenstruktur. Nur durch eine Mehrebenenstruktur der Versorgungssysteme ist

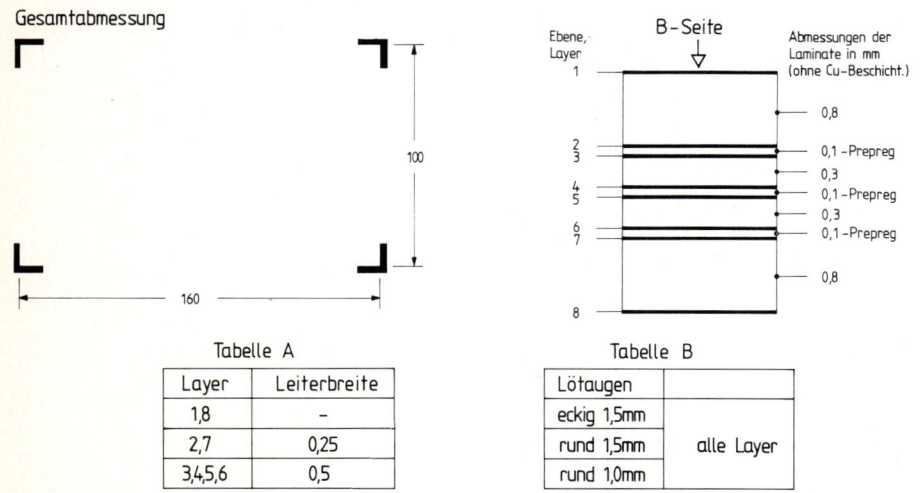

Tabelle A

Layer	Leiterbreite
1,8	–
2,7	0,25
3,4,5,6	0,5

Tabelle B

Lötaugen	
eckig 1,5mm	
rund 1,5mm	alle Layer
rund 1,0mm	

Bild 8.11 Schichtungsschema, Gesamtabmessungen, Strukturdaten eines 8 Ebenen Multilayer der Mikroprozessoreinheit

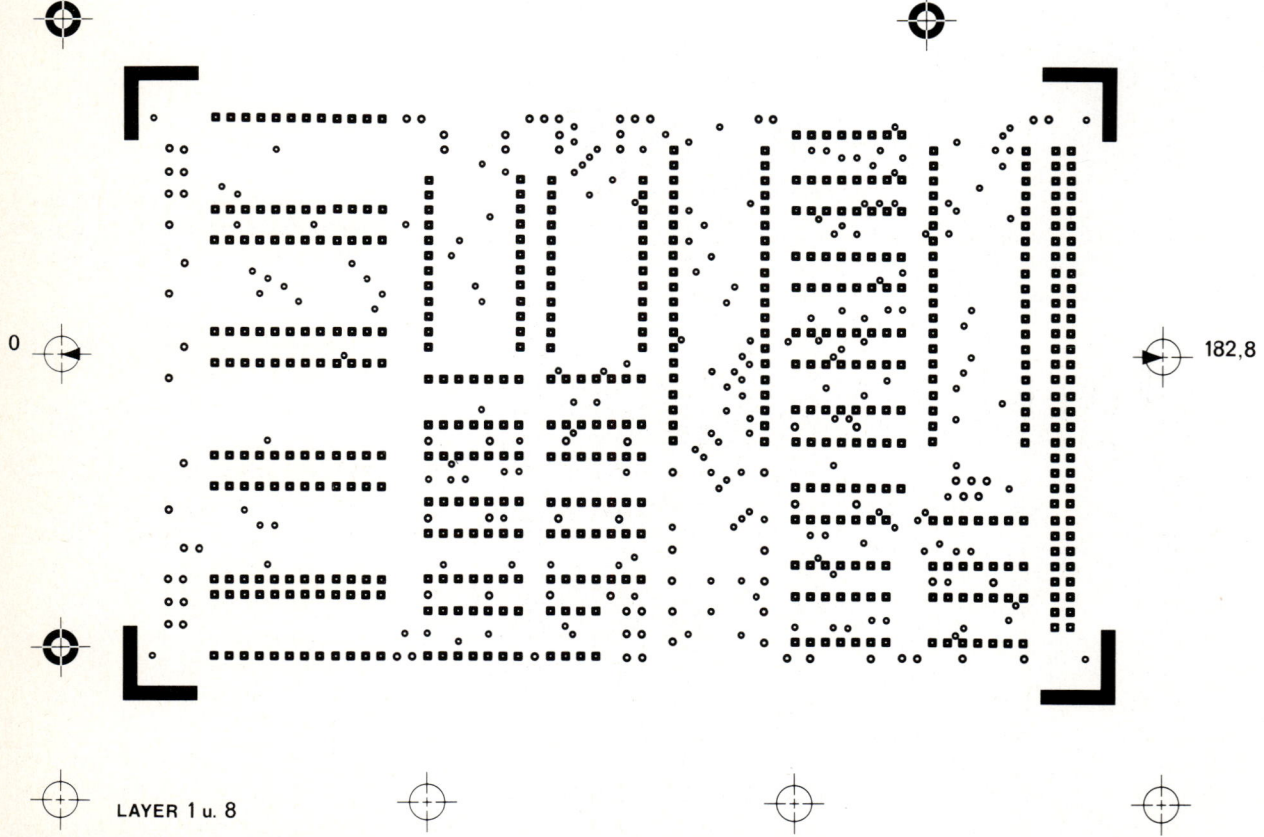

LAYER 1 u. 8

Bild 8.12 Druckvorlage des Anschlußflächenbildes der Mikroprozessoreinheit mit allen Referenzzeichen

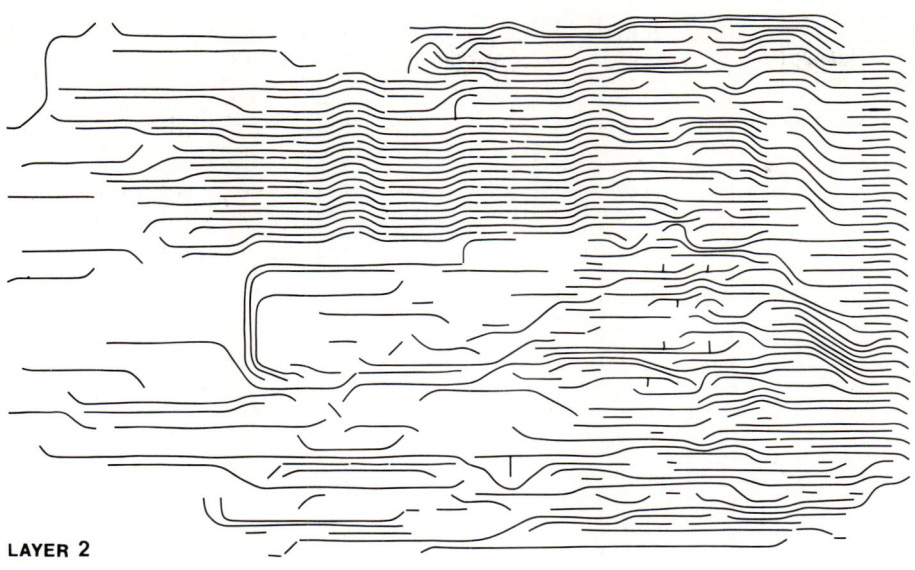

LAYER 2

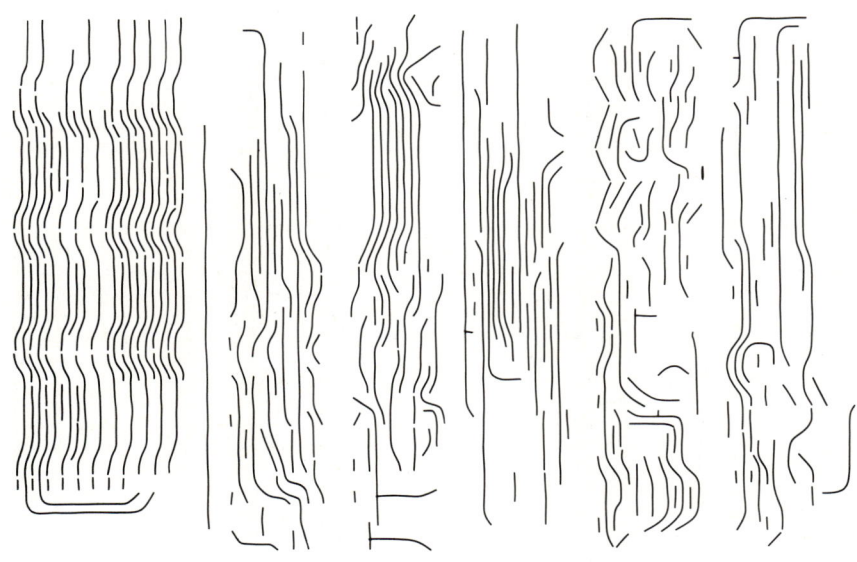

LAYER 7

Bild 8.13 a und b
Druckvorlagen der Signalleitungsstrukturen

eine induktivitäts- und verlustarme Speiseleitungsauslegung erreichbar, die zusätzlich hohe kapazitive Stützungseigenschaften aufweist, sodaß Stützkondensatoren entfallen könnten. Ein weiterer Vorzug von Rasterflächen-Versorgungssystemen ist die Möglichkeit der Einbettung von kritischen Leitungen oder Taktleitungen zwischen die Netzebenen. Das Fehlen von Versorgungsleitern auf den Signalleitungsebenen ermöglicht ein freies Trassieren derselben.

In Bild 8.11 ist der Strukturaufbau einer Mehrebenenschaltung des MPU-Modul mit 8 Ebenen (8 Layer) im Europaformat E1 wiedergegeben. Technologisch handelt es sich um einen Multilayer in reiner Durchkontaktierungstechnik.

Die Ebenen 1 und 8 weisen ausschließlich Anschlußflächen auf. Die Ebenen 2 und 7 enthalten die Signalleitungsstrukturen. Die Ebenen 3,4,5 und 6 sind Ebenen mit einem Ra-

ster-Versorgungssystem nach einem gemeinsamen Grundmuster.

Da die Druckvorlagen als Klebekompositionen erstellt wurden, findet das sogn. 3-Blattverfahren Anwendung [8.13], ein Verfahren, bei dem allen Druckvorlagen der Strukturebenen ein und dasselbe Anschlußflächenstrukturbild zugrunde liegt. Dieses Strukturbild weist auch das vollständige Referenzsystem für den Fertigungsprozeß auf [8.14]. In Bild 8.12 wird diese Druckvorlage demonstriert. Repropasser, Positionierungspasser, Übernahmepasser und Passer als Bohrungsbilder für den Preßvorgang sind enthalten. Bild 8.13 a und b zeigt die Struktur der Signalleitungen, während Bild 8.14 das Grundmuster aller Rasternetze ausweist. Eine Ausfüllzeichnung gibt an, welches Rasterquadrat je Ebene ausgefüllt, d. h. als Vollfläche ausgeführt werden

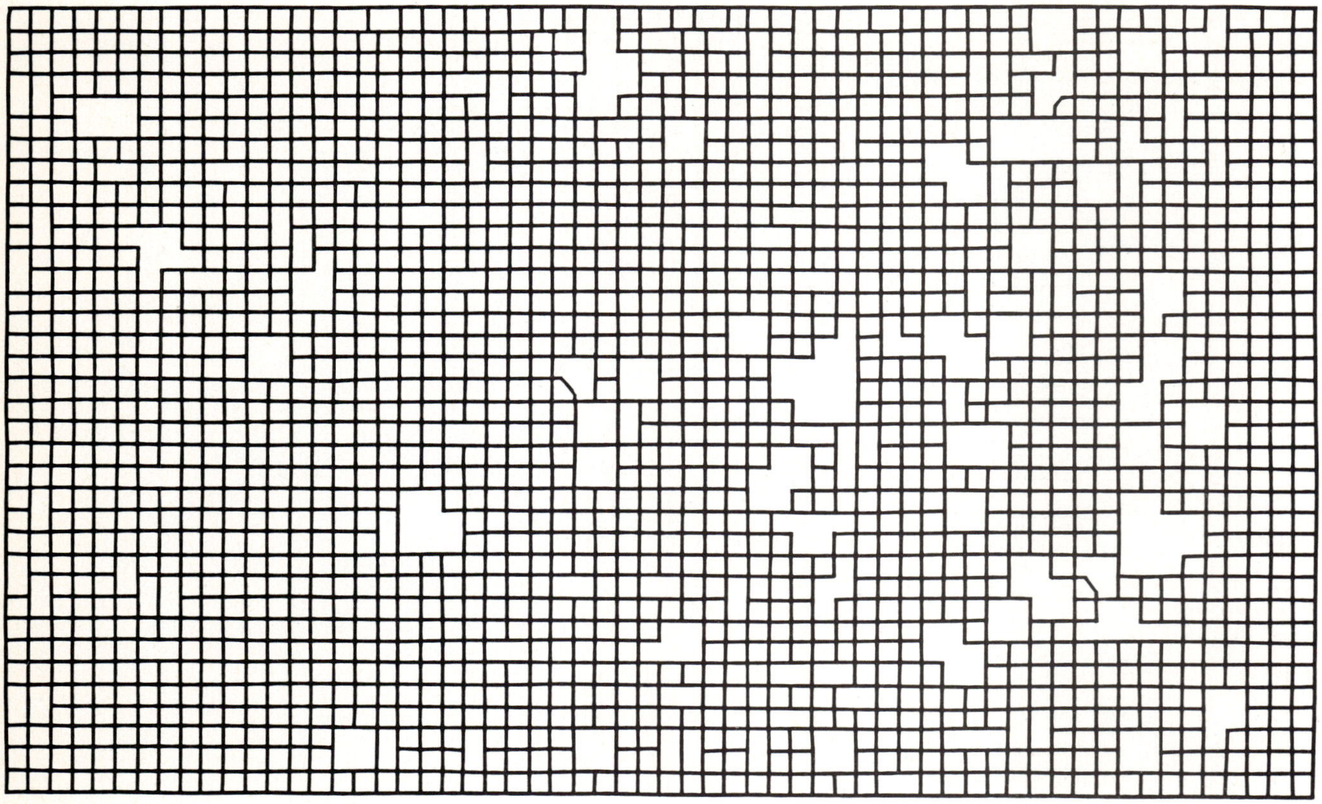

Bild 8.14 Grundmuster für alle Rasternetzebenen

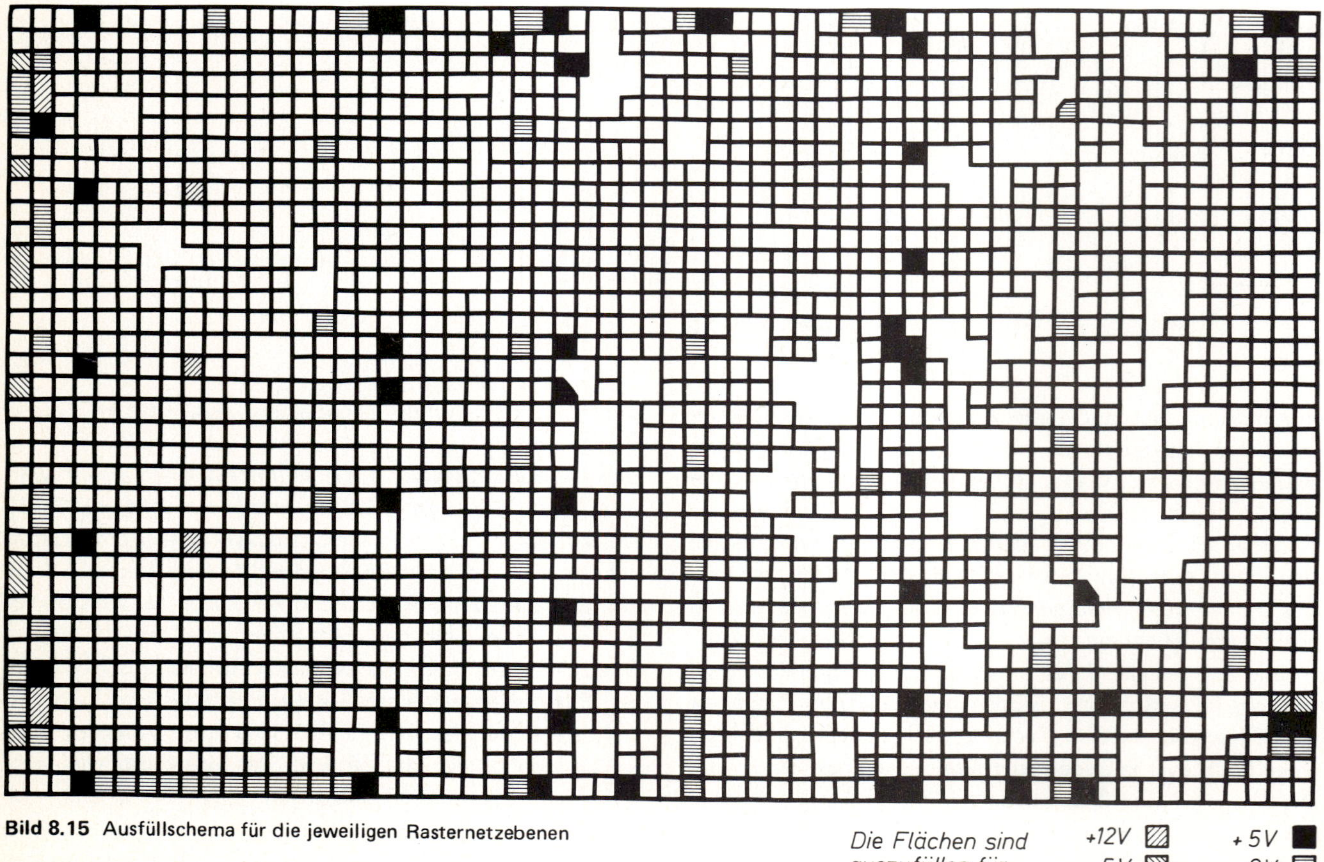

Bild 8.15 Ausfüllschema für die jeweiligen Rasternetzebenen

Die Flächen sind   +12V   + 5V
auszufüllen für   − 5V   0V

muß, damit mittels der Durchkontaktierungstechnik Zugang zu den einzelnen Spannungsebenen genommen werden kann. Diese Ausfüllzeichnung ist in Bild 8.15 dargestellt.

8.3.2 Empfangsmischer

Als Beispiel einer analogelektronischen Anwendung einer Mehrebenenschaltung diene ein Empfangsmischer für das X-Band. In Bild 8.16 ist die Topologie des Mischers für den terrestrischen FS-Funk im 12 GHz-Bereich dargestellt. Die Frequenz des Lokaloszillators liegt bei 11,3 GHz, die ZF bei 0,7 GHz. Das radiofrequente Signal und das Oszillatorsignal werden über einen 3 dB-Richtkoppler zur resistiven Mischung an einer Mikrowellendiode eingespeist. Das ZF-Signal wird über einen weiteren Richtkoppler gewonnen. Ein Anpaß- und Blockiersystem im Bereich der Diode und der RF-Zuleitung sorgen weiterhin für eine einwandfreie Funktion. In einer Konstruktionsstudie wurde dieser Empfangsmischer als Mikrowellen-Multilayer mit im Laminat integrierten Abschlüssen und Diode entworfen. Dabei treten die folgenden Probleme auf:

1. Anwendung eines temperaturfesten leitenden Klebers unter Langzeitbedingungen,
2. Verpressen von Halbleiterbauelementen in präparierten Kavernen unter Einfluß der Laminiertemperatur,
3. Verpressen spezifischer passiver Bauelemente in präparierten Kavernen oder kavernenfrei unter Einfluß des Laminierdruckes und der Laminiertemperatur.

In Bild 8.17 ist der Empfangsmischer als Preßlaminat dargestellt. Es handelt sich um einen 3-Ebenen-Multilayer wobei die dritte Ebene die äußere hermetische Metallisierung darstellt. Dem Verständnis des Schichtaufbaus dienen die Schnittdarstellungen 8.18 und 8.19, die sich auf die Topologiebereiche nach Bild 8.20 beziehen. Anschlußsystem ist ein SMA-Buchsensystem mit montagefähigem Stift.

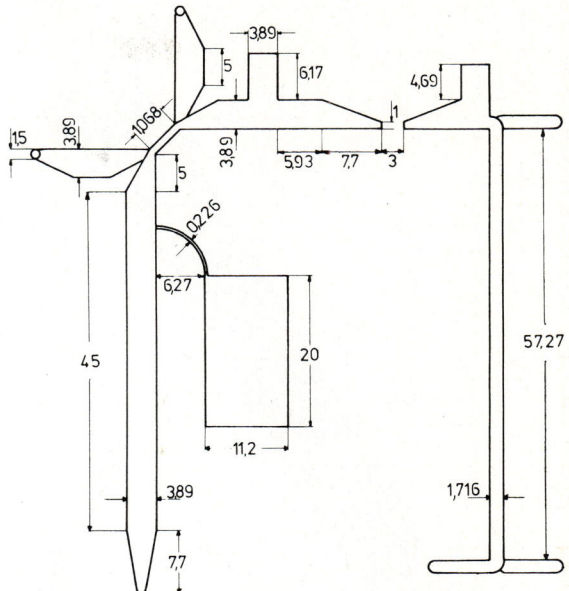

Bild 8.16 Topologie eines Eintaktempfangsmischers für den FS-Funk im 12 GHz-Bereich

Die Sonderheit der Struktur macht es erforderlich, daß die Durchkontaktierungstechnik modifiziert wird. Die Anschlußhülsen für die Ein- Ausgänge RF, LO und ZF sind einseitig bis vor die relevanten Strukturleitungen konisch ausgefräst und mit Epoxidharz gefüllt. Sodann wird der gesamte Block galvanisch vergoldet. Nunmehr werden die Verbindungshülsen für die Ein- und Ausgänge des Mischers freigefräst. In diese Verbindungshülsen werden die Kontaktstifte von montagefähigen SMA-Buchsen eingelötet und die Buchsen montiert.

Es ist zu ergänzen, daß die Multilaminiertechnik andere Kontaktierungsmöglichkeiten als die gezeigten eröffnet.

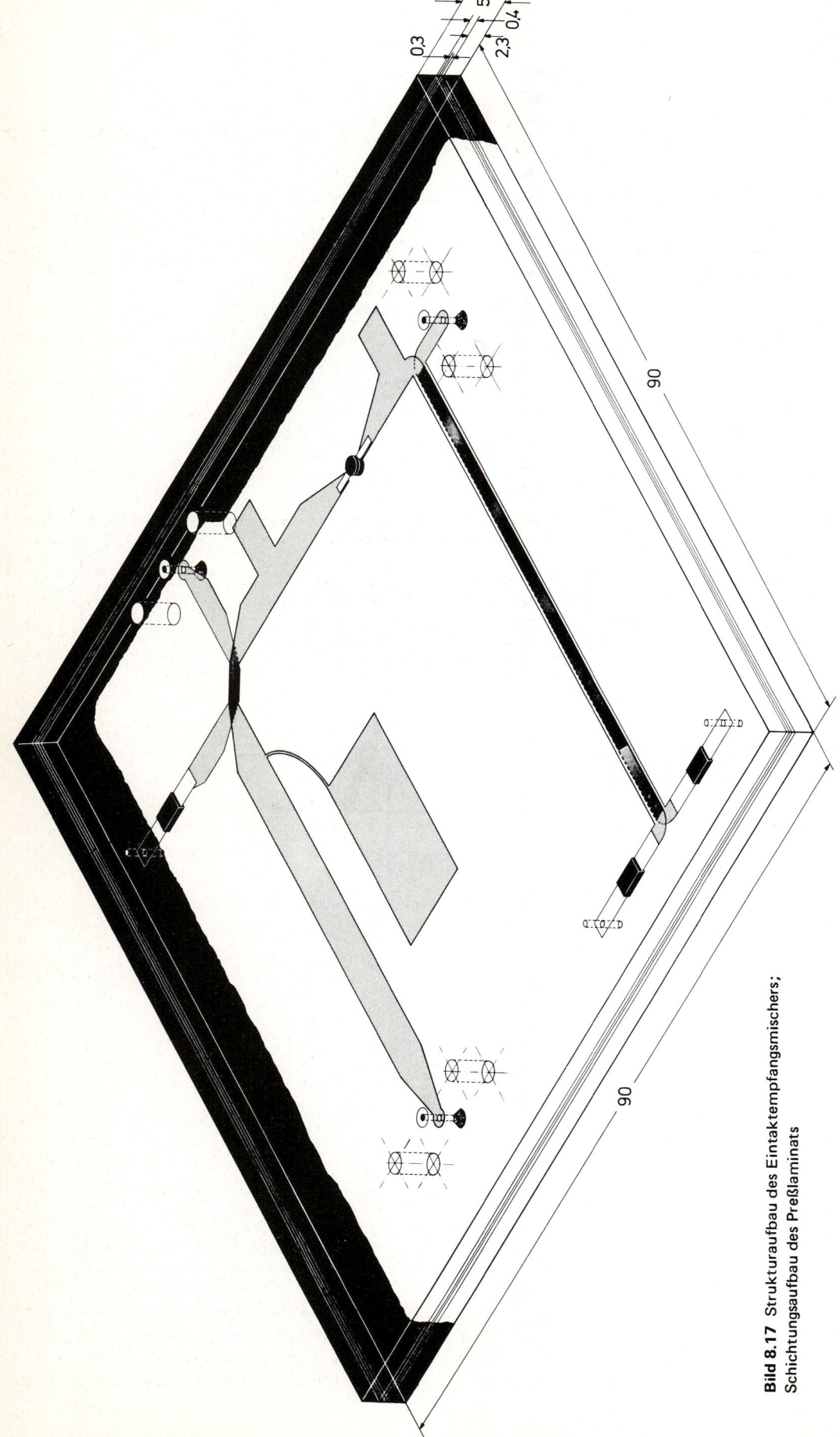

Bild 8.17 Strukturaufbau des Eintaktempfangsmischers;
Schichtungsaufbau des Preßlaminats

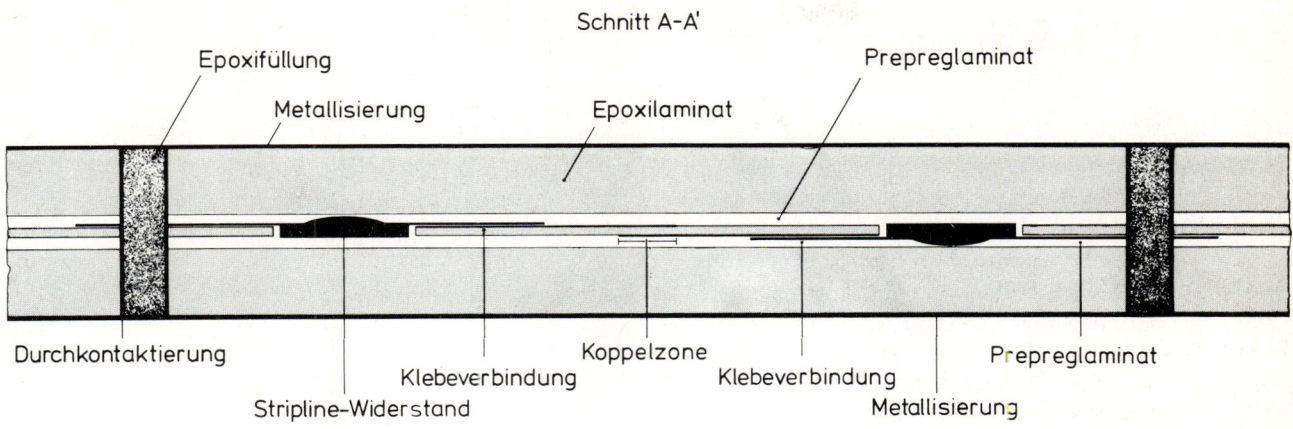

Bild 8.18 Schichtungsdetail im Topologiebereich nach Bild 8.20

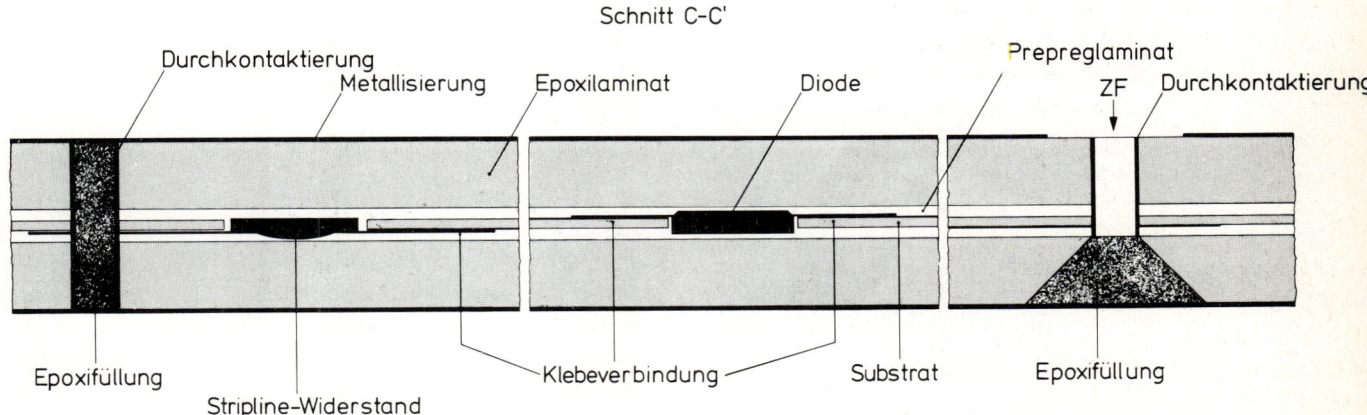

Bild 8.19 Schichtungsdetail im Topologiebereich nach Bild 8.20

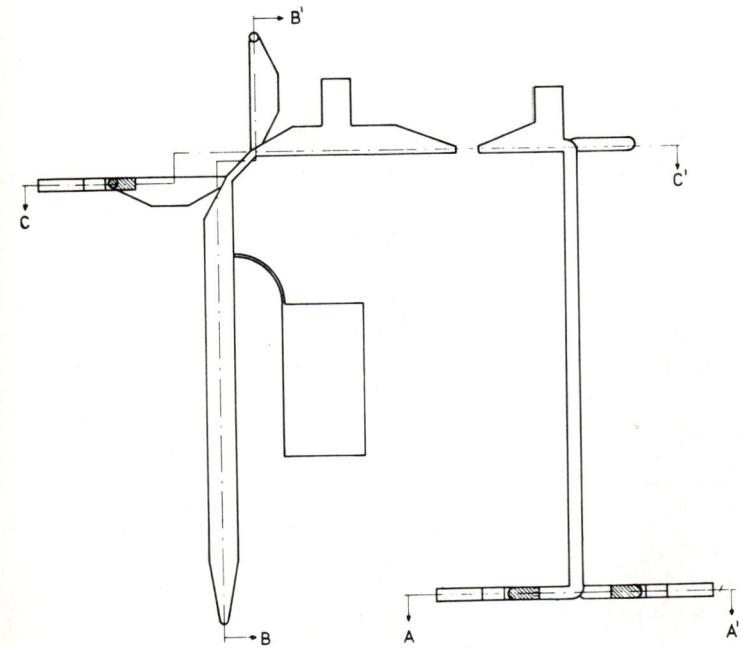

Bild 8.20 Schaltungstopologie und betroffene Schnittbereiche

Literaturverzeichnis

[8.1] Ramaer B.V., Produktdarstellung, Helmond Nederland

[8.2] *Müller, H.,* Hrsg. *Wille, R.:* Mikrowellenschaltungen in Triplatetechnik unter Verwendung von Multilayerstrukturen, Grad, Arbeit FH — Dortmund, 1977

[8.3] *Müller, H.,* Hrsg. *Noelle, M., Pantwich, W.:* UHF-Tuner als Mikrowellenpreßlaminat, Grad. Arbeit FH — Dortmund, 1978

[8.4] *Müller, H.,* Hrsg., *Evermann, M., Keller, J.:* Rundfunkempfänger als Preßlaminate mit DIL-Bestückung, Grad. Arbeit FH — Dortmund, 1979

[8.5] *Müller, H.,* Konstruktive Gestaltung und Fertigung in der Elektronik, Band 1: Elementare integrierte Strukturen, Verlag Vieweg, Braunschweig/Wiesbaden, 1981

[8.6] wie 8.5, 1981, Seite 140

[8.7] IPC Printed Wiring Design Guide, Nr. 5.3, 12, 1977

[8.8] End Product Documentation Specification for Multilayer Printed Wiring Boards, IPC — ML — 975

[8.9] *Müller, H.,* Hrsg., *Nguyn Nhu Anh:* Konstruktionsmethoden von Multilayer-Schaltungen, Grad. ARbeit FH — Dortmund, 1977

[8.10] wie 8.5, Seite 126 bis 132

[8.11] IPC Printed Wiring Design Guide, Nr. 5.3.3.1, 12, 1977

[8.12] wie 8.5, Seite 224 bis 230

[8.13] wie 8.5, Seite 161 bis 163

[8.14] wie 8.5, Seite 113 bis 115

9 Planarintegration der Mikrowellenelektronik

von Holger Meinel, AEG-TELEFUNKEN Ulm

9.1 Einleitung

Seit Mitte der 50iger Jahre ist der Einsatz der mm-Wellentechnik für diverse Anwendungen in Industrie, Verkehr und Technik einerseits und im militärischen Bereich andererseits immer wieder propagiert worden ([9.1] bis [9.6]). In der Radartechnik, z. B. bei 35, 94 oder 140 GHz ermöglicht die vergleichsweise hohe Frequenz infolge großer verfügbarer Bandbreiten eine hohe Zellenauflösung trotz kleiner Antennenaperturen. Im Vergleich zur Infrarot-Technik sind mm-Wellenradargeräte weit weniger Wetterabhängig [9.7]. Im Bereich der Nachrichtenübertragung, z. B. bei 60 oder 120 GHz, erlaubt der Einsatz der mm-Wellentechnik eine häufige Wiederverwendung des gleichen Frequenzbandes und ermöglicht damit einen frequenzökonomischen Funkbetrieb; darüber hinaus sind hohe Bitraten problemlos realisierbar. Nachrichtenübertragung im mm-Wellenbereich wird vor allem im Mobilfunk für trassengebundene Verkehrssysteme Anwendung finden [9.8] und [9.9].

Wenn hohe Kabelverlegungskosten zu erwarten sind, dann sind stationäre mm-Wellenfunkverbindungen Lichtleitersystemen vorzuziehen [9.10].

Die radioastronomische Forschung bedient sich seit langem der mm-Wellenradiometrie. Radiometrische Abbildungssysteme, z. B. bei 35, 94, 140 oder 230 GHz bieten im Vergleich mit der Infrarottechnik den Vorteil der Schlechtwettertauglichkeit.

Doch erst das rasche Fortschreiten der modernen Halbleitertechnik [9.11] hat den breiten Einsatz der mm-Wellentechnik ermöglicht. MM-Wellensysteme kleiner Leistung sind heute durchweg halbleiterbestückt; sie benötigen wenig aufwendige Niederspannungs-Netzteile; sie sind daher kompakt und auch für den portablen Betrieb geeignet.

Es besteht deshalb heute ein hoher Bedarf an kleinen, möglichst einfachen, aber doch zuverlässigen und in der Güte befriedigenden mm-Wellenkomponenten. Anforderungen wie sie die heute üblicherweise verwendete Hohlleiterfräsblocktechnik nur schwerlich erfüllen kann. Aufgrund des, mit dieser Technik verbunden, hohen feinmechanischen Aufwands und damit der hohen Herstellungskosten werden seit einiger Zeit weltweit geeignete Alternativen zum Rechteckhohlleiter bezüglich ihrer mm-Wellentauglichkeit untersucht.

9.2 Überblick über neue Millimeterwellenleiter

Bild 9.1 zeigt Querschnitte von verschiedenen mm-Wellenleitern, aufgeteilt in offene (links) und geschirmte Formen. Die dielektrische Bildleitung (Image Line), bei der ein Streifen aus dielektrischem Material auf einer leitenden metallischen Fläche aufgebracht ist, wurde sehr intensiv theoretisch und meßtechnisch untersucht, z. B. [9.12] und [9.13]. Bringt man eine dielektrische Platte höherer Permittivität

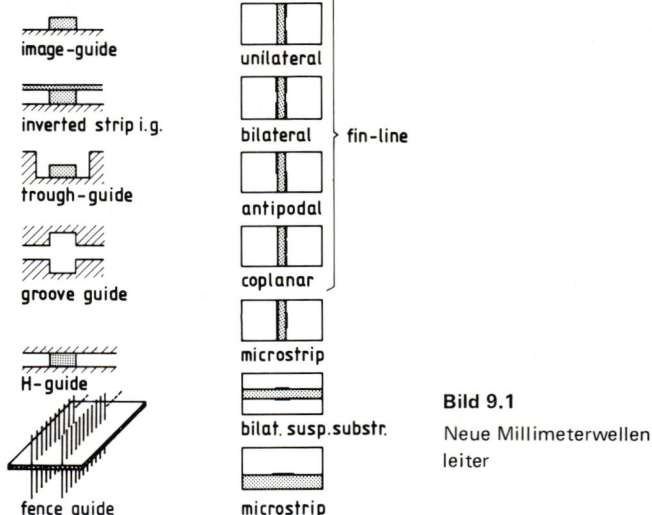

Bild 9.1

Neue Millimeterwellenleiter

auf den dielektrischen Streifen auf (inverted strip image line) [9.14], so konzentriert sich das Feld in der Übergangszone Streifen/Platte, die ohmschen Verluste werden reduziert. Strahlungsverluste, insbesondere an Leitungskrümmungen und Diskontinuitäten lassen sich vermeiden, indem der dielektrische Streifen durch seitliche Metallwände teilweise geschirmt wird[9.15].

Weitere offene Wellenleiter sind der H-guide, der groove-guide und der fence-guide die bereits teilweise untersucht wurden [9.16] und [9.17].

Auf der rechten Seite von Bild 9.1 befinden sich die geschirmten Strukturen. Hierbei werden planare, auf geeignete dielektrische Substratmaterialien geätzte metallische Leiter mit einem dem zugehörigen Frequenzband entsprechenden Hohlleiter umgeben. Die Hohlleiterschirmung verhindert höhere Moden und Abstrahlungsverluste und dient sonst nur zur Halterung des Substrates. Das Dielektrikum ist, im Gegensatz zu den offenen Wellenleitern, bei den geschirmten Strukturen zur Wellenführung prinzipiell nicht notwendig.

Neben der geschirmten symmetrischen und unsymmetrischen Streifenleitung und der suspended-substrate-Leitung finden vor allem die Fin-Leitungen Anwendung im mm-Wellenbereich [9.18]. Diese quasi-planaren Leitungen sind in Photoätztechnik genau und kostengünstig herstellbar. Die Hohlleiterfassung verlangt keine hohen mechanischen Tolerananforderungen, da sie im Wesentlichen nur zur Halterung und Abschirmung dient.

Mit der in [9.19] und [9.20] beschriebenen Theorie ist ein genauer und zuverlässiger Entwurf von Schaltungen in dieser Technik mit Hilfe des Großrechners möglich. Bei der Herstellung der planaren Strukturen wird der Rechner ebenfalls eingesetzt: die Layouts werden rechnergesteuert generiert und automatisch über einen Lichtzeichner auf Film gezeichnet. Das Ziel wird es sein, größere Moduln und komplexere Subsysteme in quasi-planarer Technik herzustellen, beispielsweise ein Empfangsbauteil bestehend aus Mischer, Mischoszillator und Filtern. Nachfolgend werden Entwicklung und Stand der Technik auf dem Gebiet der Integration von mm-Wellen-Komponenten in quasi-planarer Technik unter besonderer Berücksichtigung der im Hause AEG-TELEFUNKEN durchgeführten Arbeiten für Frequenzen bis 170 GHz beschrieben.

9.3 MM-Wellen-Komponenten in integrierter Technik

9.3.1 Elementare Integrationsformen

Die erste und einfachste Stufe der Integration besteht darin, die meist koaxialen Elemente zur Halterung und Ankopplung von Halbleiterelementen im und an den Hohlleiter durch geätzte planare Strukturen zu ersetzen. Die planare Schaltung dient dabei also im wesentlichen zur Halbleiterapplikation in den Hohlleiter bei gleichzeitiger Gleichspannungszuführung, HF-Abblockung und ZF-Ausführung. Als Beispiel ist in Bild 9.2 ein Eintaktmischer gezeigt, wie er für Doppler-Radargeräte bei 48 und 86 GHz entwickelt wurde. Auf dem Quarz-Substrat ist eine Beam-Lead-Mischerdiode angebracht. Gleichspannungszuführung und ZF-Ausgang (0–150 kHz) erfolgen über ein Suspended-Substrate-Tiefpaßfilter. Das Substrat ist in Hohlleitermitte in Längsrichtung angebracht. Die Diode kann dabei auch außerhalb des Hohlleiters liegen [9.21]. Mit Mischern dieser Art werden etwa 5 bis 7 db Konversionsverlust erreicht [9.22]. Diese Art der Anordnung einer Diode im Hohlleiter stellt im Wesentlichen nur einen Ersatz für den koaxialen Einbau dar und eröffnet keine weitergehenden Integrationsmöglichkeiten.

Auf prinzipiell ähnliche Art und Weise können auch Oszillatoren aufgebaut werden. Die planare Schaltung liegt in diesem Fall jedoch nicht senkrecht, sondern waagrecht im Hohlleiter. Bild 9.3 zeigt den Aufbau eines Gunnoszillators mit integriertem Oberwellenmischer, wie er zum Aufbau

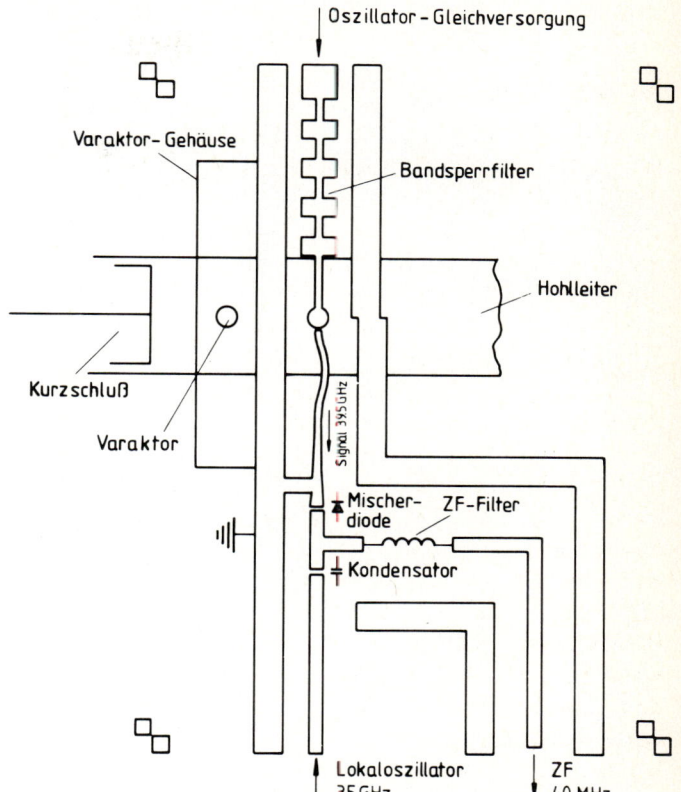

Bild 9.3 PLL-Oszillator, Prinzip der Millimeterwellenbaugruppe

von phasenstabilisierten mm-Wellenquellen verwendet wird [9.23]. Da die Hochfrequenzeigenschaften (Schwingfrequenz, Ausgangsleistung) des Oszillators maßgeblich von Elementen bestimmt werden, die in Hohlleitertechnik ausgeführt sind, können die Verluste gering gehalten werden.

Der Anteil der Schaltung, der in Mikrostrip-Leitungstechnik ausgeführt ist, ist auf einem Substrat zusammengefaßt, das den Hohlleiterzug am Ort der Diode kreuzt. Die Gleichstromzuführung für das Gunnelement erfolgt über eine Mikrostrip-Bandsperre, die eine definierte Reflexionsstelle für die Hochfrequenz-Energie darstellt.

Ein geringer Teil der HF-Leistung wird kapazitiv auf eine Mikrostrip-Leitung übergekoppelt und als Signal dem Oberwellenmischer zugeführt. Die Mischeroszillator-Leistung deren Frequenz um den Faktor 11 niedriger ist als die Signalfrequenz von 39,5 GHz, wird einer Schottky-Barrier-Beam-Lead-Diode über einen Chip-Kondensator zugeführt. Die gewünschte PLL-Zwischenfrequenz wird selektiv über eine Spule ausgekoppelt. Durch eine bei der Signalfrequenz $\lambda/4$-lange, am Ende kurzgeschlossene Stichleitung wird die Mischerdiode zur Rückführung des ZF-Stroms an Masse gelegt. Das Mischeroszillatorsignal ist damit ebenfalls kurzgeschlossen und kann somit den Oszillator nicht beeinflussen. Der Varaktor befindet sich im Hohlleiterzug eine halbe Wellenlänge von der Oszillatordiode entfernt. Die Kopplung

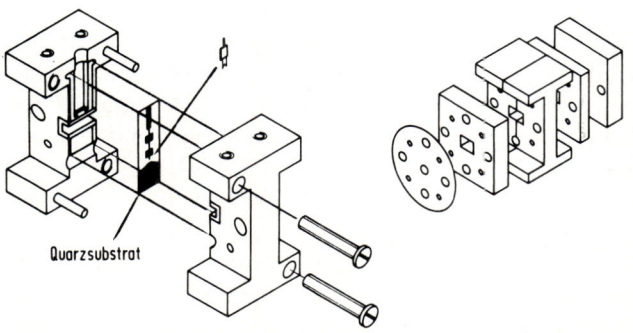

Bild 9.2 Eintaktmischer, Prinzipdarstellung der einfachsten Form der Integration

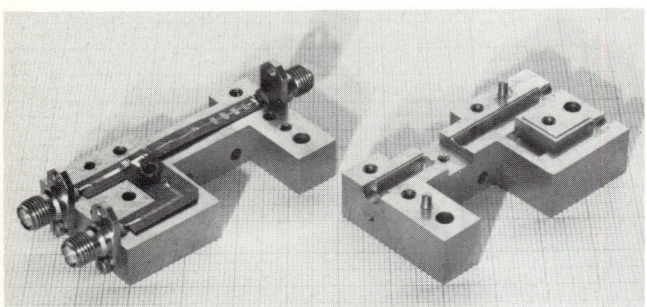

Bild 9.4 Ansicht eines PLL-stabilisierten 39,5 GHz Oszillators mit integriertem Oberwellenmischer

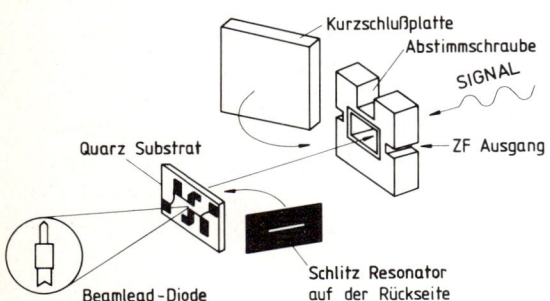

Bild 9.5 Eintaktmischer, Prinzipdarstellung einer höheren Integrationsform

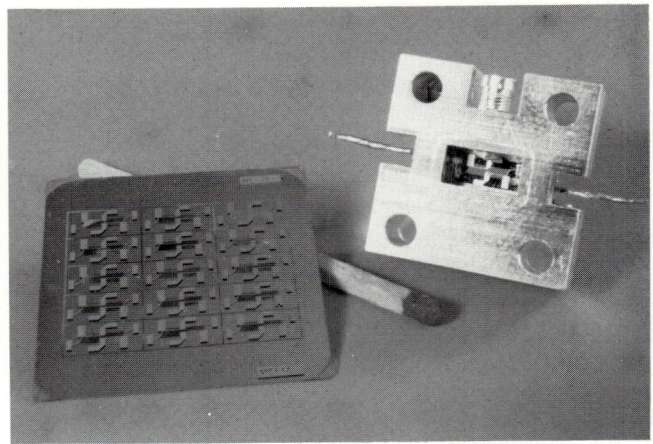

Bild 9.6 Substrat und Aufbau eines 35 GHz Eintaktmischers

zwischen Gunn-Element und Varaktor, und damit der regelbare Frequenzbereich, bestimmt eine zwischengeschaltete Lochblende; Bild 9.4 zeig den geöffneten HF-Modul. Bei weiterer Integration ist es möglich, die Varaktor-Gleichstromzuführung ebenfalls in Mikrostrip-Leitungstechnik auf dem Substrat unterzubringen.

Oszillatoren der beschriebenen Art ermöglichen eine Ausgangsleistung von 150 mW bei 39,5 GHz; die Frequenzstabilität beträgt $10^{-7}/°C$ im Temperaturbereich $-20\,°C$ bis $+50\,°C$.

In der zweiten Stufe der Integration wird planare Schaltungstechnik nicht nur zur Halbleiterapplikation, sondern auch zur Anpassung und Frequenzabstimmung verwendet. Bild 9.5 zeigt einen solcherart aufgebauten Mischer, wie er in größeren Stückzahlen bei 35 und 48 GHz in Puls-Radargeräten eingesetzt wird. Das Quarz-Substrat wird hier in der Hohlleiter-Transversalebene angebracht. Auf der vorderen Seite — dem Signaleingang — befindet sich ein Schlitzleitungsresonator, der die Eingangsfrequenz des Mischers festlegt. Die Mischerdiode ist über einen auf die gleiche Frequenz abgestimmten Streifenleitungsresonator angekoppelt, der auf der Rückseite des Substrats quer zum Schlitzleitungsresonator liegt. Außerdem befindet sich ein Tiefpaßfilter auf dieser Substratseite, das zu einer Glasdurchführung im Gehäuse führt. Auf diese Weise kann die Mischervorspannung zugeführt und die ZF (0—500 MHz) entnommen werden. Hinter dem Substrat befindet sich ein Hohl-

raumresonator, der ebenfalls auf die Eingangsfrequenz abgestimmt wird. Bild 9.6 zeigt einen Mischer dieser Bauform für den 35 GHz Bereich. Auf der linken Seite des Bildes ist ein Quarz-Substrat mit 15 Mischerplättchen zu sehen, wie sie in den Mischer (rechts) nach dem Zersägen eingebaut werden. Mit Mischern dieser Anordnung werden typisch 5 dB Konversionsverlust erreicht. Diese und ähnliche Anordnungen sind häufig eingesetzt worden [9.24] und [9.25].

Kennzeichnend für die beiden hier beschriebenen elementaren Integrationsformen ist es, daß nur diskrete Komponenten realisiert werden können, nicht aber größere Funktionseinheiten mit mehreren HF-Bauteilen. Der Hohlleiter bleibt auf dieser Stufe der Integration das verbindende, das wellenführende bzw. leistungsübertragende Element.

9.3.2 Integrierte Komponenten in Fin-Leitungs-Technik

In der dritten, am weitesten entwickelten Integrationsstufe werden planare Strukturen nicht nur als Halterung, zur Abstimmung und Anpassung benutzt, sondern sie dienen auch der Leistungsübertragung; d. h. es werden planare Wellenleiter verwendet. Damit ist die größte Flexibilität und Vielseitigkeit im Entwurf erreicht; es lassen sich ganze Baugruppen integrieren. Als Wellenleiter dienen wie bereits beschrieben hauptsächlich „Fin"-Leitungen (Bild 9.6). Die unilaterale Leitung mit einseitiger Metallisierung ist die häufigst verwendete Leitungsart. Bei symmetrischer zweiseitiger Metallisierung erhält man die bilaterale Fin-Leitung, die bei geeigneter galvanischer Trennung der einzelnen Fin's separate Gleichspannungsversorgung von beidseitig des Substrates angebrachten Dioden zuläßt. Um niedrige Wellenwiderstände (bis herab zu 20 Ω) zu realisieren, bietet sich die antipodale Leitung an; aber auch und gerade die Kombination der verschiedenen quasi-planaren Leitungsarten mit ihren unterschiedlichen Eigenschaften bietet große Vorteile bei der Realisierung von mm-Wellen-Schaltungen [9.26] bis [9.29].

9.3.2.1 Leitungsparameter

Zur Dimensionierung von Komponenten ist die Kenntnis der Leitungsparameter notwendig. Dispersion und Wellenwiderstand dieser Leitungen wurden für verschiedene Substrat-Materialien und -Abmessungen theoretisch und numerisch ermittelt [9.18] bis [9.20]. Die Bilder 9.7 und 9.8 zeigen als Beispiel $\epsilon_{eff} = (\beta/k_0)^2$ und den Wellenwiderstand Z_L (berechnet aus der transportierten Leistung, sowie aus der Spannung über den Schlitz) aufgetragen über dem Betrag der Schlitzweite $/s/$. Als Substrat wurde Quarz mit der

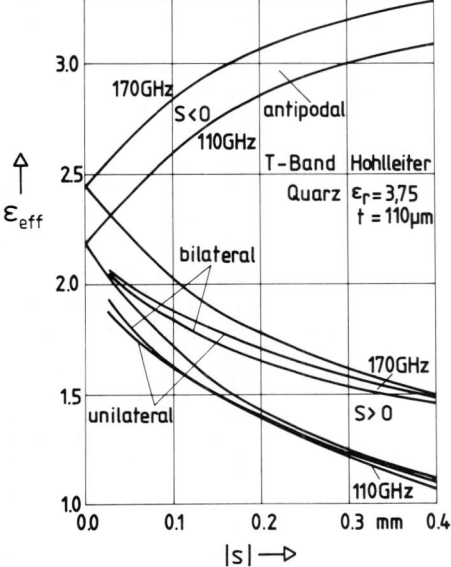

Bild 9.7 Effektive Dielektizitätszahl unterschiedlicher Finleitungsarten

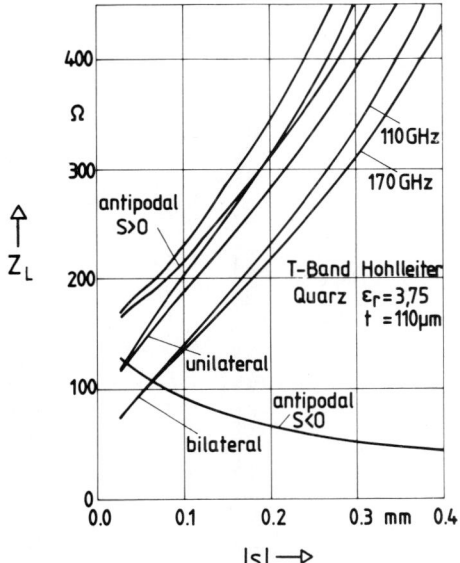

Bild 9.8 Wellenwiderstand unterschiedlicher Finleitungsarten

Dicke 110 μm angenommen. Parameter sind die Leitungsarten sowie die Frequenz (110, 170 GHz). Für alle Leitungen nimmt ϵ_{eff} mit kleiner werdender Schlitzweite zu und nähert sich bei großer Überlappung der Substratpermittivität. Bemerkenswert ist die im Vergleich zum Hohlleiter geringe Dispersion, entsprechend dem Steghohlleiterverhalten der Fin-Leitung.

Die in Bild 9.8 aufgetragenen Wellenwiderstände nehmen mit wachsender Schlitzweite zu. Die geringe Dispersion der Leitungen wird auch hier besonders deutlich. Die minimal erreichbaren Wellenwiderstände für die unilaterale und bilaterale Leitung betragen etwa 100 Ω und etwa 30 Ω für die antipodale Leitung.

Neben Quarz ist auch glasfaserverstärktes Teflon (RT-Duroid) ein geeignetes Substratmaterial. Die elektrische Güte von Finleitungen wird vorwiegend durch ohmsche Verluste in den Kanten der Fin's begrenzt. Eine galvanische Goldbeschichtung der Kupferbahnen, die gleichzeitig eine Passivierung der Leiter gewährleistet, führt je nach Schlitzweite zu typischen Leitungsgüten von 250 bis 500 im Ka-Band (26,5—40 GHz) und 200 bis 350 im E-Band (60—90 GHz). Die Werte sind für die meisten Komponenten (Ausnahme: schmalbandige Filter) ausreichend.

9.3.2.2 PIN-Dämpfungsglieder und Schalter

Der durch den Flußstrom steuerbare Widerstand von PIN-Dioden wird für eine Vielzahl von Anwendungen genutzt, z. B. für einstellbare Dämpfungsglieder, Ein-Aus-Schalter, Umschalter und mit geeigneter Ansteuerung auch für Modulatoren. Am besten geeignet für die Integration in planaren Strukturen sind dabei PIN-Dioden in Beam-Lead-Ausführung [9.30]. Es lassen sich je nach Anwendung verschiedene Ausführungsformen unterscheiden. Die einfachste Bauform eines PIN-Dämpfungsgliedes ist an Hand des Layouts in Bild 9.9 gezeigt. Beispielsweise drei Beam-Lead-Dioden sind auf einer unilateralen Fin-Leitung in einem Abstand von jeweils einer Viertelwellenlänge der Bandmittenfrequenz eingebaut.

Hohe Dämpfung und Breitbandigkeit läßt sich mit in dieser Technik aufgebauten PIN-Dämpfungsgliedern und -Schaltern leicht erzielen — die Erhöhung der Anzahl der PIN-Dioden erhöht die Sperrdämpfung, die Dispersion auf der Finleitung ist gering —. Größerer Aufwand muß erbracht werden, um die Einfügungsdämpfung durch die Finleitung selber möglichst gering zu halten. Zu diesem Zweck wurden verschiedene Übergänge zwischen Finleitung und Hohlleiter untersucht. Die optimale Form und Länge dieser Übergänge

drei Dioden

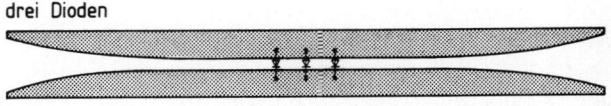

Bild 9.9 Prinzipieller Aufbau eines PIN-Dämpfungsgliedes in Parallelschaltung

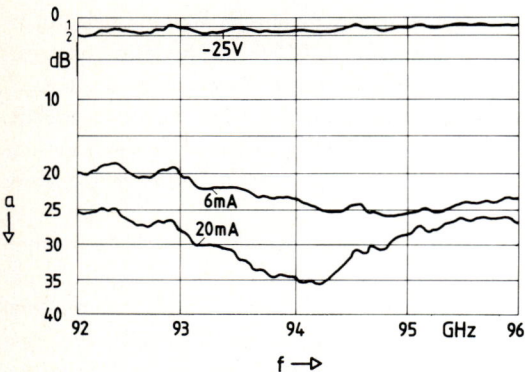

Bild 9.10 Transmissionsdämpfung eines PIN-Dämpfungsgliedes bei 94 GHz

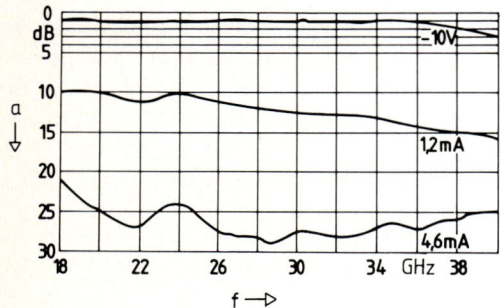

Bild 9.11 Transmissionsdämpfung eines Breitband PIN-Dämpfungsgliedes

wurde gefunden, indem die Abhängigkeit der Schlitzweite von der Längskoordinate als allgemeine Parabel mit gebrochenem Exponent angesetzt wird, wie es in Bild 9.9 zu sehen ist. Die Reflexionsdämpfung eines solchen Tapers ist breitbandig besser als 20 dB.

Dämpfungsglieder der beschriebenen Art lassen sich bis ca. 100 GHz realisieren. Bei 94 GHz ist die Dämpfung zwischen 1,5 und 35 dB einstellbar, Bild 9.10. Es wurden zwei Beam-Lead-Dioden verwendet, die im Abstand $3/4 \cdot \lambda$ (94 GHz) eingebaut sind, um eine hohe Sperrdämpfung zu erzielen. Reduziert man den Diodenabstand auf $\lambda/4$ — bezogen auf die Bandmittenfrequenz — so wird es möglich ein oder zwei vollständige Hohlleiterbänder abzudecken. Eine Ausführung mit 3 Dioden ermöglicht die Einstellung der Dämpfung zwischen 1 und 25 dB (Bild 9.11).

Die Realisierung eines oktavbandbreiten PIN-Schalters, stellt spezielle Anforderungen an die Hohlleiterschirmung. Bei der 18—40 GHz Ausführung beispielsweise, muß in der Umgebung der PIN-Dioden die Hohlleiterbreite Ka-Band (26,5—40 GHz) Abmessungen aufweisen, andererseits muß der Ausgangsflansch K-Band (18—26,5 GHz) entsprechen. Das wird durch Reduzierung der Hohlleiterbreite in der Halterung parallel zum Taperbereich der Finleitung auf dem Substrat erreicht. Die Hohlleiterhöhe ist im gesamten Bauteil konstant (siehe hierzu auch Bild 9.17).

Die Grunddämpfung eines PIN-Schalters läßt sich durch $\lambda/4$-Kompensation der Kapazitäten, der in Sperrichtung betriebenen PIN-Dioden, weiter reduzieren. Wählt man den Wellenwiderstand der $\lambda/4$-langen Leitung zwischen den beiden PIN-Dioden entsprechend niederohmiger als denjenigen der Speiseleitungen, so beträgt die maximale Einfügungsdämpfung 0,8 bzw. 1,4 dB bei 39 bzw. 60 GHz. Bei einer Bandbreite von 3 % beträgt die zugehörige Sperrdämpfung 25 dB. Ist eine etwas höhere maximale Einfügungsdämpfung zulässig (z. B. 1,5 bzw. 2 dB) so erhöht sich die nutzbare Bandbreite auf 10 % bei gleicher Sperrdämpfung.

Eine weitere Möglichkeit zum Aufbau von PIN-Dämpfungsgliedern stellt die **Serienschaltung** der PIN-Dioden dar [9.31] (Bild 9.12). Die Parallelresonanz der am Ende kurzgeschlossenen kapazitiven Stichleitung mit der Induktivität der in Durchlaßrichtung betriebenen PIN-Diode führt zur Reflexion, stellt somit den Sperrfall dar. Im Durchlaßfall liegt die Diodenkapazität, der in Sperrichtung betriebenen PIN-Diode, in Serienresonanz mit der Diodeninduktivität. Bei 60 GHz ist die Dämpfung zwischen 1 und 40 dB einstellbar. (Bild 9.13). Diese Meßdaten wurden mit 2 PIN-Dioden wie in Bild 9.12 gezeigt erreicht.

Die Parallelresonanz — kapazitive Stichleitung, Diodeninduktivität — ist hochgütig und damit schmalbandig, infolge der verwendeten Ätztechnik, jedoch gut reproduzierbar einzustellen. Die Serienresonanz — Diodenkapazität, Diodeninduktivität — dagegen ist breitbandig, herstellungsbe-

zwei Dioden

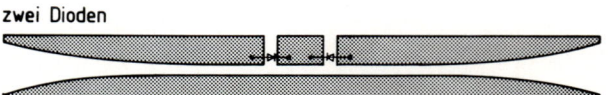

Bild 9.12 Prinzipieller Aufbau eines PIN-Dämpfungsgliedes in Serienschaltung

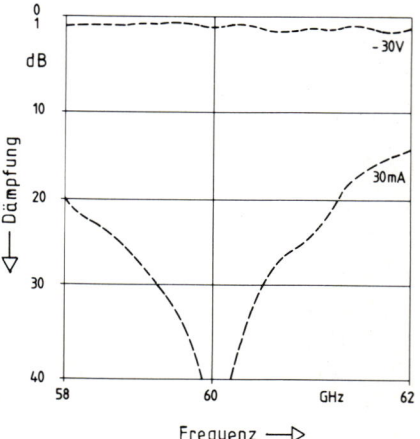

Bild 9.13 Transmissionsdämpfung eines PIN-Dämpfungsgliedes bei 60 GHz

Bild 9.14 Ansicht von PIN-Dämpfungsgliedern

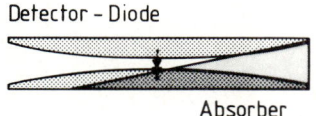

Bild 9.15 Aufbau eines Finleitungsdetektors

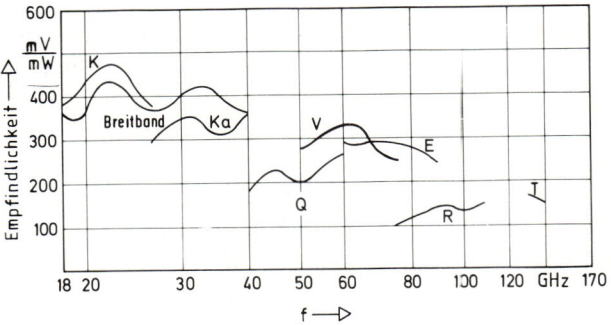

Bild 9.16 Empfindlichkeit von Finleitungsdetektoren bei ca. 1 mW Eingangsleistung

Bild 9.17 Durchsicht durch einen Zweiband Finleitungsdetektor für den Frequenzbereich 18—40 GHz

dingte Streuungen der Diodenparameter beeinflussen das Gesamtverhalten damit nicht.

PIN-Dämpfungsglieder und -schalter wurden für unterschiedliche Anwendungen und Frequenzen zwischen 18 und 110 GHz gebaut. Bild 9.14 zeigt einige realisierte Komponenten.

9.3.2.3 Detektoren

Kommerziell verfügbare Zero-Bias Schottky-Dioden in Beam-Lead Ausführung werden zum Aufbau von Detektoren im mm-Wellenbereich verwendet. Bild 9.15 zeigt die Konstruktion. Die Oberseite des Substrates trägt die unilaterale Finleitungsstruktur, sowie den Halbleiter. Zur Anpassung dient wiederum, wie oben beschrieben, der Optimal-Taper. Auf die Rückseite ist Absorbermaterial als keilförmiger Leitungsabschluß aufgebracht. Dieser Aufbau zeigt hervorragendes Breitbandverhalten, d. h. ein oder zwei Hohlleiterbänder können abgedeckt werden. Für verschiedene Hohlleiterbänder zwischen 18 und 170 GHz wurden Detektoren dieser Art aufgebaut [9.32]; die Ausgangsspannung beträgt je nach Frequenz, zwischen 400 und 100 mV bei 1 mW Eingangsleistung (Bild 9.16). Die Welligkeit liegt unter ± 0,8 dB über ein oder zwei Hohlleiterbänder.

Ein Zweibanddetektor für den Frequenzbereich 18-40 GHz ist in Bild 9.17 in der Durchsicht gezeigt. Die Konstruktion der Hohlleiterschirmung entspricht der oben beschriebenen Ausführung von Breitband-PIN-Dämpfungsgliedern.

9.3.2.4 Gegentaktmischer

Wie mehrere Veröffentlichungen [9.33] bis [9.35] in letzter Zeit zeigen, eignet sich die planare Technik besonders zum Aufbau von Gegentaktmischern. Bild 9.18 zeigt die Layout-Konturen einer neueren Entwicklung. Alle gewünschten elektrischen Funktionen einschließlich des ZF-Filters werden durch planare Strukturen erreicht. Als Mischerdioden werden auch hier Beam-lead-Dioden verwendet, die vom linken Ende des koplanaren Mittel-Leiters über die Schlitze zum oberen bzw. unteren Finleiter führen. Die Dioden sind in Serie geschaltet, so daß sie von der Signalleistung (Tor 1) in Phase betrieben werden. Die Mischeroszillator-Leistung gelangt über Tor 2 und über einen breitbandigen Fin-Koax-

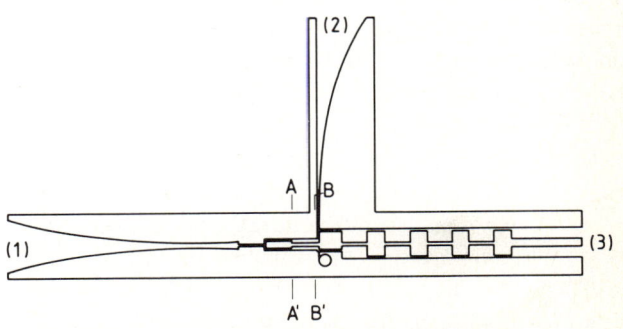

Bild 9.18 Layout eines Ka-Band (26,5—40 GHz) Gegentaktmischers

Übergang zum rechten Ende der koplanaren Finleitung. Durch Reduzierung der Hohlleiterquerabmessungen in dem Leitungsbereich, der durch die Ebenen AA' und BB' gekennzeichnet ist, kann sich hier nur der unsymmetrische (quasi-TEM-)Mod ausbreiten, so daß bezüglich der Mischeroszillatorleistung die Dioden gegenphasig betrieben werden. Der symmetrische Mod, der auf der koplanaren Leitung links von der Ebene AA' ausbreitungsfähig ist und vorwiegend von der Signalleistung angeregt wird, findet in der Ebene AA' einen Kurzschluß vor, der über die in Bandmitte λ/4 lange Koplanarleitung als Leerlauf in die Diodenebene transformiert wird. Die Zwischenfrequenzleistung wird über ein Streifenleitungsfilter zu Tor 3 geführt. Die Messung des Konversionsverlustes wurde mit festen aber verschiedenen Mischeroszillatorfrequenzen im Ka-Band vorgenommen. Die Messung ergab für niedrige Zwischenfrequenzen (± 100 MHz) Werte zwischen 6,5 und 7 dB und bei höherer Zwischenfrequenz (5 GHz) noch Werte um 8 dB. Die Zweiseitenbandrauschzahl beträgt im Frequenzbereich zwischen 34 und 36 GHz 7 dB (inklusive 2 dB ZF-Verstärker).

Die Signalanpassung beträgt in Bandmitte 18 dB, an den Bandgrenzen 10 dB. Die Isolation zwischen Signal- und Mischeroszillatoreingang ist größer als 26 dB im Frequenzbereich 26,5–40 GHz.

9.3.2.5 Finleitungsoszillatoren mit periodischer Struktur

Neben anderen möglichen Oszillator-Strukturen in Fin-Leitungstechnik [9.27] und [9.36] hat sich ein Entwurf mit einer periodischen Struktur besonders bewährt [9.37], da er sich durch einfache Berechnung und gute Reproduzierbarkeit auszeichnet. Die prinzipielle Geometrie ist in Bild 9.19 gezeigt. Der Aufbau besteht aus einer asymmetrischen Fin-Leitung mit einem Gunn-Element am Ende, einer periodischen Struktur und einem stetigen Übergang auf Rechteckhohlleiter. Die periodische Struktur dient mehreren Zwecken. Die erzeugte Leistung wird über sie ausgekoppelt, wobei sie so dimensioniert ist, daß optimale Anpassung der Diode erreicht wird. Zusätzlich wird das bekannte Stop-Band-Verhalten von periodischen Strukturen benutzt, um eine definierte Reflexion einzustellen, so daß die gesamte Struktur als Resonator mit verteiltem Rückkopplungskreis wirkt. Der Vorteil dieses Aufbaus ist der, daß die Stop-Band-Frequenz (und damit die Oszillatorfrequenz) hauptsächlich von der geometrischen Periode der Struktur bestimmt wird,

während der Reflexionsfaktor davon unabhängig durch Zahl und Größe der Störungen eingestellt werden kann. Die endliche periodische Struktur läßt sich leicht durch leitungstheoretische Betrachtungen berechnen [9.37]. Die Diskontinuität der Serienverzweigung und der Schlitz-Stichleitungen kann dabei näherungsweise dadurch berücksichtigt werden, daß die Stichleitungslänge bis zur Mitte des Schlitzes der Hauptleitung gerechnet wird. Dies gilt für niederohmige Stichleitungen, die rechtwinklig von der Hauptleitung abzweigen.

Der Oszillator wird nach der Theorie von [9.38] optimiert, wobei ein einfaches Gunn-Ersatzschaltbild und die Fin-Leitungstheorie nach [9.18] verwendet wird. Mehrere Oszillatoren wurden auf RT-Duroid Substrat aufgebaut und im Ka-Band vermessen. Ohne nachträgliche Korrekturen konnte nach dem Entwurf die spezifizierte Leistung der Gunn-Elemente erreicht werden. Die Schwingfrequenz stimmte auf ca. 2 % mit der berechneten überein. Im realisierten Oszillatoraufbau ist hinter der Diode ein verschiebbarer Kurzschluß angeordnet, durch den die Schwingfrequenz ungefähr ± 200 MHz gezogen werden kann. Die Güte des Oszillators wurde durch Laständerungsmessung zu etwa 60 bestimmt.

9.3.2.6 Komponentenübersicht

Die beschriebenen Komponenten zeigen die unterschiedlichen Ausführungsformen und vielfachen Möglichkeiten der Finleitungstechnik im mm-Wellenbereich; sie stellen jedoch nur einen Teil der bereits in dieser Technik realisierten mm-Wellenbauteile dar. Bild 9.20 gibt einen Überblick über die gesamte Palette der im Hause AEG-TELEFUNKEN entwickelten mm-Wellen-Komponenten in Finleitungstechnik [9.27] und [9.31]. Richtkoppler und PIN-Dioden-Umschalter, aber auch angepaßte PIN-Dioden-Schalter oder Schottky-Dioden-Schalter mit Schaltzeiten unter 1 ns wurden für unterschiedliche Anwendungen und Frequenzen ebenso entwickelt, wie die oben im Detail beschriebenen PIN-Dioden-Dämpfungsglieder, Detektoren, Mischer und Oszillatoren.

Eine tabellarische Übersicht der Eigenschaften dieser Komponenten zeigt Bild 9.20 ebenfalls.

9.3.3 Integrierte Moduln in Finleitungstechnik

Der eigentliche Vorteil der Finleitungstechnik liegt in der Möglichkeit mehrere Komponentenfunktionen auf einem Substrat zusammenzufassen. Der in 9.3.2.4 beschriebene Gegentaktmischer ist bereits ein einfaches Beispiel hierfür. Als Erweiterung ist eine Kombination dieses Mischers mit dem Finleitungs-Gunn-Oszillator denkbar. Bei beiden Komponenten würden die Hohlleiter-Fin-Übergänge entfallen. Eine solche Einheit ließe sich als breitbandiger, universell einsetzbarer Empfangsmodul benutzen [9.39]. Eine noch weiterführende Integration erhält man durch Einfügen eines

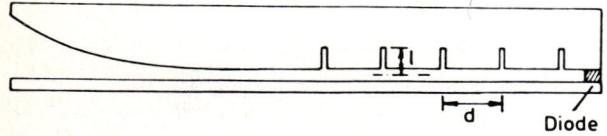

Bild 9.19 Prinzipieller Aufbau eines Finleitungsoszillators mit periodischer Struktur als verteiltem Reflektor

Komponente		Frequenz, GHz	Eigenschaften
Oszillator	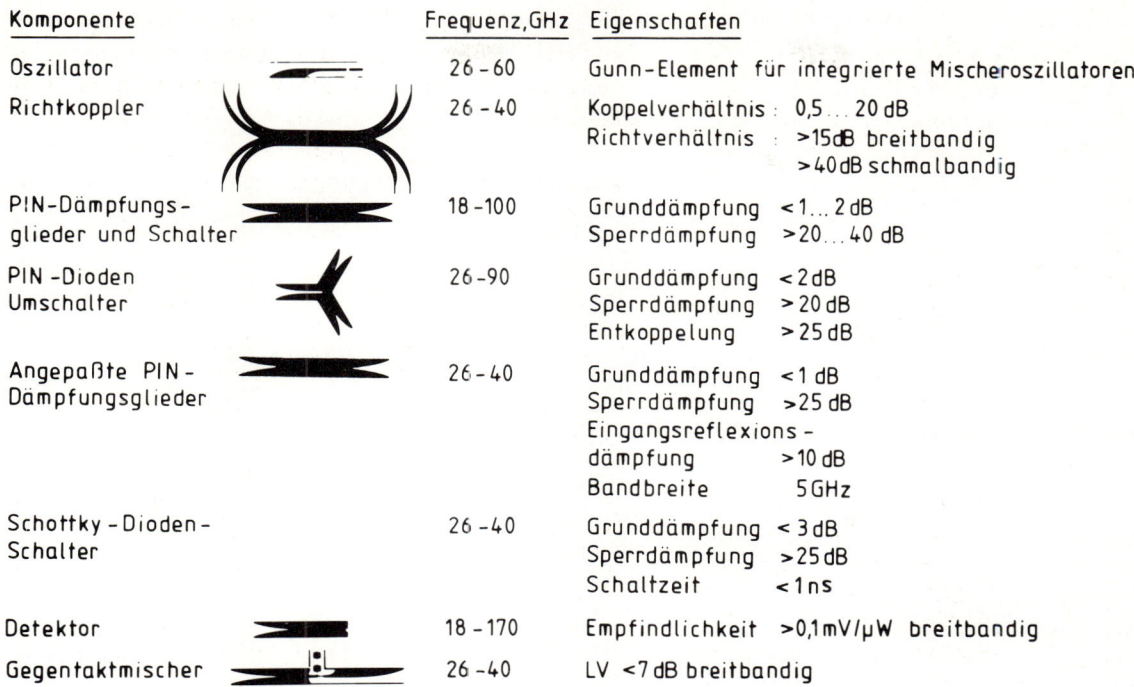	26 – 60	Gunn-Element für integrierte Mischeroszillatoren
Richtkoppler		26 – 40	Koppelverhältnis : 0,5…20 dB Richtverhältnis : >15dB breitbandig >40dB schmalbandig
PIN-Dämpfungs- glieder und Schalter		18 – 100	Grunddämpfung < 1…2 dB Sperrdämpfung > 20…40 dB
PIN –Dioden Umschalter		26 – 90	Grunddämpfung < 2 dB Sperrdämpfung > 20 dB Entkoppelung > 25 dB
Angepaßte PIN- Dämpfungsglieder		26 – 40	Grunddämpfung < 1 dB Sperrdämpfung > 25 dB Eingangsreflexions- dämpfung > 10 dB Bandbreite 5 GHz
Schottky –Dioden- Schalter		26 – 40	Grunddämpfung < 3 dB Sperrdämpfung > 25 dB Schaltzeit < 1 ns
Detektor		18 – 170	Empfindlichkeit >0,1mV/µW breitbandig
Gegentaktmischer		26 – 40	LV < 7 dB breitbandig

Bild 9.20 Millimeterwellen Finleitungs-Komponenten Übersicht

Serien-PIN-Dämpfungsgliedes links vor die Dioden des Gegentaktmischers. Im Schaltbetrieb kann diese Komponente die Funktion eines Dicke-Schalters für radiometrische Anwendung übernehmen. Im Falle der Radaranwendungen dient das PIN-Dämpfungsglied als STC („Sensitivity Time Controll"), um große Signale von Objekten in Antennennähe zu dämpfen. Ein Radiometerempfänger in Finleitungstechnik ist in [9.40] beschrieben worden; allerdings zunächst ohne Baugrößenreduktion durch Wegfall der Taper-Bereiche.

Integrierte Moduln in Finleitungstechnik werden in nicht allzuferner Zukunft die Konstruktion von Geräten und Systemen im mm-Wellenbereich entscheidend beeinflussen und verändern. Reduzierung der Baugröße und Kostensenkung bei der Produktion ermöglichen die Erschließung neuer Anwendungsbereiche, insbesondere im industriellen Bereich.

9.4 Konstruktive Gestaltung von Systemen

Wie bereits in der Einleitung beschrieben, sind die Hauptanwendungsbereiche der Millimeter-Wellen-Technik die Radartechnik, die Nachrichtenübertragung und die Radiometrie. Beispiele unterschiedlicher Anwendung aus den beiden erstgenannten Bereichen werden hier zur Beschreibung der Gerätekonstruktion und der besonderen Anforderungen der mm-Wellentechnik an eben diese Konstruktion herausgegriffen und im Detail vorgestellt:

90 GHz FM-CW-Radar-Modul
40 GHz-Übertragungsstrecke

Der Radarmodul ist in Hohlleiterfräsblocktechnik aufgebaut, während bei den Mikrowellenkomponenten der Übertragungsstrecke weitgehend integrierte Komponenten verwendet wurden.

9.4.1 90 GHz FM-CW-Radar-Modul

Entfernungsmessung ist im industriellen, aber auch im militärischen Bereich von entscheidender Bedeutung. Im Bereich der Schiffahrt stellt die Abstandsmessung zwischen Bordwand und Kaimauer eine erhebliche Manöverierhilfe für Großtanker dar. Die Vermessung der Beschickungshöhe in Hochöfen bei der Metallerzeugung bzw. der Kohlevergasung ist ein weiteres interessantes Anwendungsgebiet [9.41]. Gemeinsam ist allen diesen beschriebenen Fällen, daß die Meßsituation von nur einem Reflexionsobjekt dominiert wird. Damit wird der Einsatz eines FMCW-Radars ohne Schwierigkeiten möglich. Da die Auflösung und damit die Meßgenauigkeit eines FMCW-Radars allein von der Wobbelbandbreite abhängig ist, bietet sich der Einsatz der mm-Wellentechnik besonders an; die hohe Sendefrequenz ermöglicht eine große Wobbelbandbreite. Im Folgenden wird die Konstruktion eines 90 GHz FM-CW-Radar-Moduls beschrieben [9.42]. Die Ausgangsleistung beträgt 240 mW, die maximale Wobbelbandbreite 1 GHz.

Bild 9.21 zeigt das Prinzipschaltbild des FMCW-Radar-Moduls. Das Ausgangssignal eines 45 GHz Gunnoszillators — P = 120 mW — wird unter Verwendung einer Varaktordiode verdoppelt und frequenzmoduliert. Die Ausgangsleistung bei 90 GHz beträgt 20 mW. Infolge der Frequenzverdoppe-

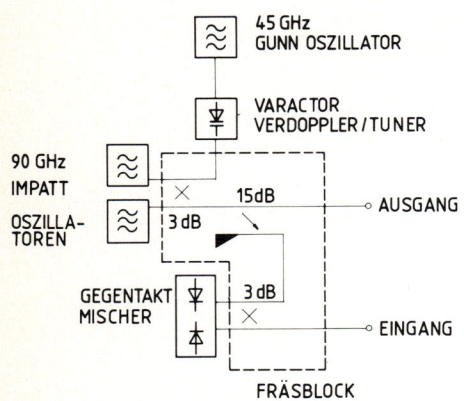

Bild 9.21 90 GHz FM-CW-Radar-Modul Prinzipschaltbild

Bild 9.22 90 GHz FM-CW-Radar-Modul. Realisierte mm-Wellen-Komponenten

lung ist die virtuelle Güte des Oszillators bei 90 GHz sehr groß (> 20.000); ein besonderer Vorteil für den Einsatz dieses VCO's zur Injektionssynchronisierung der beiden Impatt Leistungsoszillatoren, die über einen 3 dB Koppler angesteuert werden. Das leistungsaddierte 90 GHz Signal hat die spektrale Reinheit der steuernden 45 GHz Gunn-Oszillators. Über einen 15 dB Koppler wird ein Teil der Sendeleistung ausgekoppelt und dem Empfangszweig zugeführt. Ein weiterer 3 dB Koppler dient hier zur Ansteuerung des 90 GHz Gegentaktmischers. Der Mischer hat einen Konversionsverlust von 6 dB, die Mischeroszillatorleistung pro Diode beträgt + 6 dBm.

Besonders hervorzuheben bei dieser Konstruktion ist der Kopplermodul — in Bild 9.21 gestrichelt dargestellt —, der als Hohlleiterfräsblock angefertigt wurde, und die drei Richtkoppler enthält. Alle aktiven Komponenten — Gunn- und Impatt-Oszillatoren, Varaktor, Mischer — können direkt mit dem Kopplermodul verschraubt werden und bilden eine kompakte Einheit, wie in Bild 9.22 gezeigt.

Unter Verwendung des Rechners können Moduln wie der beschriebene Koppler-Modul numerisch gefräst werden und bieten damit eine erste Möglichkeit zur Kostensenkung von mm-Wellenbauteilen.

9.4.2 40 GHz Übertragungsstrecke

Im extraterristrischen Bereich werden Frequenzen um 60 und 230 GHz zum Aufbau von Intersatellitenverbindungen — beispielsweise von geostationären Satelliten — diskutiert. Im terrestrischen Bereich lassen sich zwei unterschiedliche Hauptanwendungsgebiete unterscheiden:

— Telefonübertragung und
— technische (mobile) Kommunikation

Im Bereich der Telephonversorgung bietet die mm-Wellen-übertragungstechnik überall dort Vorteile gegenüber der Lichtleitertechnik, in denen Kabelverlegungskosten dominierend sind, wie beispielsweise in dünn besiedelten Gebieten mit wenig Teilnehmern oder auch in Großstädten. Aus infrastrukturellen Gründen ist die Verkabelung hier sehr kostenintensiv [9.43].

Im Bereich der technischen Kommunikation liegt der Anwendungsbereich der mm-Wellen-Übertragungstechnik auf dem Gebiet der mobilen Übertragungsstrecken. Für kurze Entfernungen bis zu einigen Kilometern bietet diese Technik einige interessante Vorteile. Infolge der hohen Frequenz können die Geräte in ihren Abmessungen klein und handlich sein, sie sind damit für mobilen Einsatz besonders geeignet.

Zur Untersuchung der mm-Wellen Ausbreitung wurde eine 40 GHz Übertragungsstrecke aufgebaut [9.44]. Die Sendeleistung beträgt 100 mW, bei einer Empfängerrauschzahl von weniger als 10 dB wird eine maximale Empfindlichkeit von − 94 dBm erreicht. Um eine Vergleichsmöglichkeit zu haben, wurden zwei unterschiedliche Modulationsarten vorgesehen, Amplituden- (ASK) und Frequenz- (FSK) Umtastung. Das Konzept und die Konstruktion wird im Folgenden beschrieben.

Bild 9.23 zeigt das prinzipielle Blockschaltbild der Übertragungsstrecke, bestehend aus Sender (rechts) und Empfänger (links).

Sender

Ein Gunnoszillator erzeugt die Millimeterwellen-Ausgangsleistung des Senders. Dieser Oszillator wird über einen Phasenregelkreis in seiner Frequenz auf $5 \cdot 10^{-7}$/°C genau stabilisiert. Dabei wird aus der Sendefrequenz und einer quarzstabilen Referenzfrequenz eine Zwischenfrequenz gebildet. die über eine PLL-Schaltung auf eine zweite Referenzquelle synchronisiert wird. Durch Umschalten des zweiten Referenzsignals kann der Sender FSK-moduliert werden, während ein PIN-Dioden-Schalter zwischen Oszillator und Antenne die ASK-Modulation erlaubt.

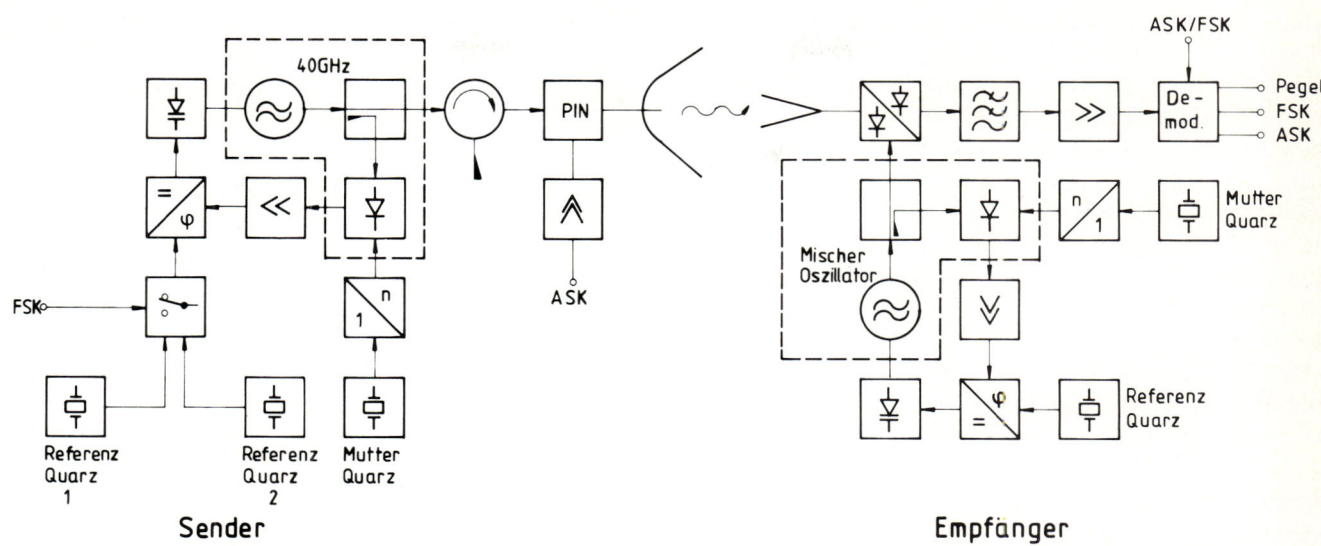

Bild 9.23 40 GHz Übertragungsstrecke Prinzipschaltbild

An Hand des Blockschaltbildes 9.23 wird das Prinzip der Frequenzstabilisierung erläutert:

Ein Quarzoszillator erzeugt die stabile Mutterfrequenz. Diese wird in einer Vervielfacherkette um den Faktor n in den unteren GHz-Bereich vervielfacht. Die Frequenz des Gunn-Oszillators – 40 GHz – wird in einem Oberwellenmischer mit einer Oberschwingung des Referenzsignals gemischt. Man erhält als Differenz eine Zwischenfrequenz von etwa 40 MHz. Diese wird verstärkt und in einem digitalen Phasendetektor mit einer zweiten Referenzfrequenz verglichen. An dessen Ausgang steht nach einem Tiefpaß eine Regelspannung zur Verfügung, die den Gunnoszillator mit einer Varaktordiode so nachregelt, daß die Zwischenfrequenz und die zweite Referenzfrequenz gleich sind.

Frequenzkonstanz und Phasenrauschen in der Nähe des Trägers hängen in erster Linie vom Ausgangssignal des Mutter-Quarzoszillators ab: Er wird auf einer konstanten Temperatur gehalten, um in einem großen Umgebungstemperaturbereich eine möglichst hohe Frequenzstabilität zu erreichen.

Zur Frequenzumtastung (FSK) wird die zweite Referenzfrequenz verändert; das geschieht durch wechselweises Durchschalten zweier Quarzoszillatoren zum Phasendetektor. Die Phasenregelschleife ändert die Frequenz des Gunnoszillators so, daß die Zwischenfrequenz mit der jeweiligen Referenzfrequenz übereinstimmt. Dieses Verfahren ermöglicht ein FSK-Signal, dessen Hub quarzstabil ist.

Die Amplitudenumtastung (ASK) wird durch einen PIN-Diodenschalter im Sendezweig erreicht. Ein Zirkulator, dessen drittes Tor reflexionsfrei abgeschlossen ist, verhindert Rückwirkungen auf den Oszillator.

Empfänger

Der Empfänger ist als Doppelüberlagerungsempfänger ausgeführt. Das Empfangssignal wird mit einem Gegentaktmi-

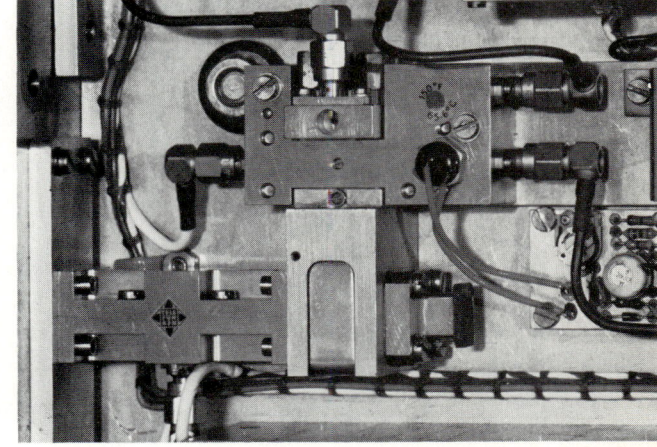

a) Sender

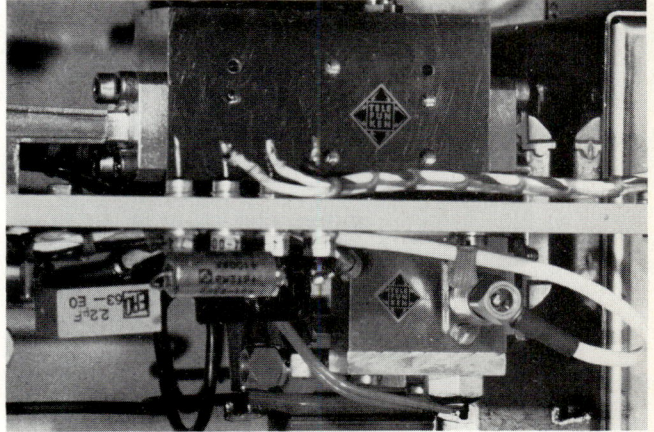

b) Empfänger

Bild 9.24 40 GHz Übertragungsstrecke. Realisierte mm-Wellen-Komponenten

scher auf ca. 50 MHz herabgemischt. Zur Demodulation des FSK-Signals erfolgt eine weitere Heruntermischung auf zwei Kanäle mit nachfolgendem Vergleicher. Zum Empfang ASK-modulierter Signale wird nur ein ZF-Kanal verwendet, der nach der Demodulation die gewünschte Information enthält. Der als erster Überlagerungsoszillator verwendete Gunnoszillator wird, wie bereits beschrieben, ebenfalls frequenzstabilisiert.

Einen besonderen Teilaspekt der beschriebenen Übertragungsstrecke stellt die Wahl der Mikrowellenkomponenten dar. Es wurden weitgehend integrierte Komponenten eingesetzt. Die Gunnoszillatoren mit Oberwellenmischer — in Bild 9.23 gestrichelt dargestellt — wurden wie in Abschnitt 9.3.1 beschrieben, integriert aufgebaut. Finleitungstechnik wurde beim PIN-Dioden-Schalter des Senders und beim Gegentaktmischer des Empfängers eingesetzt; Abschnitt 9.3.2.2 bzw. 9.3.2.4.

Bild 9.24 zeigt die mm-Wellenkomponenten von Sender und Empfänger im eingebauten Zustand. Der Schritt zur vollständigen Integration — Abschnitt 9.3.3 — ist hier noch nicht vollzogen, aber er beginnt durchaus absehbar zu werden.

Literaturverzeichnis

[9.1] *Christopher, J.R.:* Advances in Millimetric Radar, Brit. Comm. and Elec., Vol. 2, Sept. 1955, 43.

[9.2] *King, D.D.:* Millimeter Wave Prospectus, Microwave Journal, Vol. 10, No. 12, Nov. 1967, 24—29.

[9.3] *Adelseck, B., Barth, H., Hofmann, H., Meinel, H., Rembold, B.:* Advances in mm-wave Components and Systems, AGARD Conf. on MM- and Submm-Wave Propagation and Circuits, München 1978, Proc., No. 245, 25—1 bis 25–17.

[9.4] *Johnston, S.L.:* Some Aspects of Millimeter Radar, Int. Conf. on Radar, Paris 1978.

[9.5] *Meinel, H., Rembold, B.:* Commercial and Scientific Applications of Millimetric and Submillimetric Waves, The Radio and Electronic Eng., 49, No. 7/8, 1979, 351—360.

[9.6] *Meinel, H., Plattner, A.:* Eigenschaften und Anwendungen von Millimeterwellen-Radargeräten im Frequenzbereich bis 90 GHz, „Ortung und Navigation", 3/79, 258—373.

[9.7] *zur Heiden, D., Kloevekorn, V., Raudonat, U.:* 94 GHz Radar Propagation in Realistic Battlefield Environment, Military Microwave Conf., London 1980, Symp. Dig. 328—241.

[9.8] *Meinel, H., Plattner, A., Pehnack, H., Schickl, O.:* A 58 GHz Communication Link for Railway Applications, 10th EuMC, Warschau 1980, Symp. Dig., 185—188.

[9.9] *Riedisser, F., Reinhold G., Keinath, H.:* Millimeterwellentechnologie für das Rad/Schiene-System, Signal + Draht 72 (1980) 7/8, 143—147.

[9.10] *Cadoret, R., Dupuis, Ph., Meyer, S.:* Digital Millimeter Wave System for the Local Network, ISSLS 80, München, Sept. 15—19, ersch. als NTG-Fachbericht

[9.11] *Kuno, H.J., Fong, T.T.:* Solid State mm-Wave Sources and Combiners, Microwave Journal, Vol. 22, No. 6, June 1979, 47—48, 73—75 and 85.

[9.12] *Solbach, K., Wolff, I.:* The electromagnetic fields and the phase constants of dielectric image lines. Symp. Dig. IEEE Conf., MTT-S, 1977, 456—458 und IEEE Trans., MTT-26, 1978, 266—274.

[9.13] *Solbach, K.:* Calculation and measurement of the attenuation constants of dielectric image lines of rectangular cross section, AEÜ 32, 1978, 321—328

[9.14] *Itoh, T.:* Inverted strip dielectric waveguide for millimeter-wave integrated circuits. IEEE Trans., MTT-24, 1976, 821—827.

[9.15] *Itoh, T., Adelseck, B.:* Trapped image guide for mm-wave-circuits. Symp. Dig. IEEE, MTT-S (1980), Wash. D.C.

[9.16] *Harris, D.J., Lee, K.W., Reeves, J.M.:* Groove and H waveguide design and characteristics at short millimetric wavelength. IEEE Trans., 1978, MTT-26, 998—1001.

[9.17] *Tischer, F.J.:* Fence guide for millimeter-waves. Proceedings of the IEEE, 1971, 1112—1113.

[9.18] *Hofman, H.:* Dispersion of planar waveguides for mm-wave application. AEÜ 31 (1977), 40—44.

[9.19] *Schmidt, L.-P., Itoh, T., Hofmann, H.:* Characteristics of unilateral fin-line structures with arbitrarily located slots. Symp. Dig. IEEE, MTT-S (1980), Wash. D.C.

[9.20] *Itoh, T., Schmidt, L.-P.:* Characteristics of a generallized fin-line for mm-wave integrated circuits. Int. URSI Symp. Digest (1980), München, 132 C1—4.

[9.21] *Mahieu, J.R., Renan, J.P.:* Millimetric low noise preamp-mixers for application with circular wave-guide transmission system. Proc. 5th EuMC, 1975, 483—490.

[9.22] *Cardiasmenos, A.G., Parrish, P.T.:* A 94 GHz balanced mixer using suspended substrate technology, IEEE Mtt-S 1979, Orlando, Symp. Dig. 22—24.

[9.23] *Bischoff, M., Plattner, A., Rembold, B., Sicking, F.:* Möglichkeiten der Frequenzstabilisierung von Millitmeterwellen-Gunn-Oszillatoren, ntz-Archiv, Bd. 2 (1980), H. 12, 235—240.

[9.24] *Meier, P.J.:* Low-noise mixer in oversized microstrip for 5 mm band. IEEE Trans., MTT-22, 1974, 450—451.

[9.25] *Lindner, K., Wiesbeck, W.:* Die Mikrowellenbaugruppen eines 35 GHz-Abstandswarnradars für Kraftfahrzeuge. Mikrowellen-Magazin, 1977, 298—403.

[9.26] *Meier, P.J.:* Integrated fin-line millimeter components. IEEE Transact. MTT-22, 1974, 1209—1216.

[9.27] *Hofmann, H., Meinel, H., Adelseck, B.:* Möglichkeiten der Integration von Millimeterwellenkomponenten, ntz, Bd. 31 (1978) 10, 752—757.

[9.28] *Adelseck, B., Callsen, H., Meinel, H., Menzel, W., Solbach, K.,* A survey of planar integrated mm-wave components, The Radio and Electronic Eng. Vol. 52, No 1, Jan. 1982, 46-50.

[9.29] *Bates, R.N., Coleman, M.D.:* Millimetre Wave „E"-plane MICS for use up to 100 GHz. Military Microwave London 1980, Symp. dig., 88—94.

[9.30] *Meinel, H., Rembold, B.:* New mm-wave Fin-Line Attenuators and Switches, Symp. Dig. IEEE MTT-S, 1979, Orlando, 249—52.

[9.31] *Adelseck, B., Callsen, H., Hofman, H., Meinel, H., Rembold, B.:* Neue Millimeterwellenkomponenten in quasiplanarer Technik, Frequenz 1981.

[9.32] *Meinel, H., Schmidt, L.-P.:* High sensitivity mm-wave detectors using fin-line technology, Fifth Int. Conf. on Infrared and MM-Waves. Würzburg, Okt. 1980, Conf. Proc.

[9.33] *Gysel, U.H.:* A 26,5 to 40 GHz planar balanced mixer. 5th EuMC, Hamburg 1975, Symp. Dig., 491—495.

[9.34] *Bates, R.N., Coleman, M.D.:* mm-Wave Fin-Line balanced mixers. 9th EuMC, Brighton 1979, Symp. Dig., 721—725.

[9.35] *Knoechel, R., Schlegel, A.:* Octave-band double-balanced integrated finline mixers at mm-wavelenghts. 10th EuMC 1980, Warschau, Conf. Proc. 722—726.

[9.36] *Knoechel, R.:* Design and performance of microwave oscillators in integrated fin-line technique. Microwaves Optics & Acoustics 3, 1979, 115—120.

[9.37] *Hofman, H.:* MM-Wave Gunn-Oscillator with distributed feedback fin-line circuit. IEEE Symp. Digest, MTT-S, 1980, 59—61.

[9.38] *Landvogt, F.:* Näherungen für die periodischen Lösungen der van der Polschen Differentialgleichung und ihre Bedeutung für Oszillatorschaltungen. Nachrichtentechn. Z. 20, 1967, 601—609.

[9.39] *Begemann, G., Kpodzo, E., Schlegel, A.:* A Ku-band finline front-end with a hybrid-coupled balanced mixer and a gunn oscillator. 10th EuMC 1980, Warschau, Conf. Proc., 750—753.

[9.40] *Nightingale, S.J., Bates, R.N.:* A study of potentially low cost Millimetre Wave radiometric Sensors, Military Microwave 1980, London, Symp. Dig. 486—491.

[9.41] *Meinel, H.:* Entfernungsmessung mit frequenzmodulierten Millimeterwellen Dauerstrich-Radargeräten, Techn. Mitt. AEG-TELEFUNKEN 67 (1977), 2, 111—112.

[9.42] *Barth, H., Bischoff, M.,:* A 90 GHz FM-CW-Radar Transmitter. Symp. Dig. IEEE MTT-S, 1979, Orlando, 75—78.

[9.43] *Dupuis, Ph., Treheux, M.:* Optical communication versus microwave transmission systems, 10th EuMC, Warschau 1980, Symp. Dig. 2—8.

[9.44] *Plattner, A., Sicking, F., Meinel, H.:* 40 GHz Kommunikationssysteme, ntz Band 33 (1980) Heft 10, 668—672.

10 Anlagengestaltung der Kommunikationstechnik
– Richtfunksysteme –

von Herbert Mayer, SEL Pforzheim

10.1 Bauweisenentwicklung für übertragungstechnische Geräte

Um das Problem einer Vielzahl von Gehäuseformen und Abmessungen zu vermeiden, ist man in der Anlagentechnik bestrebt, eine weitestgehende Standardisierung (Normung) des Anlagenaufbaus und der Gehäuseabmessungen zu erreichen. Die klaren Kostenvorteile einer standardisierten Anlagengestaltung und Gerätebauweise bei Herstellung, Aufbau und Wartung von Nachrichtenanlagen, hat die Deutsche Bundespost schon in den frühen 60er Jahren dazu bewogen, ein konstruktiv einheitliches Gerätekonzept anzustreben.

Diese „Einheitstechnik" sollte in ihrem Gerätekonzept jedoch nicht die Vielzahl der Entwicklungsvarianten für die übertragungstechnischen Komponenten der verschiedenen Herstellerfirmen einschränken.

Von dieser Überlegung ausgehend wählte man eine Schrankbauweise, bei der zunächst nur die äußeren Abmessungen dieser Schränke nach DIN 41 493 vorgeschrieben waren (Bild 10.1).

So war es möglich, Betriebräume und Grundinstallation von Richtfunkstellen unabhängig vom Lieferanten der Geräte zu planen. Diese „Grobstandardisierung" genügte für die ausschließlich mit Röhren bestückten Richtfunkgeräte.

Der Übergang auf halbleiterbestückte Geräte und die Einführung der „gedruckten Schaltung" führte zu einer erheblichen Verkleinerung der Geräte. Die gleiche Funktionseinheit beanspruchte nur noch einen Bruchteil des Volumens im Vergleich zu den Röhrengeräten, so daß die „kleinste austauschbare Einheit" mit wesentlich kleineren Abmessungen standardisiert werden mußte.

Über einen Zwischenschritt in der Bauweisenentwicklung gelangte man zu der neuen Gestellbauweise, die unter der Bezeichnung Bauweise 7R (BW 7R) seit Anfang der 70er Jahre bei der Deutschen Bundespost für die Richtfunk- und Übertragungstechnik eingeführt ist. An die Stelle der Schrankgestelle mit den Abmessungen Breite 606 mm, Tiefe 225 mm und Höhe 2600 mm treten 5 einzelne „Schmalgestelle" gleicher Tiefe und Höhe wie die Schränke. Da die Schränke in einem Raster von 606 mm aneinandergereiht waren, ergab sich für die Breite des Schmalgestells 121,2 mm. Diese Aufteilung ist im Bild 10.2 deutlich zu sehen.

Durch das Aufteilen der Schrankgestelle in schmale Einzelgestelle der Bw 7R kam man zwangsläufig zu einer senkrechten Anordnung der „Geräteeinsätze". Da sich innerhalb eines solchen Gestells mehr als ein Gerät einsetzen läßt, lag es nahe, Abmessungen und Gestalt dieser Geräteeinsätze ebenfalls zu normen. Je nach Geräteart entstanden verschiedene Normeinsätze, von denen die bedeutendsten im Folgenden beschrieben sind.

10.2 Übersicht Gestellaufbau

10.2.1 Das Einzelgestell

Die Grundausführung des Einzelgestells Bw 7R besteht aus 2 L-Profilen (2) die über 2 rückseitige, lagedefinierte Querbügel verbunden sind. Diese L-Profile schließen am Boden mit einem angeschraubten 70 mm hohen Sockel (4) ab. Im Sockel befindet sich eine Höhenverstellung über einen Bereich von 10 mm und eine Steckdose für den Netzanschluß von z. B. Meßgeräten. Die Befestigung am Boden erfolgt über

Bild 10.1

Schrankbauweise für Richtfunkübertragungsgeräte

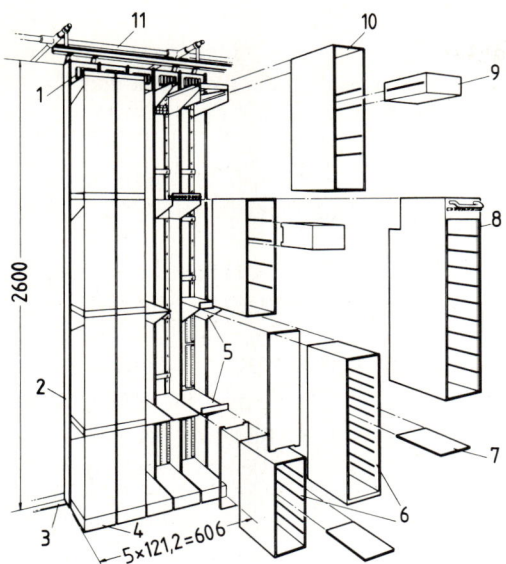

Bild 10.2 Gestellaufbau Bw 7R mit Darstellung möglicher Einsatz-varianten

eine Bodenschiene (3), in deren Löcher das Gestell mit Zapfen eingreift. Die L-Profile werden an ihrem oberen Ende mit einem Verbindungsstück an einem Flächenkabelrost (11) unterhalb der Raumdecke befestigt. Der Flächenkabelrost dient als Tragegerüst für die Kabel, die von bzw. zu dem Anschlußfeld (1) der einzelnen Gestellplätze führen.

Die elektrische Verbindung von der Gestellverdrahtung zu der Anlagenverkabelung wird ebenfalls über dieses Anschlußfeld am oberen Ende des Einzelgestells erreicht. Dieses Anschlußfeld ist steckbar ausgeführt, so daß das gesamte Einzelgestell verhältnismäßig einfach ausgetauscht oder eingesetzt werden kann.

Aufgrund der großen Schlankheit eines Einzelgestells von 2600 mm Höhe (Sonderhöhen von 2300, 2000, 1800 und 1600 mm bzw. 600 und 500 mm für Wandrahmen) ergibt sich als kleinster steifer und tragfähiger Verband, die Anordnung von 2 x 5 Gestellen Rücken-an-Rücken montiert. Zur mechanischen Verkopplung der Gestelle werden Klammern über die aneinandergestellten L-Profile geschoben. Der Gestellaufbau im Betriebsraum erfolgt linienförmig. Zwischen den einzelnen Gestellreihen verbleibt ein Bediengangraum von 1000 mm. Bei Wandaufstellung werden die Einzelgestelle über ihren Querbügeln an der Wand befestigt.

10.2.2 Der Einsatz

Der Einsatz ist die kleinste standardisierte Komponente der Bw 7R. Er dient zur Aufnahme der elektrischen Funktionseinheiten wie z. B. Verstärker, Oszillator, Umsetzer oder Mischer. Er ist über eine Einsatzaufnahme steckbar mit dem Gestell verbunden. Die elektrischen Baugruppen werden entweder direkt in den Einsatz oder in Boxen und Einschübe

montiert. Boxen und Einschübe werden als komplette Baugruppen in den Einsatz eingebracht. Generell unterscheidet man in der Bw 7R bei den Einsätzen 3 Konstruktionsmerkmale:

1. Einsätze mit zentralem Steckfeld
2. Einsätze mit dezentralem Steckfeld
3. Kompakteinsätze.

Der Einsatz mit zentralem Steckfeld (8) hat im Einsatzkopf zentral die ganzen Steckverbinder zur Gestellverkabelung. Beim Einsatz mit dezentralem Steckfeld (6) sind die Steckverbinder in Längsrichtung auf der Rückwand des Einsatzes angebracht. Die Rückwand besteht aus einer Leiterplatte. HF-Verbindungen werden mit diesem Einsatz nicht hergestellt, er wird ausschließlich für Einschübe mit hochpoligen NF-Verbindungen verwendet. Der Kompakteinsatz (Bild 10.7) hat ein zentrales Steckfeld, ist aber nur halb so breit wie die übrigen Einsätze.

Die Einsatztypen 1 und 3 haben eine aus HF- und NF-Leitungen bestehende Rückwandverdrahtung. Die zu einem Kabelbaum zusammengefaßten NF-Leitungen und die meist einzeln geführten Koax-Leitungen verbinden die einzelnen Baugruppen miteinander bzw. führen zu Steckverbindern (Auflaufstecker) an der Rückseite des Einsatzkopfes. Neben diesen Steckverbindern an der Rückseite werden Zwischenfrequenz (ZF)- und Basisband (BB)-Leitungen für Prüf- und Meßzwecke über die Frontseite von der Einsatzaufnahme zum Einsatzkopf geführt. Dazu sind an Einsatz und Einsatzaufnahme Koaxbuchsen angebracht, die mit Bügelsteckern verbunden werden. Die Radiofrequenz (RF)-Leitungen werden grundsätzlich über die Frontseite der Einsätze geführt. Damit vermeidet man teure Koax-Steckverbinder in massiver Auflaufsteckverbindertechnik.

10.2.3 Die Einsatzaufnahme

Die Einsatzaufnahme (5) dient zur Befestigung des Einsatzes im Einzelgestell. Sie kann mit einem Rastersprung von 10 mm in jeder beliebigen Höhe des Gestells fest eingeschraubt werden. Damit wird ein Höhenteilungsmaß von 10 mm des Einsatzes einschließlich der Einsatzaufnahme standardisiert. Die L-Profile der Einzelgestelle verfügen über ein durchnumeriertes Lochraster von 40 mm. Die Konsole der Einsatzaufnahme hat 4 Bohrungen im Abstand von 10 mm, so daß mit jedem Rastersprung eine Bohrung der Einsatzaufnahme mit einer Bohrung im L-Profil übereinstimmt.

Für die elektrische Verbindung des Einsatzes zur Gestellverdrahtung verfügt die Einsatzaufnahme über mehrere Plätze zur Aufnahme von Steckverbindern. Diese Steckverbinder sind direkt an die Gestellverkabelung angeschlossen. Die Steckverbinder vom Einsatz zur Einsatzaufnahme sind bauweisebedingt innerhalb der Einsatzabmessungen untergebracht. Man spricht deshalb von einer vorgezogenen Steckebene, die durch den, zum übrigen Einsatz deutlich abgesetzten Einsatzkopf sichtbar wird.

Beim Einschieben des Einsatzes in die Einsatzaufnahme wird die elektrische Verbindung zwischen den „Auflaufsteckverbindern" hergestellt. Zur mechanischen Führung und Befestigung hängt man den Einsatz in die Schienen der Einsatzaufnahme und sichert ihn durch eine Schraube. Mit Hilfe des Ziehgriffes am Einsatzkopf läßt sich der Einsatz aus der Aufnahme und damit aus dem Gestell herausnehmen.

Die Einsatzaufnahme für Einsätze mit dezentralem Steckfeld ist ohne Steckverbinder. Die Steckverbinder zur Gestellverkabelung werden in Sonderlochungen der L-Profile des Einzelgestells angeschraubt (siehe Abschnitt 10.5.). Die Einsatzaufnahme verfügt über die Aufnahmeschienen für den Einsatz und die Befestigungsmutter für die Sicherungsschraube.

Neben diesen für Einsätze bestimmten Ausführungen und ihre Konstruktionsvarianten ist noch eine Einsatzaufnahme für Bedienungsanleitungen entwickelt worden. Da die Gesamthöhe dieser Aufnahmen kleiner als 40 mm ist, können sie nicht im 10 mm Raster im Gestell befestigt werden. Sie sind deshalb mit einer Klemmvorrichtung ausgerüstet, die die Befestigung unabhängig vom 40 mm Lochraster der L-Profile erlaubt.

10.2.4 Der Einschub

Der Einschub ist die kleinste steckbare Unterbaugruppe. Er ist entweder eine offene Leiterplatte (7) mit Konsole und Frontplatte, oder eine meist HF-dicht ausgeführte Box (9) mit angeschraubter Frontplatte. Über einen Steckverbinder mit bis zu 96 Polen (DIN 41612) wird auf der Rückseite der Leiterplatte die elektrische Verbindung mit dem Einsatz hergestellt. Bei den HF-dichten Boxen befinden sich an der Rückwand Einzelsteckverbinder, die in einem vorgegebenen Raster angebracht sind. Die mechanische Sicherung des Einschubes, gegen Herausfallen aus dem Einsatz, übernehmen Verriegelungen, die in den Seitenprofilen des Einsatzes einrasten und durch Schrauben in der Frontplatte bedient werden.

Konstruktives Grundelement eines Einschubes ist in der Regel eine mit elektrischen und mechanischen Bauteilen bestückte Leiterplatte im Europaformat. Das Format der Europaplatte 100 mm x 160 mm ist ein günstiger Kompromiß hinsichtlich der Anzahl der Bauelemente, Bedienungselemente und Anschlußleitungen. Bei offener Leiterplatte sind die Längskanten der Platte selbst Führungselemente. Bei der geschlossenen Box sind diese Führungselemente an der Längsseite der Box angebracht.

Die Frontflächen der Einsätze werden aus der Summe der Einschubfrontplatten gebildet oder bestehen aus einer Gesamtabdeckung.

10.3 Der Einbau von Sonderbaugruppen

Neben den standardisierten Konstruktionselementen der Bw 7R, die in den vorherigen Abschnitten beschrieben sind, gibt es Sonderbaugruppen, die bedingt durch ihre elektri-

sche Funktion nicht in das Schema der Bauweise hineinpassen. Diese Konstruktionen werden entweder über Winkel an die Einzelgestelle angeschraubt oder direkt mit den Konstruktionselementen der Bauweise verbunden. So ist die im Folgenden beschriebene RF-Anschlußgruppe eine solche Sonderbaugruppe, die direkt auf die Einsatzaufnahme der Sender- und Empfängereinsätze aufgeschraubt wird (Bild 10.3).

Die RF-Anschlußgruppe dient zur Anschaltung der einzelnen Sender und Empfänger an die RF–Energieleitung und damit an die Antenne. Da jeder Sender- und Empfängereinsatz auf einen Richtfunkkanal eingestellt ist, werden Kanalfilter benötigt, die nur das zum entsprechenden Sender bzw. Empfänger gehörende Signal hindurchlassen. Über Zirkulatoren werden diese Filter an die RF-Energieleitung angeschlossen. Die Kombination von Zirkulatoren und Filtern nennt man üblicherweise auch „Weiche". Die Energieleitung ist breitbandig ausgelegt und überträgt gleichzeitig alle ankommenden- und abgehenden RF-Signale. Das im Bild dargestellte Lufteinfüllstück dient zum Anschluß eines Druckschlauches, der in der als Hohlleiter ausgeführten RF-Energieleitung einen Überdruck von 0,2 bis 0,3 bar erzeugt. Dadurch ist gewährleistet, daß sich innerhalb des Leitungssystems immer nur Luft mit kontrolliertem Feuchtegehalt befindet, das Eindringen von „Außenluft" mit wechselndem Feuchtegehalt ist sicher verhindert.

Zirkulator und Filter sind mechanisch durch Schrauben verbunden. Für die HF-Dichtigkeit sorgen Fiederbleche, die zwischen die Flansche gelegt und mit verschraubt werden. Diese Fiederbleche befinden sich auch am Ende der Filter auf die die RF-Anschlußstücke zum Sender bzw. Empfänger aufgeschraubt werden.

Das elektrische Konzept für eine Richtfunkstelle besteht im Minimalausbau aus einem Sender und Empfänger mit ihren Zusatzeinrichtungen. Für dieses Sender-Empfänger-Paar wird

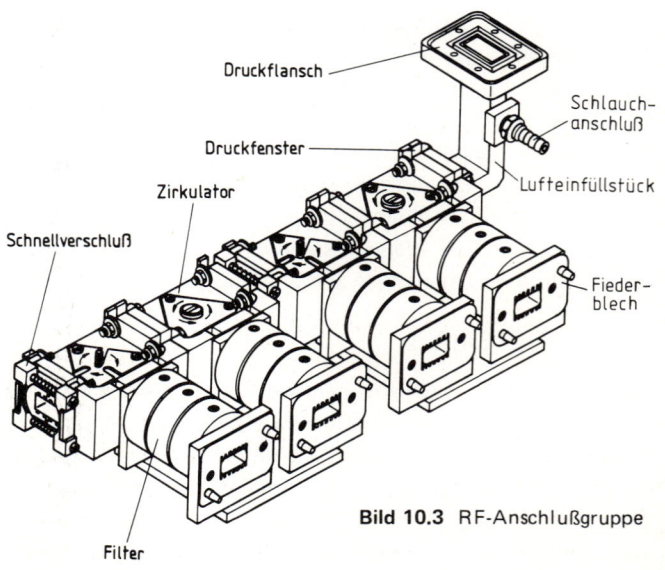

Bild 10.3 RF-Anschlußgruppe

als Minimalstufe eine „zweiarmige" Weiche benötigt. Diese zweiarmige Weiche besteht aus einem Senderzirkulator mit Filter sowie aus einem Empfängerzirkulator mit Filter. Beide Weichen (Zirkulatoren) sind auf einer Grundplatte zusammengeschraubt und an die RF-Energieleitung angeschlossen. Der Anschluß zur nächsten Weiche wird mit einem HF-Absorber verschlossen. Will man die Richtfunkstelle zur Kapazitätserweiterung mit noch einem Sender-Empfänger-Paar erweitern, so kann in dem hier aufgeführten Fall mit Hilfe des Schnellverschlusses aufgeschaltet werden, ohne daß die RF-Verbindung zur Antenne unterbrochen werden muß.

Der Schnellverschluß besteht aus zwei Spannbacken, die konisch ausgedreht sind. Sie werden von zwei Schrauben zusammengehalten. Beim Losdrehen der Schrauben öffnen sich mit Hilfe der Druckfedern die Spannbacken und der Absorber kann aus dem Verschluß entnommen werden. Beim Aufschalten der Weiche wird der Verschluß zusammengeschraubt und preßt somit die an den Zirkulatoren angebrachten konischen Flansche zusammen. Die genaue Positionierung der Hohlleiter garantieren die Stifte, die HF-Dichtigkeit wird durch das Fiederblech gewährleistet. Den Abschluß der Weichenkette bildet wieder der HF-Absorber. Dieses unterbrechungsfreie Aufschalten wurde für das in Abschnitt 10.7 beschriebene Wetterschutzgehäuse für Richtfunkübertragungsgeräte entwickelt. Die Anwendung im Gestellaufbau Bw 7R ist im Bild dargestellt.

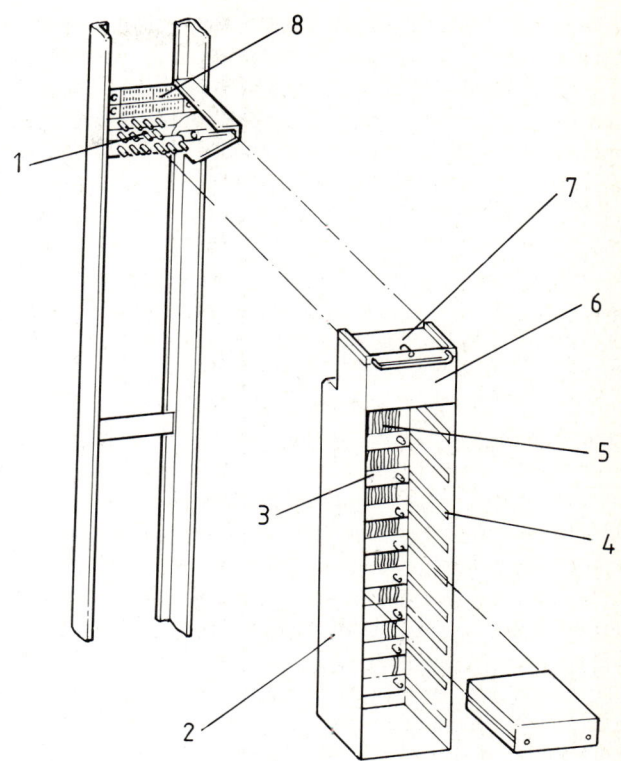

Bild 10.4 Einsatz mit zentralem Steckfeld

10.4 Der Einsatz mit zentralem Steckfeld

10.4.1 Die Konstruktion des Einsatzes (Bild 10.4)

Der Einsatz mit zentralem Steckerleistenfeld ist dadurch gekennzeichnet, daß sämtliche Steckverbindungen zum Gestell an einer Stelle konzentriert sind. Diese Stelle ist der Einsatzkopf (6), der sich unmittelbar an den Bestückungsraum (2) anschließt. Im Einsatzkopf werden die NF- und HF-Leitungen (5), von der Rückwand des Einsatzes kommend, an die Auflaufstecker im Einsatzkopf bzw. zu den Koaxbuchsen an der Frontseite geführt. Koaxialkabel dürfen, bedingt durch ihre physikalische Funktion, nicht geknickt werden. Sie benötigen einen bestimmten, vorgeschriebenen Mindestradius. Dem daraus resultierenden Platzbedarf für die Führung der Koaxialleitungen wird durch die Konstruktion des Einsatzkopfes entsprochen. Das Steckerleistenfeld an der Rückseite enthält bis zu 9 Steckplätze, die je nach Bedarf mit Messersteckverbindern (8) oder Koaxialsteckverbindern (1) belegt werden.

Der Einsatzkopf wird von der Führungsplatte (7) abgedeckt. Diese Führungsplatte übernimmt die mechanische Verbindung zur Einsatzaufnahme. Sie ist als Al-Strangpreßprofil oder als Al-Druckgußteil ausgeführt. Zur besseren Handhabung des Einsatzes ist an diese Führungsplatte ein Ziehgriff angeschraubt, bzw. er ist Bestandteil des Druckgußteiles.

Die Verriegelung des Einsatzes geschieht durch das Einschrauben der Innensechskantschraube in die „schwimmend"

befestigte Mutter der Einsatzaufnahme. Diese Innensechskantschraube wird als „aktive" Schraube bezeichnet. Sie übernimmt gleichzeitig die Kräfte, die beim Einstecken der Messerleisten am Einsatzkopf in die Federleisten an der Einsatzaufnahme auftreten. Die Stiftleisten am Einsatzkopf werden ebenfalls „schwimmend" montiert. Darunter versteht man eine lösbare mechanische Verbindung, die ein vorberechnetes Spiel zuläßt. Dieses Spiel wird zum besseren Finden von Messerleiste zu Federleiste bzw. von Schraube zu Mutter benötigt. Die Führungsplatte hat zur mechanischen Aufnahme des Einsatzes in die Einsatzaufnahme 2 Führungsnuten. Diese Führungsnuten greifen beim Einschieben des Einsatzes in die Führungsschienen der Einsatzaufnahme ein. Die Verriegelungsschraube sichert dann den Einsatz. Die Seitenwände bestehen aus Stahlprofilen oder aus AL-Strangpreßprofilen. Diese Profile sind zweireihig in einem Raster von N x 5 mm gelocht. Die Löcher werden zur Aufnahme von Führungsschienen (4) benötigt. Die Führungsschienen, aus Duroplasten oder aus Aluminium hergestellt, dienen zur Aufnahme der Einschübe im Einsatz. Diese Führungsschienen sind auf „Umschlag" konstruiert, d. h., die zur Führungsnut unsymmetrisch angeordneten Aufnahmezapfen der Führungsschiene ermöglichen eine weitere Aufteilung der in der Einsatzseitenwand vorgegebenen Rasterlochung von 5 mm. Die Führungsschiene kann zum Rasterloch symmetrisch um 1,25 mm nach oben oder unten umgeschlagen werden. Damit erreicht man einen Rastersprung von Führungsnut zu

Führungsnut von N x 2,5 mm. Hierdurch wird auch das Höhenteilungsmaß der Einschübe festgelegt. Das Raster von N x 2,5 mm hat sich für die Leiterplattenhöhe bzw. Boxenhöhe als genügend klein erwiesen, so daß man alle möglichen Bauhöhenvarianten verwirklichen konnte.

Zwischen der Führungsschiene und der im Einsatz „schwimmend" befestigten Buchsenleiste (3) besteht eine „Zwangsläufigkeit". Diese „Zwangsläufigkeit" wird durch die direkte mechanische Kopplung zwischen Führungsschiene und Buchse erreicht. Die Buchsenleiste hat zu diesem Zweck an ihren beiden äußeren Enden je eine Nase, die in die Nut der Führungsschiene hineinragen. Durch diese mechanische Verbindung muß die Buchse zwangsläufig jeder Bewegung der Führungsschiene in der Vertikalachse folgen. Für die Positionierung der Buchsenleiste in der Horizontalachse ist im Seitenwandprofil eine Längsnut eingebracht, in die die Buchsenleiste hineinragt und sie in ihrer vorgegebenen Position am Ende der Führungsschienen festhält. Durch diese parallel zur Rasterlochung über die gesamte Seitenwandprofillänge verlaufende Nut ist es möglich, die Buchse in jedem beliebigen Raster N x 2,5 mm anzuordnen.

Die Buchsenleiste ist je nach Einschub mit Kontaktfedern für die NF-Verbindungen oder mit Koaxialbuchsen für die HF-Verbindungen bestückt. Eine Kombination von NF- und HF-Verbindungen in einer Buchsenleiste ist ebenfalls möglich. Um ein Vertauschen der Einschübe im Einsatz auszuschließen gibt es Steckverbindungen, die codiert werden können.

Für die elektrische Verbindung der Einschübe untereinander und für den Anschluß an dem Einsatzkopf und damit zur Gestellverkabelung wird der Einsatz mit einem Kabelbaum verdrahtet. Der Kabelbaum liegt in dem dafür vorgesehenen freien Raum zwischen Buchsenleisten und Einsatzrückwand. Er wird mit Kunststoffklammern, die an den Seitenwänden befestigt sind, in seiner Position gehalten. Die HF-Verdrahtung aus Koaxialleitern wird nicht als Kabelbaum gebunden. Sie ist mechanisch ausreichend stabil, so daß sie nicht abgefangen werden muß.

Die Rückwand wird bei längeren Einsätzen mit den Seitenwänden verschraubt. Sie dient nicht nur als mechanischer Schutz für den Kabelbaum und die Buchsenleisten, sondern auch gleichzeitig als Versteifung für den Einsatz. Bei kurzen Einsätzen bis ca. 300 mm Bauhöhe kann die Rückwand in Längsnuten der Seitenwände eingeschoben werden.

Als Einsatzboden wird ein entsprechend abgebogenes Blech mit den Seitenwänden des Einsatzes verschraubt.

10.4.2 Die Konstruktion des HF-dichten Einschubes (Bild 10.5)

Der HF-dichte Einschub ist in seiner physikalischen Funktion ein Faradayscher Käfig. Er besteht aus einem Rahmen (1) zur Aufnahme der Leiterplatte (2) und der Führungsschienen (5). Die Leiterplatte wird an Haken, die an den Rahmen angepunktet sind, festgelötet. Durch die Lötver-

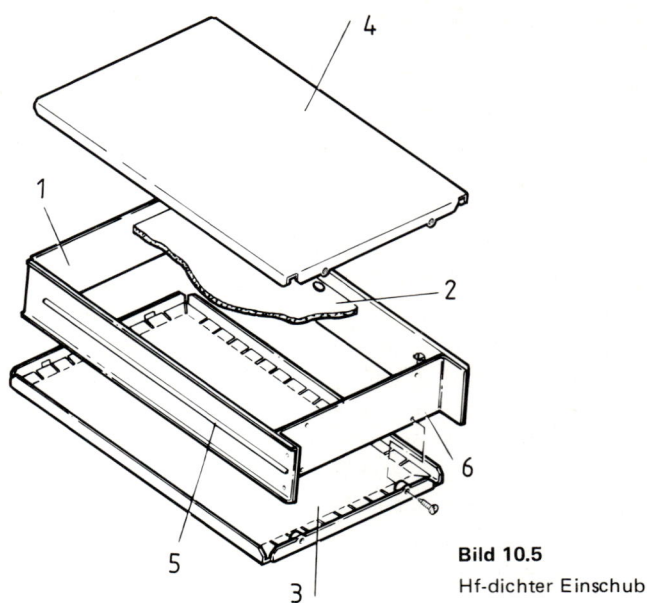

Bild 10.5
Hf-dichter Einschub

bindung Leiterplatte-Einschubgehäuse ist eine einwandfreie Masseverbindung gewährleistet. Die Rückwand (6) besteht aus einem Blechwinkel, der vormarkierte Raster für die Steckverbinder hat. Als Steckverbinder werden einpolige Durchführungen, Koaxdurchführungen 1,0/2,3, Durchführungskondensatoren und Durchführungsfilter verwendet. zur Montage der Deckbleche (4) hängt man sie zuerst vorne in den Rahmen ein, verschließt die Box und verschraubt die Deckel mit der Rückwand. Zwischen den Rahmen und die Deckbleche kommen gefiederte Bleche (3). Durch das Einlegen dieser „Fiederbleche" erhält man am Umfang eine Vielzahl von metallischen Kontaktpunkten, welche die HF-Dichtigkeit gewährleisten.

Deck- und Bodenbleche sind konstruktiv gleiche Teile. Das hat den Vorteil, daß für die Herstellung verschieden hoher Einschübe nur die Höhe des Boxenrahmens und die Rückwand variiert werden muß. Die Rahmen werden standardmäßig in einem Höhenraster von N x 2,5 mm angefertigt. Die Rahmenhöhen gehen dabei von 17,5 bis 30 mm. Je nach Bestückungsbedarf können durch Aneinanderreihen auch hochfrequenzdichte Einschübe mit mehreren Kammern und in höherem Teilungsmaß hergestellt werden.

Als Werkstoffe für den Rahmen werden Druckgußteile aus Zink oder Aluminium, oder wie in Bild 10.5 dargestellt, Blechbiegeteile aus Stahlblech verwendet. Auch Kunststoffrahmen mit metallisierter Oberfläche wurden schon angewendet.

10.5 Der Einsatz mit dezentralem Steckfeld (Bild 10.6)

Der Einsatz mit dezentralem Steckfeld ist dadurch gekennzeichnet, daß die elektomechanische Verbindung zur Gestellverkabelung direkt über die Einsatzrückwand und nicht über Einsatzkopf und Einsatzaufnahme geführt wird. Die

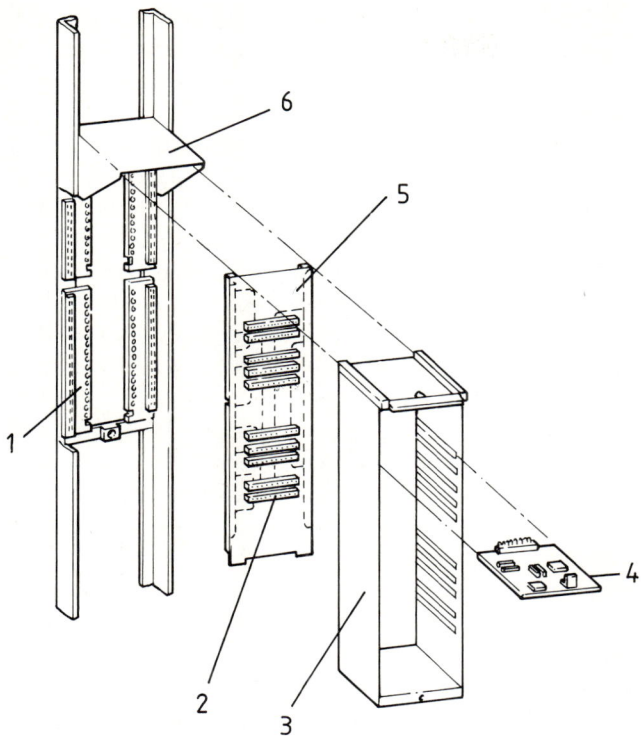

Bild 10.6 Einsatz mit dezentralem Steckfeld

Steckverbinder zur Gestellverkabelung sind, im Gegensatz zur horizontalen Anordnung der Steckverbinder im Anschlußfeld des Einsatzes mit zentralem Steckfeld, vertikal angeordnet. Die Steckverbinder zur Gestellverkabelung (1) werden in Sonderlochungen der L-Profile des Einzelgestells „schwimmend" befestigt. Zur besseren Handhabung des Anschlusses der Gestellverkabelung an die Steckverbinder im Gestell ist die Einsatzaufnahme (6) in das Einzelgestell einhängbar ausgeführt. Die L-Profile haben zu diesem Zweck Sonderlochungen in den Seitenschenkeln. Die Einsatzaufnahme wird bei der Montage oben in je eine Klemmschraube beidseitig eingehängt und unten, über in der Konsole der Aufnahme befindliche Zapfen, in die Seitenschenkel der L-Profile eingerastet. Die Sicherung der Aufnahme geschieht durch das Festdrehen der Klemmschrauben. Die Einsatzaufnahme hat die Funktion den Einsatz im Gestell mechanisch zu halten und eine sichere Führung der Stiftleisten auf der Einsatzrückwand in die Federleisten des Gestells zu gewährleisten.

Die Sicherung geschieht durch das Festdrehen der schwimmend montierten „aktiven" Schraube des Einsatzes in die Mutter der Einsatzaufnahme. Zur besseren Handhabung verfügt auch dieser Einsatz über einen Ziehgriff, der an der Deckplatte angeschraubt ist.

Durch den Wegfall des Einsatzkopfes für die Aufnahme der zentral angeordneten Steckverbinder steht die gesamte Einsatzhöhe als Bestückungsraum (3) für die Einschübe zur Verfügung. Die Einsatzverdrahtung erfolgt über die als Leiter-

platte ausgeführte Rückwand (5). Die Vorderseite dieser Leiterplatte ist mit den Steckverbindern (2) für die Einschübe (4) bestückt. Die Steckverbinder zum Gestell sind rechts und links auf der Einsatzrückseite angeordnet. Das zwischen den Steckverbindern verbleibende Feld ist von den Einschubsteckverbindern belegt und wird für die Leiterbahnführung auf der Leiterplatte benötigt. Durch die beidseitig über die gesamte Einsatzhöhe verteilten „Auflaufsteckverbinder" zur Gestellverdrahtung ist eine gute Zuordnung zu den Einschubsteckverbindern vorgegeben, womit eine hohe Polzahl der Anschlußleitungen ermöglicht wird. Bei einer hohen Komplexität der Leitungsverbindungen wird eine Mulitlayer (Mehrlagen)-Leiterplatte verwendet. Die Abdeckung der Rückwand geschieht durch ein Kunststofftiefziehteil, das am Boden- und Deckblech des Einsatzes zusammen mit der Leiterplatte festgeschraubt ist.

Da im Einsatz mit dezentralem Steckfeld kein Raum für den Kabelbaum benötigt wird, sind die Seitenwandprofile entsprechend verkürzt ausgeführt. Dieser Freiraum wird für die Steckverbinder zur Gestellverkabelung benötigt. Zur Aufnahme der Rückwandleiterplatte verfügen die Seitenprofile über eine Längsnut. Die „Zwangsläufigkeit" zwischen Führungsschiene im Einsatz und Federleiste auf der Rückwandleiterplatte wird durch das Einrasten der Führungsschiene in der Federleiste gewährleistet. Die Höhenteilung der Einschübe beträgt wie beim Einsatz mit zentralem Steckfeld durch die 5 mm Rasterlochung in den Seitenprofilen und der auf „Umschlag" konstruierten Führungsschienen 2,5 mm.

Die Abdeckung der Frontseite des Einsatzes geschieht meist durch eine durchgehende, aufgeschraubte Frontplatte.

10.6 Der Einsatz in Kompaktbauweise

Der Einsatz in Kompaktbauweise besteht in der Regel aus fest montierten Funktionskomponenten. Die Kompaktbauweise wurde bei den bisherigen Richtfunkgeräten fast ausschließlich für Leistungsstufen wie Stromversorgungen und Sendeverstärkern (Wanderfeldröhren mit Hochspannungsstromversorgungen) verwendet.

Wie in Abschnitt 10.1. beschrieben, bestimmt die Bauweise die äußeren Abmessungen (Höhenteilung, Breite, Tiefe) eines Einsatzes Bw 7R. In diesen Abmessungen ist der konstruktive Aufbau der Übertragungsgeräte im Prinzip vollkommen frei ausführbar. Die Einsatztypen 1 und 2 sind im Gegensatz zum Kompakteinsatz reine Baugruppenträger, die erst nach der Bestückung mit ihren Einschüben zu elektrisch vollwertigen Funktionseinsätzen werden. Die Baugruppenträger haben eine Rückwandverdrahtung die aus einer Leiterplatte oder aus einem Kabelbaum besteht. Für jeden Einschub ist ein Steckverbinder vorhanden, der auf die Leiterplatte aufgelötet wird oder mit dem Kabelbaum verbunden ist. Durch diese Technik ist eine Vielzahl von Bestückungsvarianten mit der elektrischen Funktionseinheit Einschub möglich, wodurch sich diese Einsatztypen für viele Einsatzfälle bestens bewährt haben.

Durch die Entwicklung von neuen analogen und digitalen Richtfunkgeräten ist, in der hohen Packungsdichte von elektronischen Bauelementen und der damit verbundenen Probleme, für die Anforderungen an die Einsätze ein neuer Maßstab gesetzt. Aus dieser Problemstellung heraus wurde ein neuer Einsatz entwickelt, der die Vorteile in der Wärmeableitung von Einsätzen für Leistungsstufen mit verwertet und außerdem eine hohe Polzahl der Anschlußtechnik zuläßt.

10.6.1 Der Kompakteinsatz für Richtfunkübertragungsgeräte (Bild 10.7)

Auffälligster Unterschied zu den übrigen Einsätzen für Richtfunkübertragungsgeräte ist die schmale Bauart des Kompakteinsatzes. Die bisher übliche Einsatzbreite von 110 mm wird für den Kompakteinsatz in 2 x 54 mm geteilt, wobei 2 mm als Geräteabstand zwischen den Einsätzen verbleiben. Es ist somit möglich, in die vorgegebene Gestellplatzbreite von 121,2 mm zwei Einsätze der Kompaktbauweise nebeneinander unterzubringen.

Die dazugehörende Einsatzaufnahme kann zu diesem Zweck zwei Einsätze aufnehmen. Sie verfügt über mehrere Plätze zur Aufnahme der Steckverbinder, die für jeden Kompakteinsatz separat angeordnet sind. Die mechanische Befestigung im Gestell wird, wie bei der Einsatzaufnahme für den Einsatz mit zentralem Steckfeld, über das 40 mm Lochraster

im Einzelgestell vorgenommen. Zur Montage des Kompakteinsatzes in das Gestell schiebt man den Einsatz in die Führungsschienen der Einsatzaufnahme und sichert ihn mit einer Schraube.

Der konstruktive Aufbau des Kompakteinsatzes ist im wesentlichen durch die über die gesamte Einsatzhöhe durchgehende Frontplatte vorgegeben. Diese Frontplatte besteht aus einer Aluminiumplatte oder aus einem Kühlprofil. Die in elektrischer und konstruktiver Ausführung unterschiedlichen Funktionskomponenten werden an die Frontplatte direkt angeschraubt. Bei wärmeerzeugenden Leistungsteilen kann , durch die direkte Verbindung zur Frontplatte, die Verlustleistung gut abgeführt werden.

Die rückwärtige Abdeckung des Einsatzes erfolgt durch eine als U-Blech gebogene Aluminiumschiene. Die Rückwandverdrahtung ist als NF-Kabelbaum ausgeführt. HF-Koaxialkabel führen einzeln zu den Funktionskomponenten und zu den im Einsatzkopf angeordneten Steckverbindern. Der Einsatzkopf ist ein aus Stahlblech gebogenes Teil, das zu der Einsatztiefe deutlich abgesetzt ist. Auf der Rückseite des Einsatzkopfes befinden sich die „Auflaufsteckverbinder", die beim Einschieben des Einsatzes in die Einsatzaufnahme die elektrische Verbindung zur Gestellverkabelung herstellen. An der Frontseite ist der Einsatzkopf mit der Frontplatte verschraubt. Die „aktive" Sicherungsschraube für die Einsatzbefestigung wird durch eine Bohrung in der Frontplatte bedient. Bestimmte Zwischenfrequenz (ZF)- und Basisband (BB)-Leitungen werden zu Prüf- und Meßzwecken über die Frontseite vom Einsatzkopf zur Einsatzaufnahme geführt. Die Verbindung geschieht mit Koaxial-Bügelsteckern, die vor der Herausnahme des Einsatzes aus dem Gestell abgezogen werden müssen.

Wichtigstes konstruktives Element des Kompakteinsatzes für Richtfunkübertragungsgeräte ist, neben dem direkten Einbau von Mikrowellengehäusen, die Kompaktbox.

10.6.2 Die Konstruktion der Kompaktbox (Bild 10.8)

Die Kompaktbox wird in zwei Konstruktionsvarianten hergestellt. Die Box aus Blechbiegeteilen ist die Standardbox für Kompakteinsätze. Bei Einbau von wärmeerzeugenden Leistungsteilen oder bei Leiterplatten mit hoher Packungsdichte wird eine Kompaktbox verwendet, deren konstruktives Hauptelement ein AL-Strangpreßprofil ist. Dieses Strangpreßprofil führt die Wärme zur Frontplatte des Einsatzes ab. Die in diesem Fall zweckmäßigerweise aus einem Kühlprofil bestehende Frontplatte ist direkt mit dem Strangpreßprofil der Box verschraubt.

Die Kompaktboxen werden vorzugsweise in einem festen Höhenmaß hergestellt. Sonderhöhen sind bei der Verwendung des AL-Strangpreßprofiles leicht zu realisieren. Das Profil braucht nur auf die gewünschte Länge abgeschnitten zu werden. Die Boxentiefe ist durch die vorgegebene Einsatztiefe der Bw 7R festgelegt. Durch diese Festlegung der

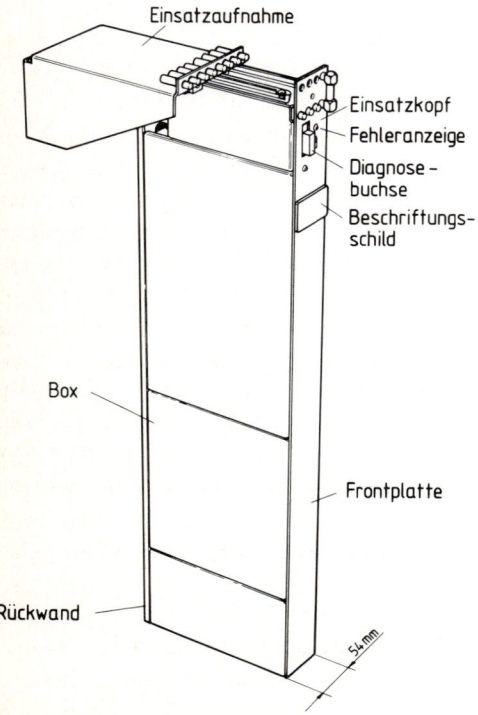

Einsatzaufnahme
Einsatzkopf
Fehleranzeige
Diagnosebuchse
Beschriftungsschild
Box
Frontplatte
Rückwand
54 mm

Bild 10.7 Kompakteinsatz für Richtfunkübertragungsgeräte

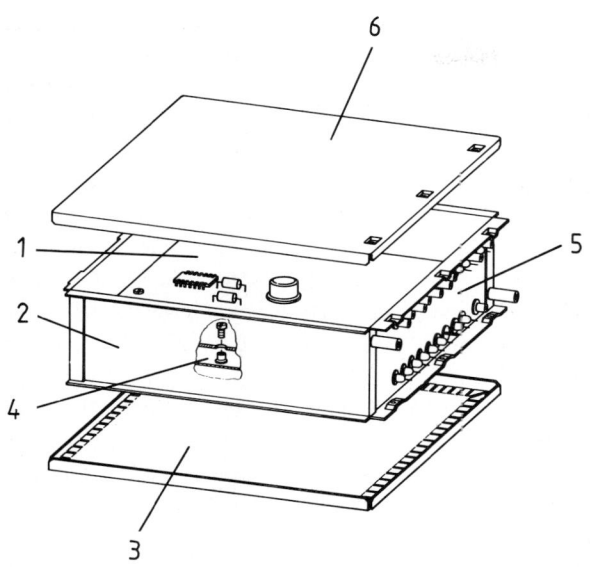

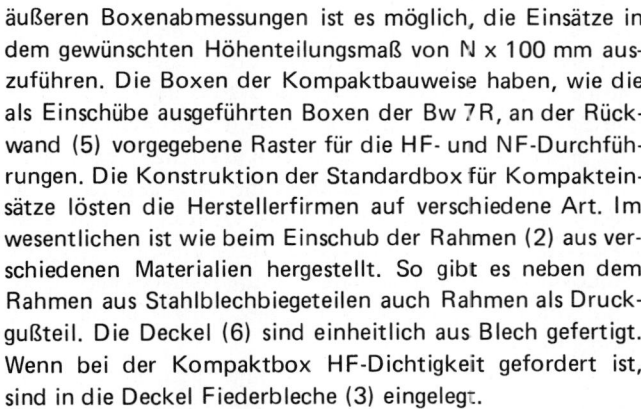

Bild 10.8 Die Kompaktbox

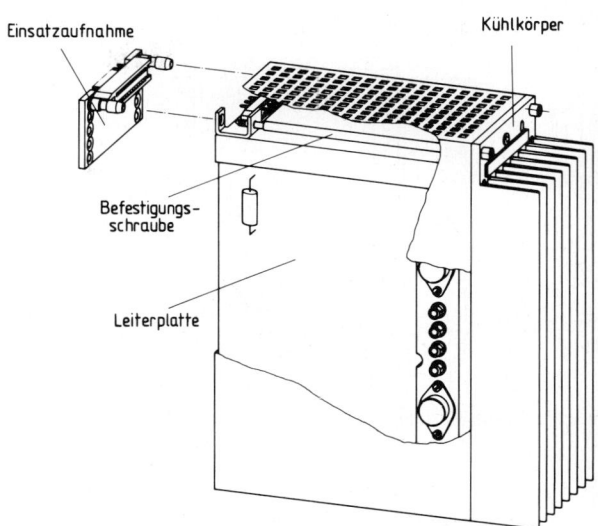

Bild 10.9 Kompakteinsatz für Leistungsstufen

äußeren Boxenabmessungen ist es möglich, die Einsätze in dem gewünschten Höhenteilungsmaß von N x 100 mm auszuführen. Die Boxen der Kompaktbauweise haben, wie die als Einschübe ausgeführten Boxen der Bw 7R, an der Rückwand (5) vorgegebene Raster für die HF- und NF-Durchführungen. Die Konstruktion der Standardbox für Kompakteinsätze lösten die Herstellerfirmen auf verschiedene Art. Im wesentlichen ist wie beim Einschub der Rahmen (2) aus verschiedenen Materialien hergestellt. So gibt es neben dem Rahmen aus Stahlblechbiegeteilen auch Rahmen als Druckgußteil. Die Deckel (6) sind einheitlich aus Blech gefertigt. Wenn bei der Kompaktbox HF-Dichtigkeit gefordert ist, sind in die Deckel Fiederbleche (3) eingelegt.

Bei Einbau der Box in den Kompakteinsatz wird die Box mit ihrer Längskante an die Frontplatte angeschraubt. Die Durchführungen zeigen dabei zur Rückwand und können dadurch leicht mit dem Kabelbaum verbunden werden. Bei hochpoliger Verbindung der elektrischen Funktionskomponenten ist es möglich, in die Rückwand der Kompaktbox Steckverbinder nach DIN 41612 einzuschrauben. So können pro Leiterplatte bis zu 96 Einzeldrähte angeschlossen werden. Die Deckbleche der Kompaktboxen sind bei eingebauter Box gleichzeitig Seitenwände des Kompakteinsatzes. Diese Bleche werden für Nachrüst- oder Meßzwecke angeschraubt.

Die innere Aufteilung der Kompaktbox ist durch eine stabilisierende und trennende Zwischenwand (4) vorgegeben. Diese Zwischenwand dient zur Aufnahme von Leiterplatten (1), die mit ihrer Bauteileseite nach „Außen" angeschraubt werden. Prinzipiell wird die Aufteilung der Box nach elektrisch konstruktiven Gesichtpunkten vorgenommen. So können neben Leiterplatten genauso Mikrowellengehäuse oder abgeschirmte HF-Baugruppen einmontiert werden.

10.6.3 Der Kompakteinsatz für Leistungsstufen (Bild 10.9)

Bei Leistungsstufen, z. B. Stromversorgung oder Sendeendverstärker ist das Hauptkonstruktionselement ein Kühlkörper, der die Verlustleistung aufnimmt. Die Leistungselektronik wird entweder direkt auf diesen Kühlkörper aufmontiert oder wie bei Sendeendverstärkern in Mikrowellengehäusen untergebracht, die ihrerseits auf den Kühlkörper montiert sind. Die übrigen Konstruktionselemente wie Leiterplatten, Steckverbinder, Aufnahmevorrichtung für das Gestell und Abdeckbleche sind innerhalb der Bauweisenabmessungen um den Kühlkörper gruppiert. Die Kühlrippen bilden die Frontseite des Einsatzes, da in dieser Anordnung die beste Wärmeableitung garantiert ist.

Bei Leistungsendstufen in Halbleitertechnologie ist man dazu übergegangen, Die HF-Baugruppen (RF-Leistungsverstärker) auf einen Kühlkörper zu montieren, der die Abmessungen eines Kompakteinsatzes in halber Gestellplatzbreite hat. Dieser Kühlkörper wird als fertiges AL-Strangpreßprofil bezogen, das man auf das gewünschte Höhenteilungsmaß zuschneidet. Die eine Seite des im Profil als Doppel-T ausgeführten Kühlkörpers ist mit Kühlrippen belegt, während die andere Seite mit der Elektronik bestückt wird, Die Abdeckung geschieht durch ein als Haube gebogenes Lochblech. Nach dem Einschieben dieses Kühlkörpers in das Gestell wird eine Längskante zur Frontseite des Einsatzes. Abbildung siehe Bild 10.12, Modellaufbau einer RF-Relais-Stelle.

10.7 Das Wetterschutzgehäuse für Richtfunkübertragungsgeräte (Bild 10.10)

Durch die wesentlich kompaktere Ausführung von analogen und digitalen Richtfunkübertragungsgeräten ist man heute

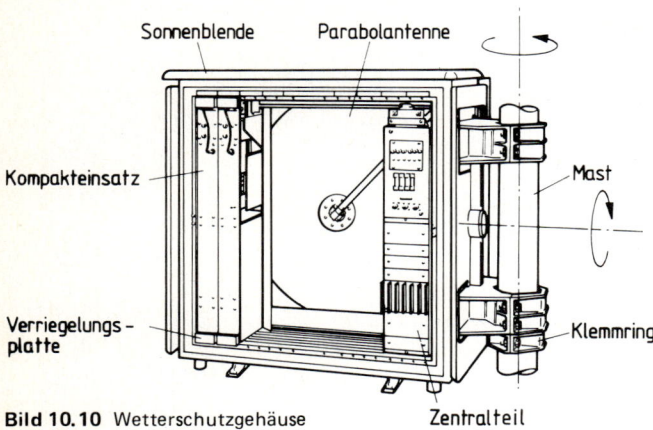

Bild 10.10 Wetterschutzgehäuse

in der Lage, neben dem Einbau der Richtfunkgeräte in 7R-Gestellen und Übertragungsräumen, fernüberwachte Richtfunkstationen in verhältnismäßig kleinen Gehäusen herzustellen. Diese Richtfunkanlagen haben eine im Gehäuse integrierte Prabolantenne und werden z. B. auf Masten montiert oder an Häuserwänden angebracht. Die Gehäuse mit eingebauter, fernüberwachter Richtfunkanlage und integrierter Antenne sind wetterfest ausgeführt und werden deshalb als „Wetterschutzgehäuse für Richtfunkübertragungsgeräte'' bezeichnet.

Durch die Verwendung des Wetterschutzgehäuses mit integrierter Antenne entfallen aufwendige und enegiezehrende Antennenzuleitungen zwischen den Übertragungsgeräten und der Antenne.

Die äußeren Abmessungen des Gehäuses sind z. B. 700 mm x 700 mm x 350 mm. In einem Gehäuse können vier Sender- und vier Empfängereinsätze der Kompaktbauweise sowie eine Zentralteil mit Stromverteiler, Sicherungsfeld, Leitungsersatzschaltgerät und Fernwirkeinrichtung untergebracht werden. Zur Vereinfachung von Installations- und Wartungsarbeiten sind die verwendeten Sender und Empfänger leichter als 8 kg. Die Abmessungen der Empfänger- und Sendereinsätze sind 600 mm hoch, 54 mm breit und 200 mm tief. Je ein Sender- bzw. Empfängerpaar hängen in den für die Kompaktbauweise üblichen Einsatzaufnahmen.

Die RF-Anschlußgruppe (siehe Abschnitt 10.3) ist über den Einsatzaufnahmen angebracht und wird über einen kurzen Hohlleiter mit der Parabolantenne verbunden. Die Kanalweichen sind auf die Einsatzaufnahmen der Sender- und Empfängereinsätze direkt aufgeschraubt. Zur mechanischen Befestigung der Einsatzaufnahmen und damit der Einsätze verfügt das Wetterschutzgehäuse über einen Aufbaurahmen, der fest in das Gehäuse eingebaut ist.

Das Wetterschutzgehäuse ist weder beheizt noch klimatisiert. Deswegen sind an die Sender- und Empfängereinsätze erhöhte Temperatur- und Klimaanforderungen gestellt. An den Deck- und Seitenwänden des Wetterschutzgehäuses sind im Abstand von wenigen Zentimetern Sonnenblenden montiert. Durch diese Sonnenblenden wird ein Aufheizen des

Gehäuses durch direkte Sonneneinstrahlung vermieden. Zwischen Sonnenblenden und Außenfläche des Wetterschutzgehäuses zirkuliert die Luft und kühlt damit die Außenflächen des Wetterschutzgehäuses. Die Rückwand ist gegebenenfalls als abnehmbare Haube ausgeführt, die für Montage- und Wartungsarbeiten als Regen- oder Sonnenschutz nach oben geklappt werden kann. Die in das Wetterschutzgehäuse eingelassene Parabolantenne hat einen Durchmesser von 600 mm und einen Gewinn von mindestens 35 dB bei 15 GHz. Sie wird von einer schräg nach vorne geneigten Haube aus teflonbeschichtetem Glasfasergewebe vor Umwelteinflüssen geschützt.

Der Leistungsverbrauch eines Senders beträgt 20 bis 30 Watt, der eines Empfängers weniger als 20 Watt. Die RF-Ausgangsleistung des Senders ist dabei 100 mW. Die Fernwirkeinrichtung hat eine Leistungsaufnahme von ca. 10 Watt. Um in den festverschlossenen Gehäuse eine bestimmte Wärmeableitung zu garantieren, werden die Sender- und Empfängereinsätze zusätzlich über ihre Frontplatten mit Verriegelungsplatten fest mit dem Wetterschutzgehäuse verbunden. Zur besseren Wärmeaufnahme und zur Versteifung des Gehäuses führen innerhalb der Gehäusewände in Längsrichtung großflächige Kühlrippen entlang, die die Betriebswärme aufnehmen und an die Außenwand abgeben.

Die Basisbandkoaxialleitungen sowie die Stromversorgungs- und Signalisierungsleitungen werden über ein flexibles Wellrohr von unten in das Wetterschutzgehäuse eingeführt. Das Wetterschutzgehäuse ist über dieses Wellrohr mit dem am Mast befindlichen Anschlußkasten verbunden. Der Anschlußkasten verfügt über einen Leitungsverteiler einer Blitzschutzvorrichtung und über Einmeßbuchsen für die Basisbandleitungen.

Zur genauen Ausrichtung der Antenne ist das Wetterschutzgehäuse an einer Seitenwand über eine entsprechend dimensionierte Aufhänge- und Justiervorrichtung mit dem Mast verbunden. Diese Vorrichtung hat zwei vertikal angeordnete Rohrklemmringe, die den Mast umspannen. Der untere Klemmring wird bei der Montage auf einem weiteren, fest angeschraubten Klemmring gelagert. Damit läßt sich das Wetterschutzgehäuse in horizontaler Richtung um theoretisch 360 ° drehen. Zur Fixierung werden die an den Klemmringen befindlichen Schrauben angezogen. Für die vertikale Ausrichtung der Antenne ist das Wetterschutzgehäuse im Drehpunkt an der Aufhängevorrichtung gelagert. Die Justierung erfolgt über je zwei Klemmschrauben, die in einem Teilkreis um den Drehpunkt, oben und unten in der Gehäuseseitenwand eingebracht sind.

10.8 Anlagengestaltung einer Richtfunk-Relais-Stelle

Richtfunkstrecken werden ring-, stern- und linienförmig aufgebaut. Dabei besteht jede Richtfunkstrecke aus End- und Relaisstellen. Am Anfang der Strecke wird das zu übertragende Signal in aufbereiteter Form der Sendeeinrichtung zugeführt und am Ende in angenähert derselben Form der Empfangseinrichtung wieder entnommen. In der Regel liegen in einer Richtfunkverbindungsstrecke eine oder mehrere Relaisstellen. Diese Relaisstellen haben die Aufgabe, das zu übertragende Signal zu regenerieren.

Im wesentlichen unterscheidet man in einem Richtfunknetz folgende Funktionseinheiten:

— Endstellen sind Richtfunkeinrichtungen am Anfang oder Ende einer Richtfunk-Grund-Leitung, einschließlich Übergang zur drahtgebundenen Übertragungstechnik.

— Relaisstellen sind Richtfunkeinrichtungen zwischen den Endstellen, auch Abzweigstellen in Richtfunktrassen und Anfang oder Ende von Ersatzschaltabschnitten.

Als Richtfunkbauwerke unterscheidet man:

— Richtfunkstellen mit antennennahem Betriebsraum. Das sind z. B. Fernmeldetürme bei denen der Betriebsraum etwa in Höhe der Antenne angeordnet ist.

— Richtfunkstellen mit ebenerdigem Betriebsraum und abgesetztem Richtfunkturm (siehe Bild 10.14).

— Fernmeldedienstgebäude mit Betriebräumen in einem der Gebäudegeschosse und der Antenne auf dem Dach.

Im Gegensatz zur Übertragung über metallische Leiter ist das Übertragungsmedium bei Richtfunkstrecken die Atmosphäre mit den ihr eigenen, im Radiofrequenzbereich wirksamen Erscheinungen, die die Qualität des Nachrichtensignals beeinflussen und verändern. Darüberhinaus bewirkt die unerwünschte Ausbreitung der elektromagnetischen Energie über zweite Wege (Boden, Wasser, Luftschichten) Interferenzerscheinungen die von den Empfangseinrichtungen möglichst auszugleichen sind. Wie bei jeder Nachrichtenverbindung ist für die Qualität der Übertragung das Verhältnis von Nutz- und Geräuschleistung maßgebend, das sich am Ende des Übertragungsweges ergibt. Für Richtfunkstrecken wurden zur allgemeingültigen Beurteilung von Übertragungswegen vom CCIR (Committee Consulative des Radiotelecommunication International) hypothetische Bezugskreise und die zugehörigen, zulässigen Geräuschleistungen festgelegt. Die Strecke zwischen zwei Richtfunkstellen wird als „Funkfeld" bezeichnet. Die Funkfeldlänge beträgt im Durchschnitt etwa 50 km. Diese längen ergeben sich aus den CCIR-Forderungen in Verbindung mit den physikalischen Ausbreitungsbedingungen, Funkfelder von 100 bis 150 km Länge kommen in Sonderfällen vor.

Bei der leitergebundenen Übertragungstechnik wird für jede Übertragungsrichtung im allgemeinen je ein Leiterpaar benötigt, das die Nachrichtensignale überträgt. Da üblicherweise Gegensprechverkehr (gleichzeitiges Sprechen in beiden Richtungen) möglich sein soll, ist auch die Richtfunkstrecke für Zweirichtungsbetrieb auszulegen. Somit benötigt eine Richtfunkrelaisstelle zwei Sender-/Empfängerpaare, wobei das Empfängerausgangssignal zum nächsten Sender durchgeschaltet ist, und zwei Antennen. Dabei übertragen

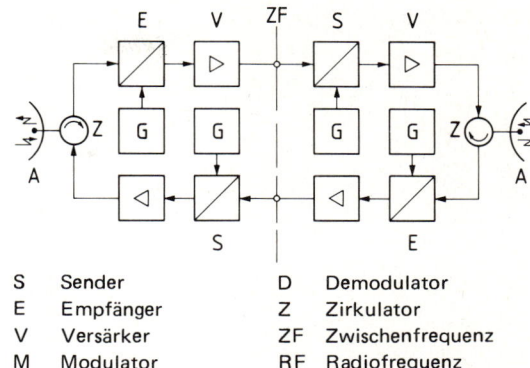

S	Sender	D	Demodulator
E	Empfänger	Z	Zirkulator
V	Versärker	ZF	Zwischenfrequenz
M	Modulator	RF	Radiofrequenz

Bild 10.11 Blockschaltbild Zweirichtungsbetrieb

die in der Richtfunktechnik verwendeten Antennen gleichzeitig Sende- und Empfangssignale (Bild 10.11).

Das in der Antenne (A) empfangene Richtfunksignal wird über den Zirkulator (Z) der RF-Anschlußgruppe und über entsprechende Kanalfilter zu dem Empfänger (E) geführt. Der Empfänger setzt das RF-Signal mit Hilfe des Frequenzgenerators (G) im Empfangsmischer auf die Zwischenfrequenzebene (ZF) von 70 oder 140 MHz um. Diese Zwischenfrequenz wird im Verstärker (V) verstärkt und an den Sender (S) weitergegeben. Der Sender mischt die ZF mit Hilfe seines Frequenzgenerators auf eine andere Richtfunkfrequenz (Kanal) als sie in der Empfangsrichtung verwendet wurde. Durch diese Kanaltrennung vermeidet man ein Übersprechen der auf einer Richtfunkstelle an- und abgehenden Richtfunksignale. Vom Sender gelangt das RF-Signal über Kanalfilter und Zirkulator wieder zur Antenne und wird dort zur nächsten Relais- oder Endstelle gestrahlt. Die Übertragungseinrichtungen bestehen auf jeder Richtfunkstelle aus einer Kombination von Grundbausteinen, die durch das einheitliche Gerätekonzept beliebig erweiterbar ist. Die Ausrüstung einer Richtfunkrelaisstelle besteht z. B. aus:

Sender mit Leistungsstufe
Empfänger
Ersatzschaltgeräte
Stromversorgung
Zentrale Überwachung
Dienstkanaleinrichtung
Multiplexeinrichtung
Fernwirkunterstation
Sicherungs- und Stromverteilungseinsätze
RF-Anschlußgruppen mit Antennen.

Bild 10.12 zeigt einen Modellaufbau einer RF-Relais-Stelle. Auf dem Bild sind in den beiden linken Gestellen Sender- und Empfängereinsätze in der Kompaktbauweise zu sehen. Über die Einsatzaufnahme ist die RF-Weiche eingebaut, an die seitlich die RF-Energieleitung angeschraubt ist. Das mittlere Gestell ist das Zentralgestell mit den Richtfunkzusatz-

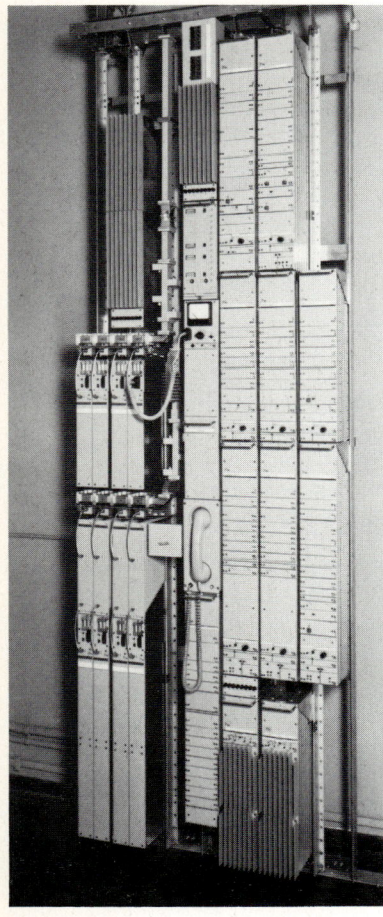

Bild 10.12
Modellaufbau einer
RF-Relais-Station

nen Signalkanal (Signalträger 3850 Hz oder 3825 Hz) zur Übertragung der vermittlungstechnischen Kennzeichen zur Verfügung. Das Multiplexgerät wird zur Signalaufbereitung von Dienstgespräch- und Fernwirksignal benötigt.

– Fernwirkeinrichtungen dienen zur Überwachung und Steuerung der Geräte in unbemannten Betriebsstellen (Unterstellen) von einer bemannten Betriebsstelle (Zentrale) aus. Jede Änderung des Betriebszustandes der überwachten Geräte in der Unterstelle wird als „Meldung" an die Zentrale übermittelt. Die Fernsteuerung geschieht durch Betätigung von Kommandotasten oder über Rechnerbefehle, die in den Geräten die gewünschten Umschaltungen vornehmen.

Der Betriebsstellenaufbau einer Richtfunk-Relais-Stelle wird in der Regel in besonderen, zum Teil klimatisierten Räumen untergebracht. Ausnahme hiervon ist das im Abschnitt 10.7 beschriebene Wetterschutzgehäuse für Richtfunkübertragungsgeräte.

Über dem Gestellaufbau für die Übertragungsgeräte ist der Flächenkabelrost angebracht (Bild 10.13). Der Flächenkabelrost besteht aus einem Gitter von Duralumium-Rohren (Durchmesser 35 mm, Wandstärke 2 mm,) die mit speziellen Klemmverbindern zu Einheitsfeldern zusammengekoppelt sind.

Die Rohre können am Montageort auf die den Raumverhältnissen angepaßten Längen zugeschnitten werden. Über Abstandshalter ist der Kabelrost von der Decke abgehängt montiert. Die Befestigung an Wänden und Raumstützen erfolgt über Verbindungsstücke. Auf einen derartigen Flächenkabelrost können die Einzelgestelle übersichtlich und auf dem kürzesten Weg mit Kabeln verbunden werden. Die Verlegung der RF-Energieleitungen erfolgt ebenfalls über den Flächenkabelrost. Die Kabel werden, durch einzelne Kabelsprossen geordnet, einfach auf den Rost gelegt. Eine zusätzliche Befestigung der Einzelkabel entfällt. Für die Verlegearbeiten sind im Kabelrost bestimmte Felder als Arbeitsöffnungen freigehalten. Die Beleuchtung der Gänge zwischen den Ge-

geräten. Die Übrigen Einsätze sind Leitungsersatzschaltgeräte und Stromversorgungen.

– Die Ersatzschalteinrichtung hat die Aufgabe, im Falle einer Störung in einer Richtfunkstrecke, diese Strecke ersatzzuschalten. Die Umschaltung wird in der Regel automatisch ausgelöst. Auslösekriterien sind der Geräteausfall einer Sende- oder Empfangskomponente, der Geräuschanstieg über einen vorgegebenen Grenzwert oder Wartungs- und Meßarbeiten.

– Die Zentrale Überwachung dient zur Erfassung, Signalisierung und Quittierung einer Störung in den Modem-, Richtfunk- und Zusatzgeräten einer Richtfunkstelle. Außerdem verfügt die Zentrale Überwachung über eine Meßstelle für die einzelnen Meßpunkte der Geräteeinsätze (Gerätediagnose).

– Die Dienstkanaleinrichtung verbindet die einzelnen Richtfunkstationen telefonisch miteinander. Außerdem übernimmt sie die Übertragung der Fernwirksignale und der Ersatzschaltbefehle.

– Die Multiplexeinrichtung dient zur Vielfachausnutzung des Dienstkanals der Richtfunkübertragungsstrecke. Sie stellt hochwertige Kanäle mit einem Frequenzbereich von 300 bis 3400 Hz für die Sprachübertragung und ei-

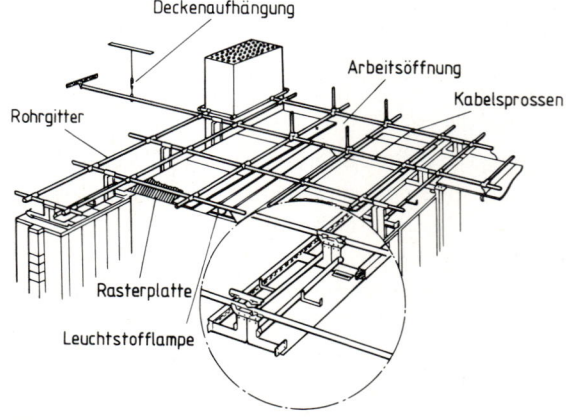

Bild 10.13 Flächenkabelrost

stellen erfolgt über auf der Rostunterseite montierte Leucht-
stofflampen. Um den Kabelrost abzudecken, montiert man
Rasterplatten an die Rostunterseite. Die Geräte in der Betriebsstelle werden entweder aus dem Wechselstromnetz
oder aus Batterien gespeist. Die Stromversorgungsleitungen
führen von der zentralen Energieversorgungsanlage zu einem
Stromverteiler im Gestell. Über Einzelsicherungen werden
dann die Stromversorgungsgeräte mit der Betriebsspannung
versorgt. Da die modernen Geräte vorwiegend mit Halblei-
tern bestückt sind, wird die Stromversorgung aus einer ört-
lichen Batterie entnommen, die vom Netz über Ladegleichrichter gepuffert wird. Bei Ausfall der Netzstromversorgung
übernimmt die Batterie allein für einige Stunden die Energie-
versorgung. Bei Fehlen des Netzanschlusses wird die Netz-
spannung durch zwei Dieselaggregate erzeugt, von denen jeweils eines in Betrieb ist, das zweite für den Fall einer Störung als Reserve dient.
Bild 10.14 zeigt den Grund- und Aufriß einer Einheitsrichtfunkstelle.

Literaturverzeichnis

Elektrisches Nachrichtenwesen ITT, Band 47, Nummer 1, 1972
Rahmenpflichtenheft Bw 7R
Richtfunkverbindungen von Dr. Ing H. Carl, Verlag W. Kohlhammer
Siemens Zeitschrift 45 (1971) und 48 (1974), Beiheft „Nachrichten-
   Übertragungstechnik"
Taschenbuch der Fernmeldepraxis 1978 und 1980, 1978 Seite 285
   und 309, 1980 Seite 224 und 249
Telecom report (1979), Beiheft „Digitale-Übertragungstechnik",
   Seite 29 bis 33
Telefunken Jahrbuch 75/76, Seite 77 bis 82

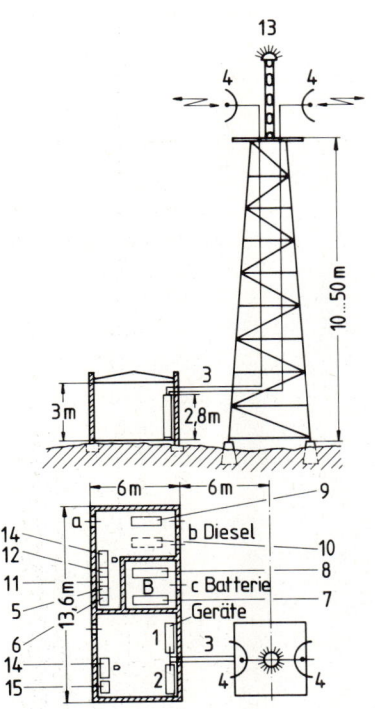

Zu Bild Nr. 10.14
 B Batterieraum
 a Kühlluft — Eintritt
 b Kühlluft — Austritt
 c Batterieraum — Entlüftung
 1 Richtfunkgestell
 2 Erweiterung
 3 Antennenleitung
 4 Parabolantennen
 5 Ladegleichrichter (Betrieb)
 6 Ladegleichrichter (Ersatz)
 7 Akkumulatorenbatterie 48 V
   (Betrieb)
 8 Akkumulatorenbatterei 48 V
   (Ersatz)
 9 Dieselaggregat
10 Dieselaggregat (Ersatz)
11 Schalt- und Überwachungseinrichtung
   für Starkstrom
12 Schalt- und Überwachungseinrichtung
   (Ersatz)
13 Turmbefeuerung
14 Schreibtisch
15 Schrank

Bild 10.14 Grund- und Aufriß einer Einheitsrichtfunkstelle

11 Anlagengestaltung der Kommunikationstechnik
– Rechnergesteuerte Vermittlungssysteme –

von Gerhard Fischer, SEL Stuttgart

11.1 Einleitung

Die Aufgabe der Vermittlungstechnik ist es, Gesprächspartner miteinander zu vermitteln. Technisch gesehen geschieht dies durch elektrische Schaltkreise, die bei einem größeren Umfang an Vermittlungen zu einer Anlage (Vermittlungsstelle) zusammengefaßt sind.

Die äußere Gestalt, der Aufbau, die Handhabung und die mechanische Funktion einer Anlage bestimmt im wesentlichen die Bauweise. Unter ihr ist der gesamte mechanische Aufbau einer Anlage zu verstehen beginnend von den Schrank- oder Gestellreihen zu den Schränken oder Gestellen, die die Baugruppenrahmen tragen, schließlich zu den Baugruppen auf denen die Bauelemente aufgebracht sind. Weiter gehört zur Bauweise die Verkabelung, die Stromversorgung, die Entwärmung und die Anpassung an die räumlichen Gegebenheiten.

Die Bauweisen bedürfen einer ständigen Weiterentwicklung bedingt durch:

● Neue Bauelemente-Technologien

Hier geht der Trend zu steigendem Integrationsgrad und zunehmender Miniaturisierung der Bauelemente. Beispiele hierfür sind LSI, VLSI, Hybride, Mikroprozessoren. Damit bekommt das Problem der Entwärmung immer mehr Gewicht; bedenkt man, daß auf einem Chip von $4 \times 5 \ mm^2$ ca. 80 000 Funktionen integriert sein können.

● Veränderung der Systemstrukturen

Die früheren Systeme waren elektromechanische analoge Systeme mit Raumvielfachen. Hier galt es, Relais und mechanische Wähler funktionsgerecht unterzubringen. Die modernen Systeme sind elektronisch analoge Systeme mit Raumvielfachen. Elektronische Bauelemente auf steckbaren Baugruppen sind nach Funktionseinheiten in eine Schrank- oder Gestellbauweise integriert. Die zukünftigen Systeme werden elektronisch digitale Systeme mit Zeitvielfachen sein, die eine wesentliche kompaktere Bauweise zulassen und verlangen.

● Neue Werkstofftechnologien

In der Vermittlungstechnik finden Aluminium und Kunststoffe neue Anwendungsmöglichkeiten. Keramiken für Hybridsubstrate, seltene Metalle für Widerstandspasten, Glasfasern für Lichtleiter und Glaspasten für gedruckte Dielektrikas zeigen neue Wege auf, technische Probleme zu lösen.

● Moderne Konstruktionsprinzipien

Diese sind mit richtungsweisend für die Weiter- bzw. Neuentwicklung von Vermittlungsanlagen. Um nur einige zu nennen, gehören dazu das Baukastensystem, volle Steckbarkeit, erhöhte Entwärmbarkeit, Modularität, vollbestückter Transport und DV-gestützte Fertigbarkeit der Bauweise.

In den folgenden Ausführungen werden zunächst die Aufbauten der eingeführten Vermittlungssysteme dargestellt, um dann überzugehen auf die Bauweise und Anlagengestaltung zukünftiger digitaler Vermittlungssysteme.

11.2 Eingeführte Vermittlungssysteme

Als Beispiel für die eingeführten Vermittlungssysteme sollen das EMD-System (Elektromotorischer Drehwähler) und das EWS-System (Elektronisches Wählsystem) dienen. Beide Systeme sind analoge Systeme mit Raumvielfach-Koppelpunkten.

11.2.1 EMD-System

Einen Ausschnitt aus einer EMD-Anlage zeigt Bild 11.1. Es ist eine nicht selbststehende Gestellreihenbauweise, bei der die einzelnen Gestelle auf sogenannten Füßen stehen und oben in an der Decke befestigte Schienen eingehängt oder angeschraubt sind. Diese Schienen tragen zugleich den Flächenrost, auf dem die Systemkabel verlegt sind. Die Verkleidung der Füße bildet einen Kabelkanal zur Aufnahme weiterer Systemkabel. Die Bauweise teilt sich entsprechend

Bild 11.1 EMD-Anlage, Ausschnitt

Bild 11.2 Detailansicht

Bild 11.2 nach unten in Relaisschienen und schwenkbaren Rahmen auf. Bedingt durch die eingesetzten Bauelemente bestand das Konstruktionsprinzip darin, möglichst vielfältig und einfach diese Bauelemente darin aneinanderzureihen.

Das EMD-System ist nicht nach dem Steckprinzip aufgebaut. Die Verdrahtung erfolgt in Form von Kabelbäumen. Jeder Schaltdraht wird einzeln verlegt, dann mehrere Drähte zu Bündeln und diese wiederum zu Stämmen zusammengefaßt. Der so entstandene Kabelbaum schmiegt sich an das Gestell an. Die elektrischen Verbindungen werden durch das direkte Anlöten der Drähte an das Bauelement hergestellt. Für die Verbindungen von Gestell zu Gestell führen die Drähte zu einem Verteiler innerhalb des Gestelles und gehen von dort gebündelt oder als Kabel zu den jeweiligen Gestellen.

Die Stromversorgung gestaltet sich hier recht einfach. Da nur eine Versorgungsspannung (60 V-) zugeführt wird, genügt eine oben liegende Kupferschiene, die an jeder Gestellposition durch Schraubverbindungen anschließbar ist. Jedes Gestell hat eine Art Spannungsverteiler von dem aus die Spannungen zu den jeweiligen Relaisschienen über angelötete Drähte gelangen.

Wo es erforderlich ist, sind in den Gestellen Bedienfelder nach ergonomischen Gesichtspunkten untergebracht. Sie enthalten die notwendigen Prüfbuchsen, Schalter, Anzeigeelemente und Tasten. Die Wartung ist arbeitsintensiv, weil die meisten mechanischen Teile verschraubt und die elektrischen Teile miteinander verlötet sind.

Die Entwärmung stellt in diesem System kein Problem dar. Pro Gestell treten im Mittel ca. 200 Watt auf. Beim EMD-System handelt es sich um eine starre Bauweise. Das heißt, es ist nicht vorgesehen, Gestelle von einem Platz zu einem anderen zu verlegen.

Bild 11.3 EWS-Anlage, Ausschnitt

11.2.2 EWS-System

Den prinzipiellen Aufbau einer EWS-Anlage zeigt Bild 11.3. Auch hier sind es Gestelle, die wie bei dem EMD-System auf dem Boden stehen und oben an Schienen befestigt sind. Bei diesem System kam das modulare Prinzip von steckbaren Baugruppen und Kabel voll zur Anwendung.

Der Gestellrahmen aus gebogenem Blech und an den Stoßkanten verschweißt, trägt die Baugruppenrahmen. Vier Typen von Baugruppenrahmen sehen zur Auswahl, einzeilige bis vierzeilige. Jede Zeile hat eine lichte Höhe von 117 mm. Die EWS-Bauweise bietet vier Baugruppentypen an, einzeilig lang oder kurz und zweizeilig lang oder kurz.

Die Konstruktion des Baugruppenrahmens läßt den Einsatz aller Baugruppentypen nebeneinander zu. Einzelne Führungsschienen aus Kunststoff führen die Baugruppen zur Messerleiste hin und übernehmen die Zuordnung der Baugruppen innerhalb des Rahmens. Bild 11.4 zeigt einen Baugruppenrahmen.

Auf der Rückseite des Baugruppenrahmens ist der Verdrahtungsrahmen montiert. Er stellt eine eigene Einheit dar und trägt die Messerleisten und die Verdrahtungsplatten auf der die Stromzuführung zu den einzelnen Baugruppen gedruckt ist. Lötverbindungen stellen die mechanischen und elektrischen Verbindungen zwischen Messerleiste und Verdrahtungsplatte her. Die Signalverdrahtung innerhalb eines Baugruppenrahmens erfolgt durch Wickelverbindungen, während die Steckkabel die Baugruppenrahmen und die Gestelle untereinander verbinden. Alle Kabel sind von der Frontseite her steckbar. Bild 11.5 zeigt einen Verdrahtungsrahmen.

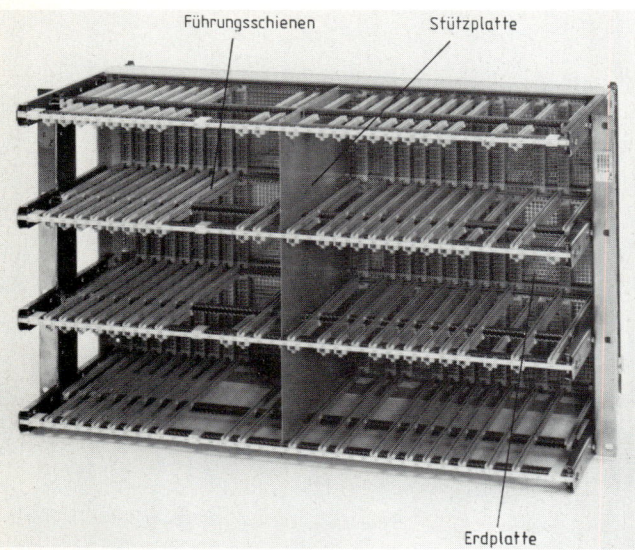

Bild 11.4 Baugruppenrahmen

Bild 11.6 Kabelwege

Bild 11.5 Verdrahtungsrahmen

An den Gestellen befestigte Flächenroste und Kabelkanäle in den Fußverkleidungen führen die Steckkabel von Gestell zu Gestell. Siehe hierzu Bild 11.6.

Die Kabelstecker sind ähnlich einer Baugruppe gestaltet und lassen sich in jeden Baugruppenplatz stecken. Das hat den Vorteil, daß alle steckbaren Einheiten nur von der Frontseite her zugänglich sind. Nachteilig wirkt sich aus, daß Baugruppenplätze verloren gehen und die Zugänglichkeit zu den Baugruppen durch die Kabel erschwert wird.

Von der Batterie gelangt die Betriebsspannung über Stromschienen zu den Spannungswandlern, die in den oberen Teil des Gestells angeschraubt sind. Es können mehrere Span-

nungswandlertypen in einem Gestell zum Einsatz kommen, weil die elektrischen Bauelemente auf den Baugruppen unterschiedliche Speisespannungen benötigen. Vertikale Stromschienen, an der Seite des Gestellrahmens befestigt, leiten die Speisespannungen über Flachstecker von den Spannungswandlern zu den Verdrahtungsplatten.

Auch im EWS-System sind die Bedienfelder in den Gestellen nach ergonomischen Gesichtspunkten gestaltet und angebracht. Aufgrund der Steckbarkeit erleichtert sich die Wartung gegenüber dem EMD-System. Problematisch ist auch für diese Bauweise eine Umrangierung der Gestellpositionen, weil es sich hier ebenfalls um eine starre Gestellbauweise handelt. Für die Entwärmung einer Anlage bedarf es noch keiner besonderen Maßnahme, weil die Verlustleitung in einem Gestell bei ca. 400 Watt liegt.

11.3 Zukünftige digitale Vermittlungsanlagen

Die zukünftigen Vermittlungssysteme werden in der PCM-Technik (Puls-Code-Modulation) ausgeführt sein. Die Vorteile gegenüber der Analogtechnik sind z. B. geringe Störanfälligkeit, Zeitvielfach, bessere Dezentralisierbarkeit und geringeres Aufbauvolumen. Mit fortschreitender Miniaturisierung der elektronischen Bauelemente steigt gerade in der PCM-Technik der Integrationsgrad der Anlage. Wofür z. B. in der früheren Relaistechnik 2–3 Gestelle notwendig waren, wird heute von ca. 20 steckbaren Baugruppen erfüllt.

Dies wiederum wirkt sich aus in kompakteren und übersichtlicheren Funktionseinheiten.

Um alle diese Vorteile voll auszuschöpfen und optimale Aufbaumöglichkeiten anbieten zu können, muß bei der Entwicklung einer neuen Bauweise für ein digitales Vermittlungssystem von folgenden Zielsetzungen ausgegangen werden:

— Eine einheitliche Bauweisekonstruktion für alle digitalen Vermittlungs-System-Varianten.
— Eignung für den Aufbau von Schrankreihen und auch für einzelne freistehende Schrankeinheiten.
— Freiheit in der Anordnung von Funktionseinheiten in modularen Aufbauten je nach räumlichen und systembedingten Anforderungen.
— Volle Steckbarkeit bei den elektronischen Baugruppen, den Verdrahtungseinheiten und der Verkabelung, um eine einfache Montage und Veränderbarkeit auf der Betriebsstelle zu ermöglichen.
— Optimale Entwärmung, um eine hohe Funktionszuverlässigkeit bei bester Raumausnutzung zu gewährleisten.
— Vollbestückter Transport der geprüften Schränke, um schnelle und fehlerfreie Montage zu ermöglichen.
— Einfache Erweiterung ohne Unterbrechung des Systems.
— Gute Zugänglichkeit für einfache Wartung und Instandhaltung.
— Bedienungskomfort an der Schnittstelle Mensch-System nach ergonomischen Gesichtspunkten.
— Modernes und attraktives Aussehen.
— Minimale Herstellungskosten.

Diese Zielsetzungen führen zu einer Bauweise und zu einer Aufbaulösung wie sie in den folgenden Kapiteln beschrieben ist.

11.3.1 Aufbaulösung

Realisiert wurden diese Zielsetzungen durch ein Baukastensystem, mit voller Steckbarkeit und Modularität für alle Anwendungsfälle in der Vermittlungstechnik.

Das Baukastensystem stellt eine Einheitsbauweise dar, bestehend aus:

— Einem freistehenden Schrankrahmen.
— Einheitlichen Baugruppenrahmen mit einer Leiterplattenteilung von 10 Modul (25,4 mm).
— Einem standardisiertem Sicherungsrahmen zur Aufnahme der Sicherungen und Abzweigklemmen.
— Spannungswandlereinschüben in Einheitsgehäusen.
— Kompakten Rückwandverdrahtungen in Leiterplattentechnik mit Zwischenverbindungen in Einpreßtechnik.
— Einer einheitlich angewendeten Steckerfamilie in abisolierfreier Verbindungstechnik (Schneid-Klemm-Verbinder) für alle Systemkabel (Rund-, Flach- und Koaxialkabel).
— Eine Leiterplattengröße für alle steckbaren Baugruppen.

Bild 11.7
Einzelschrank

Bild 11.8 Vermittlungsstelle mit 6 Schränken

— Eine Standardgestellverkleidung, die aus einheitlichen Türen, Blenden, Abdeckungen und Endrahmen besteht.
— Einheitlichen Kabelkanälen zur Aufnahme der Systemverkabelung und der Stromversorgungsleitung.

Aus diesem Baukastensystem lassen sich alle Varianten von einzelnen freistehenden Schränken bis zu großen Anlagen aufbauen. Die Bilder 11.7 bis 11.9 zeigen die Möglichkeiten.

Bild 11.9 Vermittlungsstelle mit 5 Schrankreihen

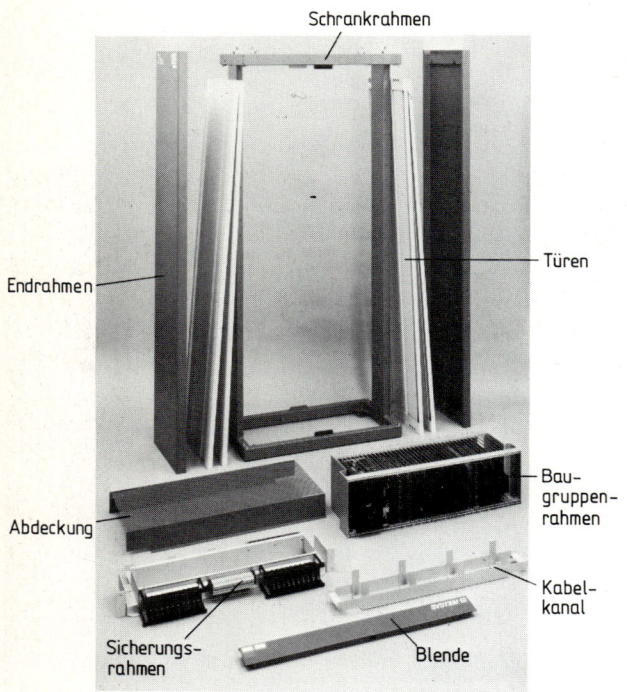

Bild 11.10 Mechanische Einzelteile

11.3.2.1 Stecksysteme

Bei allen Bauweisen nach dem Konstruktionsprinzip „Volle Steckbarkeit" entwickelt, nimmt das Stecksystem als Bindeglied zwischen Elektronik und Mechanik eine dominierende Stellung ein.

Der hohe Integrationsgrad der Bauelemente, die hohe Packungsdichte der Baugruppen und Funktionseinheiten sowie die elektrischen Bedingungen, wie hohe Taktgeschwindigkeit, geringe elektromechanische Koppelungen, definierte Impedanzen und eine einfache Montage stellen an das Stecksystem folgende Anforderungen:

- Hohe Zuverlässigkeit.
- Hohe Packungsdichte.
- Induktionsarme Verbindungen.
- Modularer Aufbau mit Trennung zwischen Bedien- und Verdrahtungsebene.
- Gute Zugänglichkeit und Prüfbarkeit von Verkabelung und Verdrahtung.
- Einfache Montage mit einem Minimum an Einzelteilen.
- Einfache Erweiterbarkeit bei Umrüstung und Ergänzung.

Diese Forderungen erfüllt das in Bild 11.11 dargestellte Stecksystem mit seinen Steckverbindern, der dazugehörigen Verdrahtungsplatte und der Technologie „Einpreßtechnik".

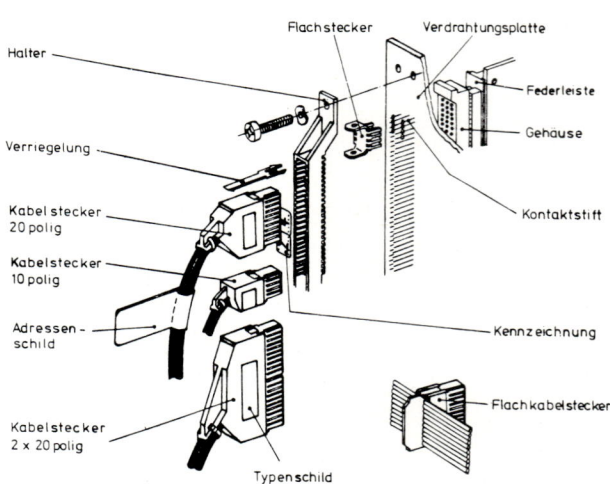

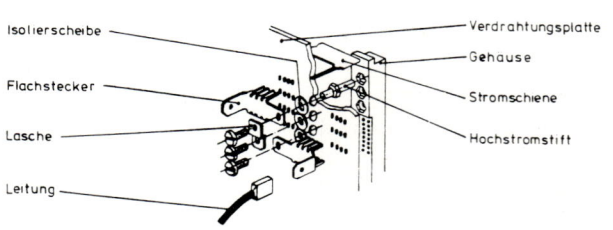

Bild 11.11 Stecksystem

Wie das Bild 11.10 zeigt, sind alle Bestandteile einfach zu fertigen.

11.3.2 Bauweise

Wie schon einleitend erwähnt, bestimmt die Bauweise im wesentlichen die Anlagengestaltung eines Vermittlungssystems. Die nachfolgenden Kapitel stellen konstruktive Details vor, die den zukünftigen Anforderungen gerecht werden.

Von der Front- zur Rückseite des Schranks gehend ist folgender Aufbau ersichtlich:

- Federleiste auf der Leiterplatte.
- Gehäuse zur mechanischen Aufnahme der Federleiste und Abstützung der Kontaktstifte.
- Kontaktstifte in Einpreßtechnik zur elektrischen Verbindung der Federleiste mit der Verdrahtungsplatte und den Kabelsteckern.
- Verdrahtungsplatte als gedruckte Schaltung zur Verknüpfung der Signale innerhalb einer Funktonseinheit und zur Stromzuführung zu den Baugruppen.
- Halter zur Aufnahme der Kabelstecker und deren Verriegelung.
- Kabelstecker mit dem Systemkabeln.

Die Federleiste kann je nach Bedarf mit einer, zwei oder drei Kontaktreiehen zu je 32 Kontakten im Raster von 2,54 mm bestückt sein. Im Gehäuse sind zwei Löcher zur Befestigung an der Leiterplatte vorgesehen. Die elektrische Verbindung mit der Leiterplatte wird durch Schwallöten erreicht. Die Abmessungen und die Stiftkennzeichnung sind aus dem Bild 11.12 ersichtlich. Im Reparaturfall lassen sich einzelne fehlerhafte Kontakte austauschen.

Die Messerleiste setzt sich zusammen aus den in die Verdrahtungsplatte eingepreßten Kontaktstiften und einem Kunststoffgehäuse, das über die Kontaktstifte gedrückt ist. Eine zusätzliche Befestigung des Gehäuses entfällt. Bild 11.13 zeigt das Kunststoffgehäuse und Bild 11.14 den Aufbau der Messerleiste.

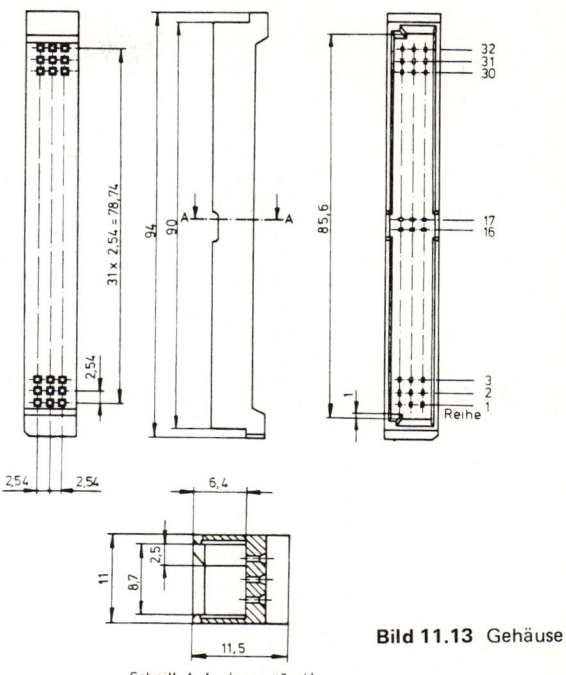

Bild 11.13 Gehäuse

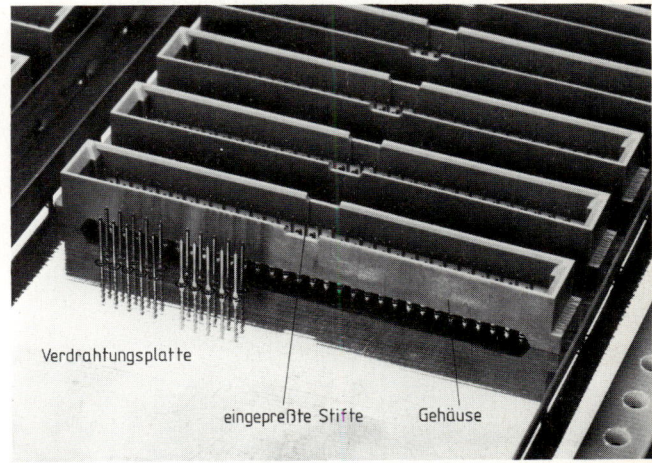

Bild 11.14 Aufbau Messerleiste

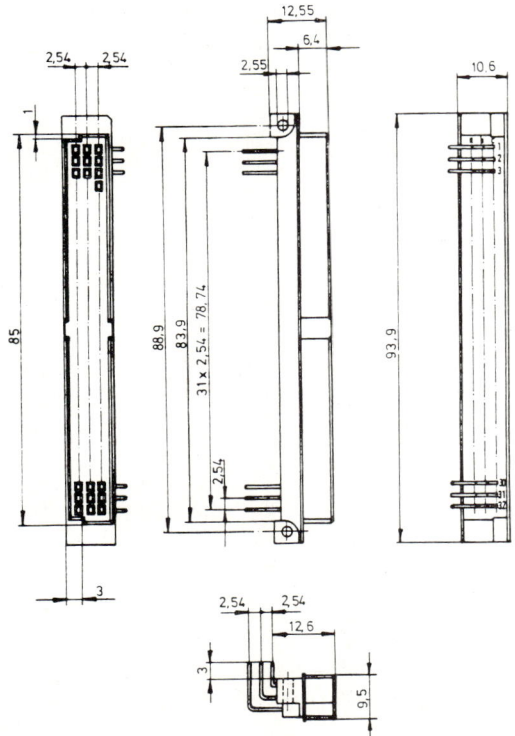

Bild 11.12 Abmessungen der Federleiste

Der Kontaktstift nach Bild 11.15 ist entsprechend seiner Funktionen in vier Zonen aufgeteilt:

- Die Zone X bildet das Kontaktmesser für die Federleisten auf den Baugruppen.
- Die Zone Y hat die gleiche Funktion für die Kabelstekker.
- Die Zone V dient zum Einpressen des Stifts in die Verdrahtungsplatte.
- Die Zone W ist als Wickelpfosten ausgebildet und kann zwei Mini-Wrap-Verbindungen aufnehmen.

Im Reparaturfall lassen sich die Kontaktstifte ohne Beschädigung des Kunststoffgehäuses entfernen und durch neue ersetzen.

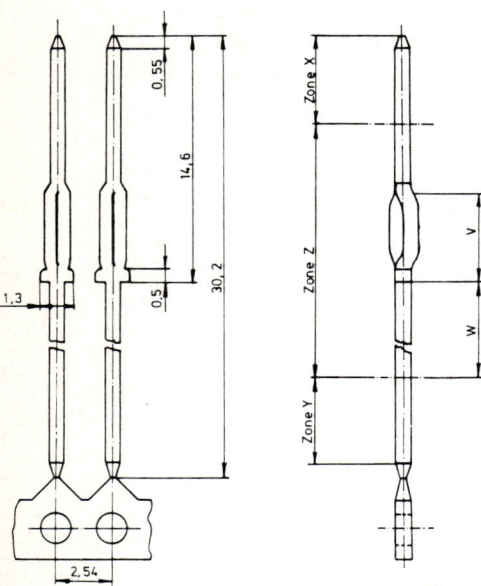

Oberfläche : 2 µm Gold über ca. 3 µm Nickel in Zone X und Y
Hauchvergoldung über ca. 3 µm Nickel in Zone Z

Material : Phosphor - Bronze , 34,9 mm x 0,6 mm

Bild 11.15 Kontaktstift

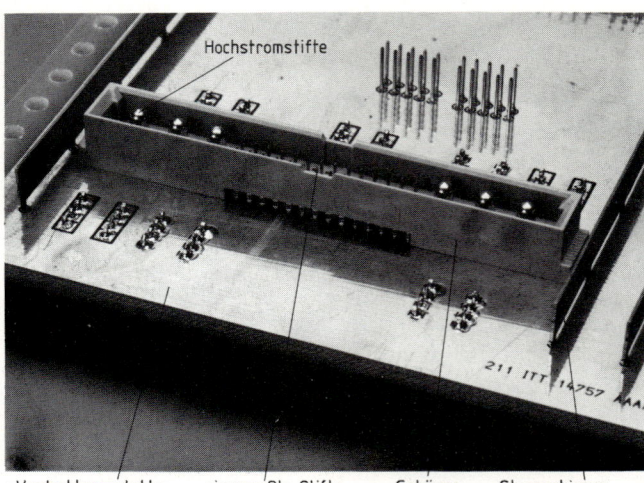

Bild 11.17 Messerleiste Stromversorgungsstecker

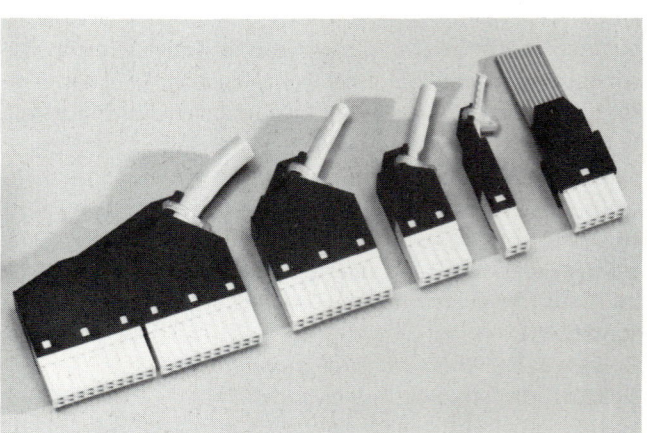

Anzahl der Kontakte	$2 \times (2 \times 10)$	2×10	2×5	2×2	2×5
					(Flach)

Bild 11.18 Kabelstecker

takte Hochstromkontakte mit einer Strombelastbarkeit von max. 20 A eingesetzt sind.

Eine Hochstromfederleiste zeigt Bild 11.16 und eine Hochstrommesserleiste Bild 11.17.

Für Rund-, Flach- und Koaxialkabel bietet die Bauweise eine einheitliche Steckerfamilie an. Eine Übersicht zeigt Bild 11.18. Alle Kabelstecker weisen folgende Eigenschaften auf:

— Einheitliche Anschlußtechnik in Schneidklemmverbindung.

— Kontakte nach dem gegenüberliegenden Doppelfederprinzip.

— Zweireihige Kontaktanordnung in Raster von 2,54 mm.

— Beliebige Anordnung der Steckr in der Halterung.

— Sicherung, daß die Kabelstecker nicht verkehrt gesteckt werden können.

— Einfache Montage durch Schnappverbindungen.

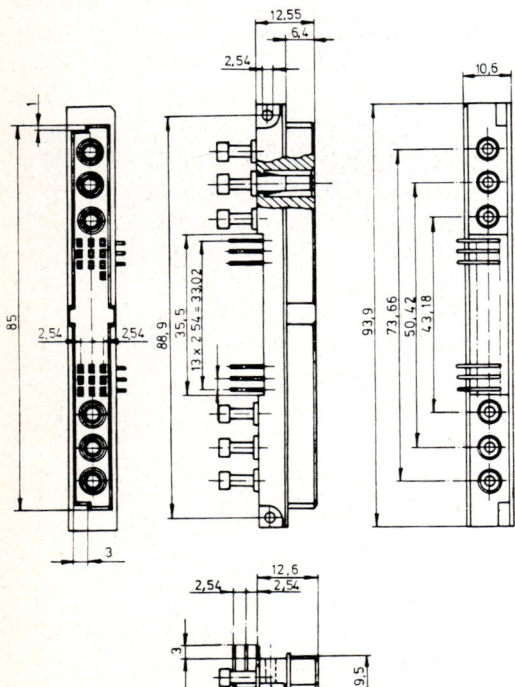

Bild 11.16 Abmessungen der Federleiste für Stromversorgungsstecker

Die Stromversorgungsverbinder sind ebenfalls in Feder- und Messerleiste aufgeteilt. Die Spannungswandler speisen den Strom über diese Steckverbinder in die Verdrahtungsplatte ein. Der Unterschied zu den vorherbeschriebenen Feder- und Messerleisten besteht darin, daß an Stelle normaler Kon-

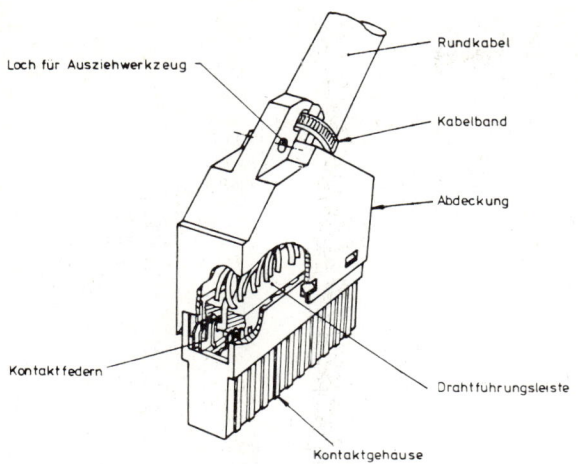

Bild 11.19 Kabelstecker mit Rundkabel beschaltet

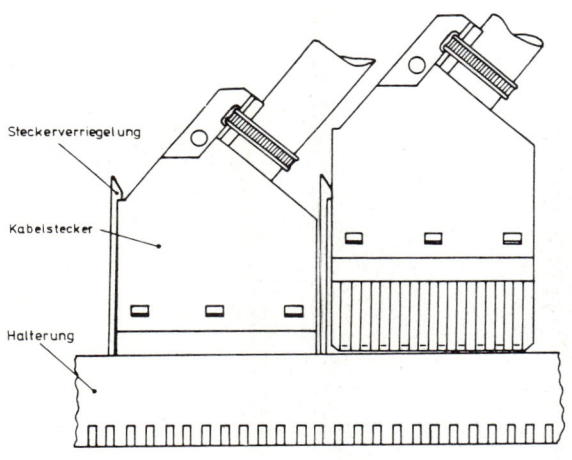

Bild 11.20 Steckverbindung mit Verriegelung

Die Kontaktfedern mit dem Schneidklemmteil sind aus einem Stück hergestellt. Das eine Ende bildet den Doppelkontakt und das andere den Vierpunkt-Schneidklemmverbinder. Das Prinzip zeigt Bild 11.19.

Unterschiedlich breite Rippen an beiden Seiten des Kontaktgehäuses verhindern mit den entsprechenden Nuten in der Halterung ein verkehrtes Stecken. Die Zugentlastung übernimmt ein Kabelband. An der Stirnseite liegt ein Absatz, wo die Steckerverriegelung eingreift. Bild 11.20 zeigt die Funktion der Steckerverriegelung.

Bei den Flachbandkabelsteckern ist die Zugentlastung durch die Steckerform selbst gewährleistet. Außerdem ermöglicht dieser Steckertyp, Girlandenkabel herzustellen wie im Bild 11.21 dargestellt.

11.3.2.2 Baugruppen und Einschübe

Dem auf volle Steckbarkeit und geringe Typenzahl abzielenden Konstruktionsprinzipien entsprechend, sind die Baugruppen als steckbare Einheiten gleicher Größe ausgeführt. Jede besteht aus einer bestückten Leiterplatte mit einer Griffblende und zwei Federleisten. Den Aufbau zeigt Bild 11.22.

Die Leiterplatten tragen die Bauelemente, die durch die gedruckte Schaltung elektrisch verbunden sind. Die Forderung nach schwerer Entflammbarkeit führt zu einem Basismaterial aus Glasfilamentgewebe getränkt mit flammwidrig eingestelltem Epoxidharz nach DIN 40 801. Die Leiterplatten können je nach Verbindungsdichte ein-, zwei- oder mehrlagig sein. Leiterzüge in Feinleitertechnik mit einer Nennleiterbreite von 0,3 mm sind erforderlich, um eine hohe Verdrahtungsdichte zu erreichen. Eine aufgeschmolzene Zinn-Blei-Schicht schützt das Leiterbild vor korrosiven Einflüssen und sorgt für eine gute Lötbarkeit.

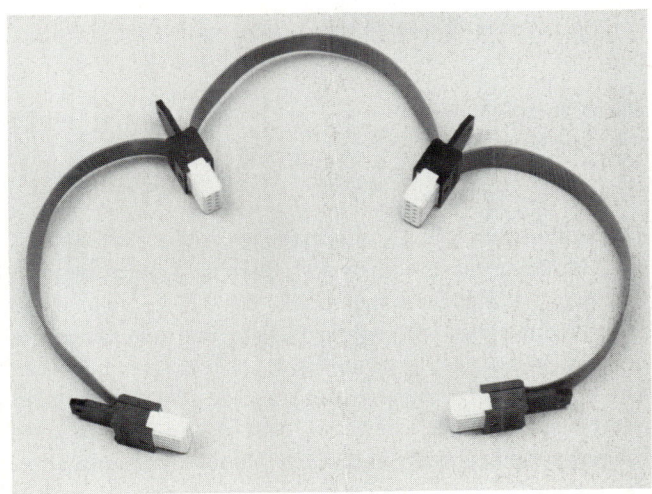

Bild 11.21 Flachkabelstecker (Girlandenkabel)

Bild 11.22 Standardbaugruppen

Bei der Auslegung der Leiterplatten sind bestimmte Regeln zu beachten, die das Auslegen selbst erleichtern, die Belange NC-gesteuerter Zeichenmaschinen und automatischer Bestück- und Prüfeinrichtungen berücksichtigen. Somit liegen alle Leiterbahnen, Durchmetallisierungen und Anschlußbohrungen auf einem Raster. Das kleinste Rastermaß für die Leiterbahnen beträgt 0,635 mm und das für die Durchmetallisierungen und Anschlußbohrungen 1,27 mm. Mit Hilfe dieser Raster lassen sich die Leiterbilder einfach digitalisieren und Datenträger für die Bohrmaschinen, Zeichenmaschinen und Bestückungsautomaten gewinnen. Eine weitere Hilfe ist durch eine sogenannte Grundauslegung möglich, die von folgenden Konfigurationen ausgehen kann:

− Feste Einbauplätze für integrierte Schaltungen im DIL-Gehäuse.
− Einheitliches Steckeranschlußbild.
− Systematische Stromzuführung für die Bauelemente.
− Feste Prüfpunkte.

Das Beispiel einer solchen Grundauslegung zeigt Bild 11.23.

Die auf die Leiterplatte genietete Griffblende ist für alle Baugruppen gleich und aus einem Aluminium-Strangpreßprofil hergestellt. Sie versteift die Plattenvorderkante, dient zum Stecken und Ziehen der Baugruppe, trägt die Bezeichnung und nimmt die Halterung für die Bedien- und Anzeigebauelemente auf. Siehe hierzu Bild 11.24.
Zu steckbaren Einschüben zusammengefügte Leiterplatten bilden z. B. die Spannungswandler und die Anzeige- und

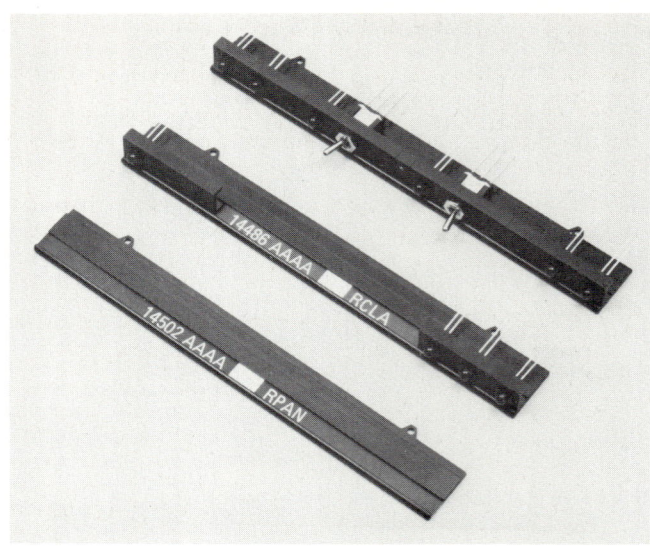

Bild 11.24 Griffblenden

Bild 11.25 Spannungswandler

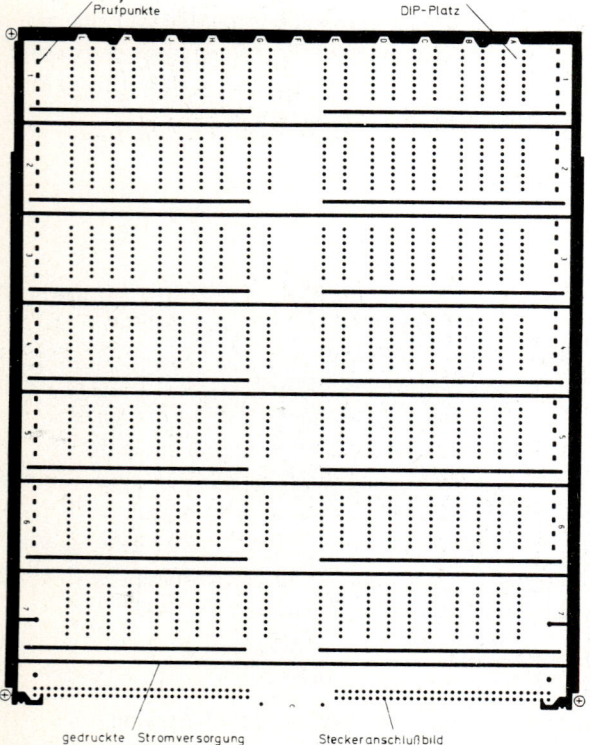

Bild 11.23 Leiterplatten Grundauslegung (Bauelementeseite)

Testbaugruppen. Sie benötigen keine zusätzliche Befestigung im Baugruppenrahmen und lassen sich gleich handhaben wie die Standardbaugruppen. Bild 11.25 zeigt einen Spannungswandler. An der Frontseite und der Längsseite des Spannungswandlers montierte Kühlkörper bewirken eine optimale Entwärmung der Wandler. Die Wandler sind mit Hochstromstiften bestückt, über die in die Verdrahtungsplatte eingespeist wird. Dem Modularitätsprinzip folgend lassen sich Einschübe in beliebiger Teilung in den Baugruppenrahmen stecken.

11.3.2.3 Rückwandverdrahtung

Der Rückwandverdrahtung (Bild 11.26) kommt in der Bauweise eine besondere Bedeutung zu. Sie verknüpft die steckbaren Baugruppen mit der Verdrahtung und der Verkabelung zu Funktionseinheiten. Moderne Techniken wie Einpreßtechnik und durchmetalliesierte Leiterplatten prägen ihr Aussehen. In zukünftigen Systemen sind von der Rückwandverdrahtung folgende Funktionen zu erfüllen:

— Aufnahme der Leiterplattenstecker, der Kabelstecker und der Anschlüsse für externe Verbindungen.
— Mechanische Begrenzung für die Baugruppen und Einschübe.
— Induktionsarme Stromzuführung zu den Baugruppen.
— Definierte elektrische Verknüpfung der Signale.
— Verminderung der elektromagnetischen Koppelungen zwischen den Verbindungen.
— Bereitstellung zusätzlicher Verbindungsmöglichkeiten in Wickeltechnik.

Diese Funktionen führen zu einer Rückwandverdrahtung, die im Bild 16.26 folgenden Aufbau zeigt:

— Verdrahtungsplatte als gedruckte Schaltung.
— In die Platte eingepreßte Stifte zur Kontaktgabe zwischen Baugruppe, Verdrahtungsplatte und Steckkabel.
— Aufgesteckte Gehäuse zur Aufnahme der Federleisten.
— Am Baugruppenrand angeschraubte Halterungen zur Aufnahme der Kabelstecker und deren Verriegelung.
— In die Verdrahtungsplatte eingeschraubte Hochstromstifte und eingelötete Flachstecker, über die die Stromzuführung vom Spannungswandler zur Verdrahtungsplatte verläuft.
— Eingelötete Stromschiene zur optimalen Stromverteilung.

Wie schon erwähnt, sind die Verdrahtungsplatten als gedruckte Schaltungen ausgeführt. Dabei ist das Leiterbild so ausgelegt, daß das Erdpotential auf der Baugruppenseite und die Betriebsspannung gemeinsam mit den Signalleitungen auf der rückwärtigen Verdrahtungsseite liegen.
Sollte wegen der Verknüpfungsdichte eine mehrlagige Verdrahtungsplatte erforderlich sein, liegen das Erdpotential und die Betriebsspannung auf den inneren Lagen und die Signalleitungen auf den Außenlagen. Das Erdpotential und die Betriebsspannungen sind großflächig ausgeführt, um eine induktionsarme Stromzuleitung und eine wirkungsvolle Schirmung der Signale zu erreichen.
Alle Verdrahtungsplatten haben dieselbe Höhe, während die Länge der Platten die jeweilige Funktionseinheit bestimmt. Aus Festigkeitsgründen ist ein 3,2 mm starkes Glasexpoxidmaterial nach DIN 40 801 gewählt worden.
Eine 3,2 mm starke Platte verlangt auch eine zuverlässige Einpreßtechnologie. Hier wird ein Metallstift, dessen Einpreßzone federnd gestaltet ist, in das durchmetallisierte Loch einer Verdrahtungsplatte eingepreßt. Die Stiftabmessungen und die Lochspezifikation sind so aufeinander abge-

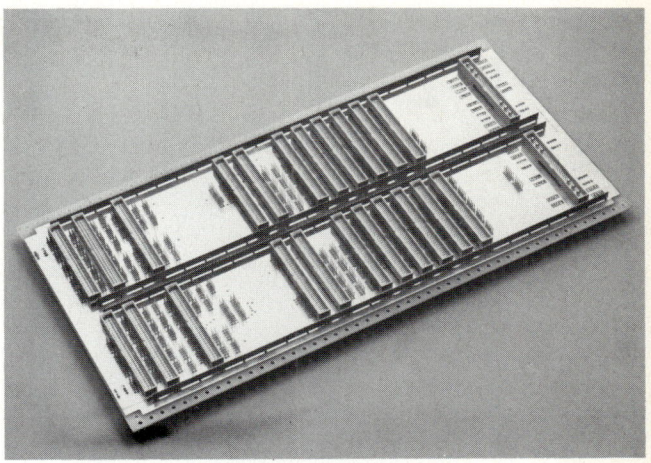

Bild 11.26 Rückwandverdrahtung

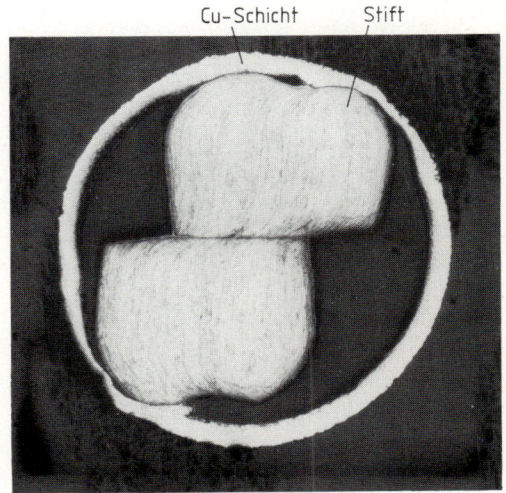

Bild 11.27 Schnitt durch Einpreßverbindung

stimmt, daß eine zuverlässige elektrische Verbindung entsteht. Das Einpressen der Stifte kann einzeln oder kammweise geschehen. Die einzelnen Stifte lassen sich verschieden tief einpressen und ermöglichen so eine Kontaktverteilung, die in manchen Fällen zum Schutz der Bauelemente vor elektrostatischen Aufladungen notwendig ist. Im Bedarfsfall läßt sich eine solche Einpreßverbindung leicht reparieren. Der auszuwechselnde Stift ist herauszuziehen und durch einen neuen zu ersetzen. Bild 11.27 zeigt eine Einpreßverbindung und Bild 11.28 ein Einpreßwerkzeug für Kämme. Die Vorteile der Einpreßtechnik sind:

— Einfache Teile.
— Hohe Aufbaudichte.
— Einfache und voll automatisierbare Fertigung
— Gasdichte und vibrationsfeste Verbindung.
— Kontaktvoreilung.

Bild 11.28 Einpreßwerkzeug

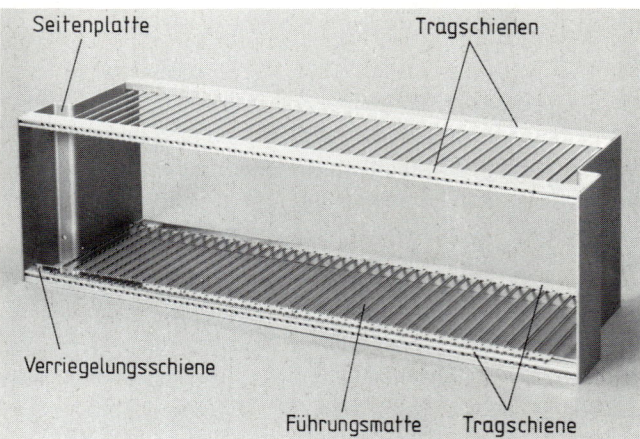

Bild 11.29 Baugruppenrahmen

11.3.2.4 Baugruppenrahmen

Die Konstruktionsprinzipien Baukastensystem und Modularität bestimmen das Konzept des Baugruppenrahmens. Nur ein Rahmentyp ist notwendig, der als selbständige mechanische Einheit folgende Funktionen zu erfüllen hat:

- Tragen und zuordnen der Baugruppen und der Rückwandverdrahtung.
- Führen und verriegeln der Baugruppen.
- Schützen der Baugruppen vor mechanischer und elektrischer Einwirkung.
- Ermöglichen einer optimalen Entwärmung der Baugruppen.
- Tragen der Kennzeichnung und Beschriftung.
- Erzielen eines gefälligen Aussehens.

Die Verwendung von möglichst wenig und einfachen Konstruktionsteilen führen zu einem Rahmen bestehend aus zwei Seitenplatten, vier Tragschienen aus Aluminiumstrangpreßprofil und zwei Führungsmatten aus Stahl. Selbstformende Schrauben verbinden die Tragschienen mit den Seitenplatten. In die Aluminiumprofile eingelegte Lochstreifen dienen zur Befestigung der Führungsmatten und der Rückwandverdrahtung. Zur Erzielung einer optimalen Entwär-

mung der Baugruppen ist ein Baugruppenraster (Abstand der Baugruppen zueinander) von 25,4 mm gewählt worden. An der Vorderseite des Rahmens liegt in der unteren Tragschiene die Verriegelungsschiene, die alle Baugruppen gegen Herausziehen gleichzeitig verriegelt oder bei Bestätigung entriegelt. Bild 11.29 zeigt den Aufbau eines Baugruppenrahmens.

Die Seitenplatten, die Tragschienen und die Führungsmatten sind über die Schraubbefestigungen im Gestellrahmen mit der Schutzerde elektrisch leitend verbunden.

11.3.2.5 Sicherungsrahmen

Ebenso wie der Baugruppenrahmen stellt der Sicherungsrahmen eine selbständige, mechanische Einheit dar mit den Funktionen:

- Bauelemente aufnehmen für Stromverteilung, Absicherung und Signalisierung.
- Kabel und Leitungen führen.

Die Bilder 11.30 und 11.31 zeigen die Vorder- und Rückseite des Rahmens. An der Vorderseite des aus Aluminiumblech gefertigten Sicherungsrahmen sind die Aufreihklemmen und Sicherungen angeordnet. Die Klemmen rasten hierbei in ein

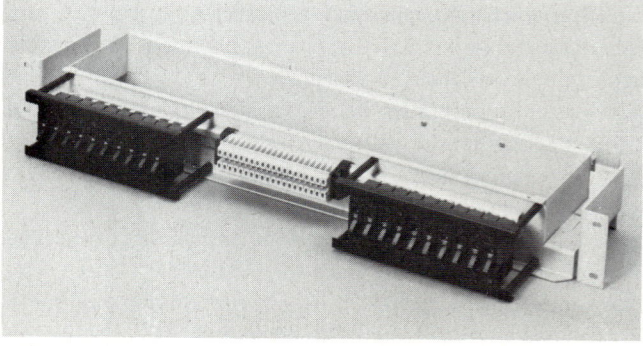

Bild 11.30 Sicherungsrahmen Frontseite

genormtes DIN-Profil ein. Die Anzahl der Sicherungen und Klemmen richtet sich nach dem Aufbau der Anlage.

An der Rückseite sind die Aufnahme- und Übergabestecker für die Signalisierung montiert. Die Bügel an der Rückseite nehmen weiterführende Systemkabel und Stromversorgungsleitungen auf. Zur optimalen Entwärmung des Gestells ist der mittlere Teil des Sicherungsrahmens frei. Nach Bedarf können hier zusätzliche Lüfter eingebaut werden, wenn die Entwärmung durch natürliche Konvektion nicht ausreicht. Der Einbauplatz befindet sich deshalb — und aus Gründen der Zugänglichkeit zu den Sicherungen — am obersten Einbauplatz im Gestell.

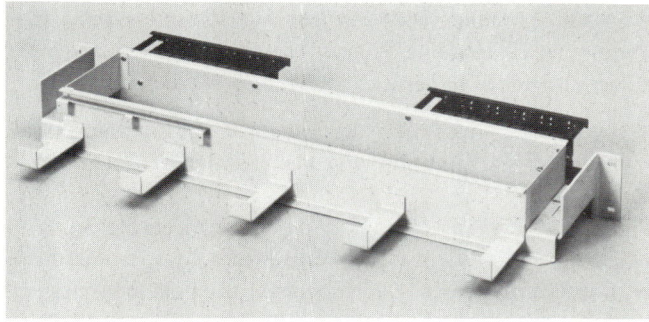

Bild 11.31 Sicherungsrahmen Rückseite

11.3.2.6 Schrankrahmen

Der Schrankrahmen ist als eine selbständige und freistehende Einheit ausgeführt, die die Aufgaben übernimmt:

- Tragen und zuordnen der Baugruppenrahmen, Sicherungsrahmen, Leitungen und Kabel.
- Halten der Verkleidungsteile wie Türen, Blenden und Kabelkanäle.
- Schützen der Einbauteile vor Beschädigung während des Transports und am Aufstellungsort.
- Ausgleichen von Niveauunterschieden des Bodens.

Aus diesen Aufgaben und den Konstruktionsprinzipien — wenige einfache Teile und Baukastensystem —, leitet sich die Schrankrahmenstruktur ab, bestehend aus zwei gleichen Rahmen (oberer und unterer) und zwei gleichen Seitenholmen. Die beiden Rahmen sind aus Vierkantrohr geschweißt und so dimensioniert, daß alle Einbauteile die Rahmenaussenmaße nicht überschreiten. In den Ecken der Rahmen eingeschweißte Knotenbleche nehmen im unteren Rahmen die Auflageplatten mit der Niveaueinstellung und im oberen Rahmen die Transportösen auf. Bild 11.32 zeigt einen Schrankrahmen.

Die Holme, die mit den beiden Rahmen verschweißt sind, tragen die Baugruppenrahmen, die Sicherungsrahmen, die

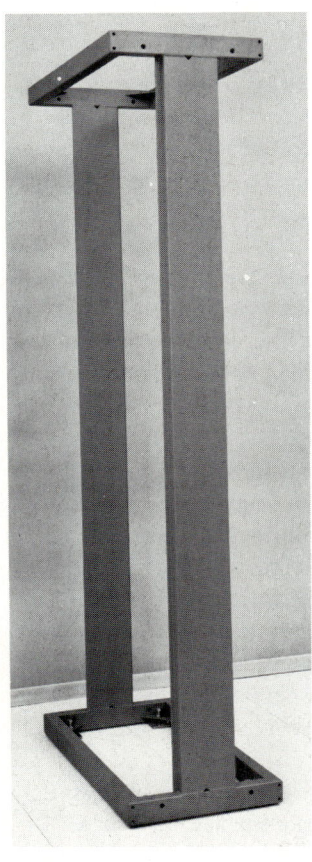

Bild 11.32 Schrankrahmen

Bild 11.33 Schrankrahmen bestückt, von vorn

Bild 11.34 Schrankrahmen bestückt, von hinten

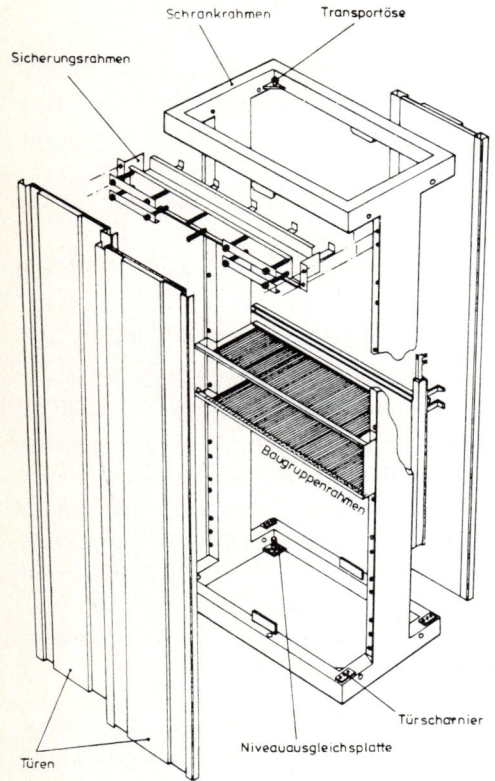

Bild 11.35 Schrankrahmen, Darstellung des Zusammenbaus

Erdschienen und die Kabelkanäle. Bild 11.33 zeigt die Aufteilung im Schrankrahmen, Bild 11.34 die Rückansicht mit den Kabelkanälen und Bild 11.35 die Darstellung des Zusammenbaus.

Die Baugruppenrahmen und die Sicherungsrahmen sind von vorne mit jeweils vier Schrauben zu montieren. Die Schraubverbindung stellt auch gleichzeitig die elektrische Verbindung mit der Schutzerde sicher. An der Rückseite der Holme sind die vertikalen Erdschienen und die horizontalen Kabelkanäle befestigt. Außerdem stehen für die horizontale Kabelführung sogenannte Kabelwannen zur Verfügung, die beliebig in den oberen oder unteren Rahmen eingelegt werden können.

Die Verkleidung der Gestellrahmen besteht aus Türen, Blenden, Schutzgittern und Endrahmen. Die Türen sind austauschbar und können gelocht oder ungelocht, verschließbar oder mit Magnetverschluß ausgeführt sein. Gelochte Türen finden ihren Einsatz bei reiner Konvektionskühlung. Alle Türen haben den gleichen Grundaufbau. Die vertieften Flächen sind gelocht oder nicht und die erhabenen Flächen sind als durchgehende Griffleiste bzw. als Gegenstück für das am Gestellrahmen befestigte Schranier ausgebildet. Durch die Lage des Drehpunkts und die Form des Türprofils lassen sich die Türen um 180 ° öffnen. Eine steckbare Leitung verbindet die Türen mit der Sicherheitserde im Schrankrahmen.

Die Blenden decken den oberen Rahmen ab. Sie tragen die aufgedruckte Kennzeichnung und die einschnappbaren Alarmlampen. Das Schutzgitter bildet den oberen Abschluß des Schrankrahmens.

Angepaßt an nationale (DIN) und internationale Normen der elektrotechnischen Industrie lauten die Abmessungen der Gestellrahmen:

– Schrankrahmenhöhe 2100 mm
– Schrankrahmenbreite 900 mm
– Schrankrahmentiefe 450 mm

11.3.3 Anlagengestaltung

Mehrere Schränke elektrisch und mechanisch miteinander verbunden bilden eine Anlage. Hierbei sind unter anderem folgende Punkte zu berücksichtigen:

– Optimale Anordnung der Schränke hinsichtlich ihrer elektrischen Funktion und der räumlichen Gegebenheiten.
– Führung der Verkabelung und der Stromversorgung.
– Optimale Entwärmung der Gestelle und des Raumes.
– Einrichtung eines Bedienplatzes nach ergonomischen Gesichtspunkten.
– Installierung von Servicehilfen wie Steckdosen für 220 V Beleuchtung und Wartungsplatz.

11.3.3.1 Schrankreihenaufbau

Die vorgestellte SEL-Bauweise ermöglicht es, daß alle Anlagenvarianten aus einem einheitlichen Bauweisen-Baukasten kombiniert werden können. Nach Bedarf lassen sich in die Schrankreihen sowohl die peripheren Geräte, die System- und Stromverteiler, als auch die Übertragungs- und Vermittlungseinheiten montieren.

Die kleinste Anlage besteht aus einem einzelnen freistehenden Schrank, während sich größere Anlagen aus mehreren Schrankreihen zusammensetzen. Die größeren Schrankreihenaufbauten entstehen durch das Aneinanderreihen von Schränken nach einem festgelegten Aufbauplan, der die elektrischen Funktionen, die Verkabelung, die Stromversorgung und die Räumlichkeiten berücksichtigt.

Die Schränke sind durch Schrauben miteinander verbunden. Somit ergibt sich eine steife, freistehende und kompakte Schrankreihe. Vier Niveauausgleichplatten pro Schrank gleichen Unebenheiten des Fußbodens aus.

Sogenannte Endrahmen verkleiden die Enden der Schrankreihen. Kennzeichen und Numerierung an den Endrahmen und den Schrankblenden stellen die Raumordnung entsprechend dem Aufbauplan dar. Bild 11.36 zeigt das Aufbauprinzip.

Normalerweise sind die Schrankreihen so angeordnet, daß Vorder- und Rückseite der Schränke frei zugänglich sind. Bei kleineren Anlagen oder bei begrenzt verfügbaren Raum können die Schränke auch mit dem Rücken an der Wand aufge-

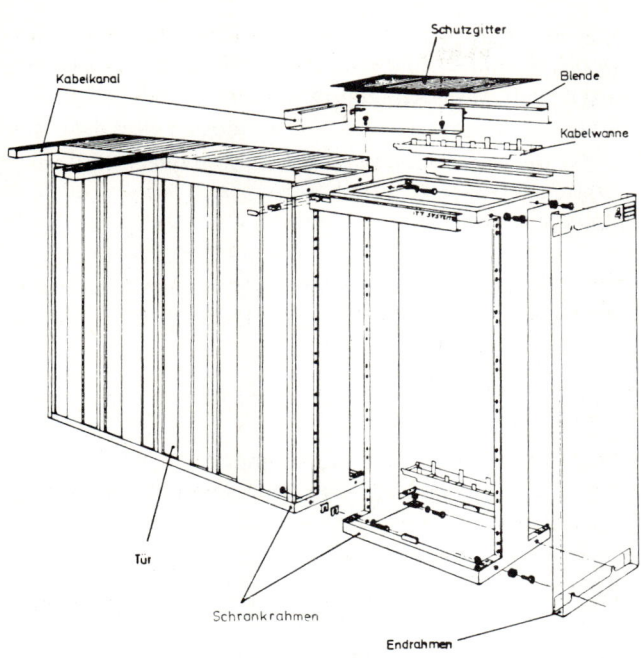

Bild 11.36 Prinzip des Schrankreihenaufbaus

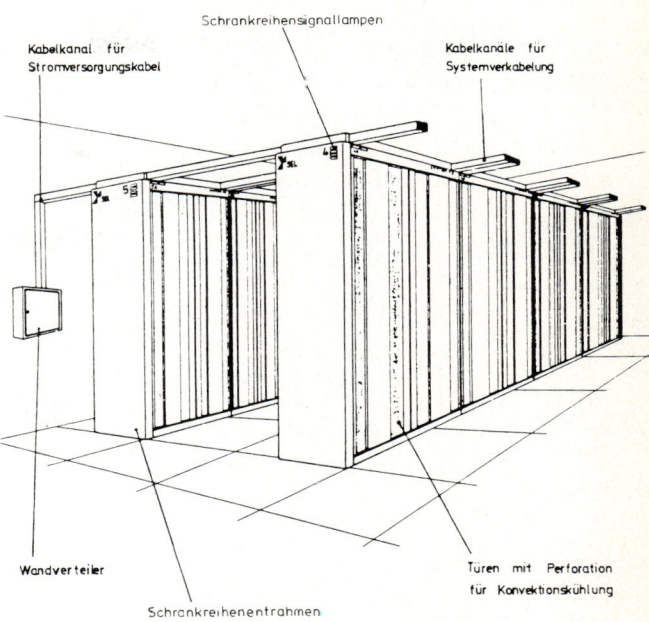

Bild 11.37 Systemaufbau auf Fußboden

stellt sein. In diesen Fällen stehen sie auf Laufrollen, mittels derer ein freier Zugang zur Gestellrückseite erreichbar ist.
Am Aufstellungsort muß dafür gesorgt werden, daß der Fußbodenbelag elektrisch leitend ist, damit sich keine statischen Aufladungen bilden können, die spannungsgefährdete Bauelemente zerstören.

Bei größeren Vermittlungsstellen mit mehr als drei Schrankreihen empfiehlt sich der Aufbau auf einen Rechner-Fußboden, der folgende Funktionen übernehmen kann:

- Zugfreie Zuführung der Kühlluft zur Entwärmung der Gestelle.
- Zuführung der Stomversorgungsleitungen ohne besondere Halterungen.
- Freie Verlegung der Systemkabel.
- Definierte elektrische Fußbodenerdung und gute Ableitung statischer Aufladungen.
- Wirksame Flächenschirmung.
- Unterbringung von Servicehilfen wie 220 V Steckdosen in den Bodenplatten.

Bild 11.37 zeigt den Aufbau bei einem Normalfußboden und Bild 11.38 bei einem Rechnerfußboden.

11.3.3.2 Verkabelung

Steckbare Systemkabel verbinden die Funktionseinheiten elektrisch miteinander.
Da sich die Frequenzen in der PCM-Technologie im unteren und mittleren MHz-Bereich bewegen, müssen auch dementsprechend die Kabeltypen ausgelegt sein. Je nach Laufzeit-, Impedanz- und Störbedingungen kommen Rundkabel,

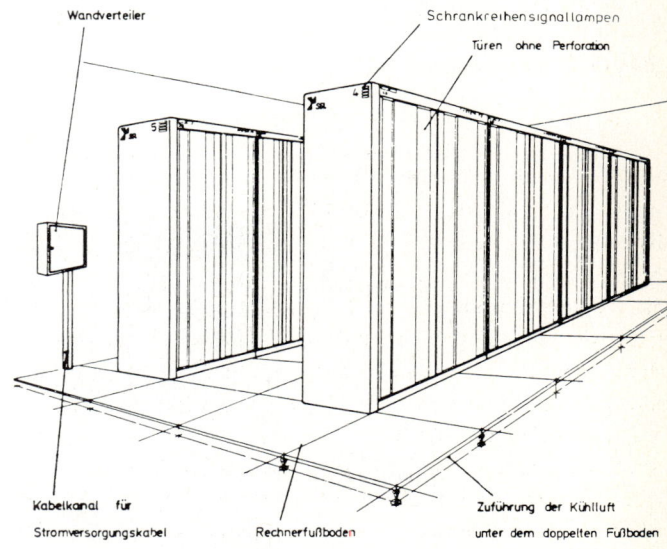

Bild 11.38 Systemaufbau auf Rechner-Fußboden

Flachbandkabel und Koaxialkabel zum Einsatz. Alle Kabeltypen sind in Schneid-Klemm-Verbindungen mit den Kabelsteckern kontaktiert. Bild 11.39 zeigt die verschiedenen Kabeltypen.
Um eine schnelle und fehlerfreie Montage der Steckkabel zu gewährleisten, tragen die Kabelenden eine Kennzeichnung. Sie setzt sich zusammen aus der Sachnummer, die den Kabeltyp und die Kabellänge festlegt, und die Adressierung, die die Start- und Zielangaben für die Verlegung nach der Kabellegeliste vorgibt.

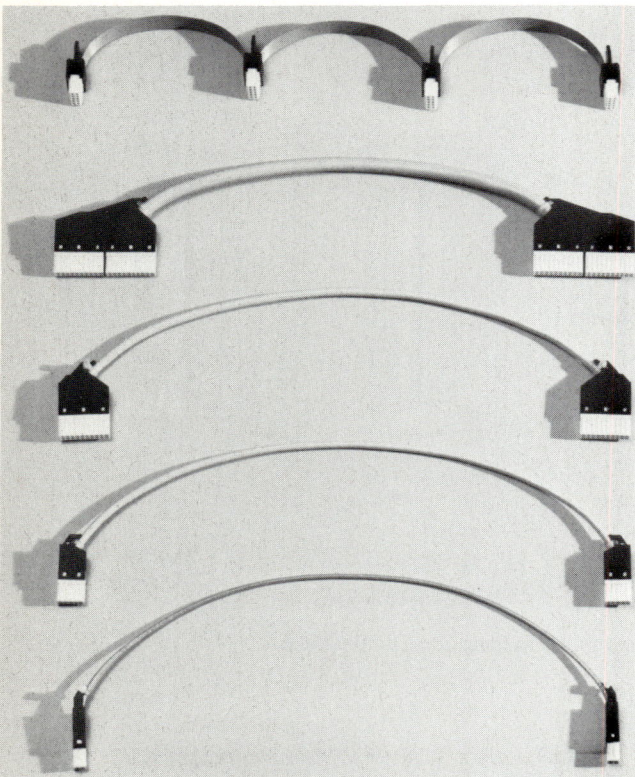

Bild 11.39 Steckkabelfamilie

Die gesamte Systemverkabelung wird als Einheit mit der Vermittlungseinrichtung im Werk geprüft. Zur Auslieferung gelangen voll bestückte Schrankrahmen einschließlich der internen Schrankverkabelung. Am Aufbauort wird dann nur noch die Verkabelung von Schrank zu Schrank ergänzt.

In Vermittlungsanlagen tritt häufig das Problem auf, die Vielzahl der Kabel in den Schränken zu führen. Die Entwicklung der beschriebenen Bauweise beachtet diesen Umstand. Eine reiche Auswahl an Kabelführungswegen steht zur Verfügung, um eine möglichst uneingeschränkte Verkabelung zu ermöglichen:

— Vorn und hinten einlegbare Kabelkanäle auf dem Schrankrahmenfuß.
— Sprossen hinter dem Sicherungsrahmen.
— Oben von Schrankreihe zu Schrankreihe verlaufende Kabelkanäle.
— Horizontale und vertikale Kabelkanäle auf der Schrankrahmenrückseite.
— Unter vorhandenem Rechner-Fußboden.
— An der Decke befestigte Flächenroste.

In den Bildern 11.40 bis 11.42 sind die Kabelführungen dargestellt.

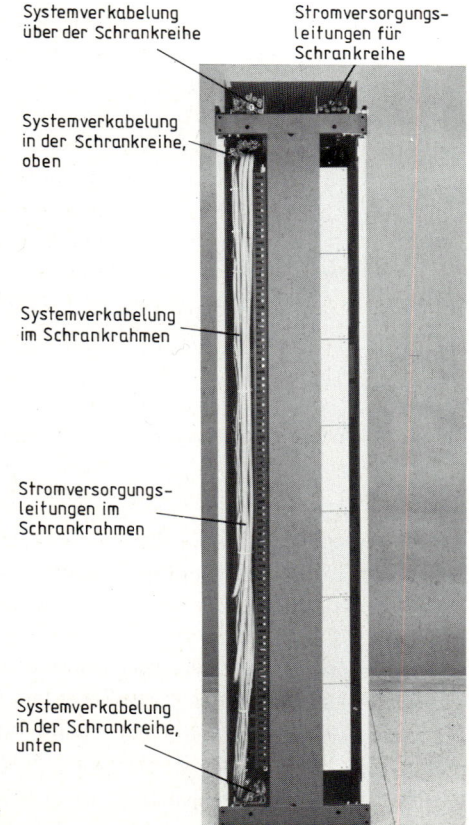

Bild 11.40
Verkabelungswege,
Seitenansicht

Systemverkabelung über der Schrankreihe

Stromversorgungsleitungen für Schrankreihe

Systemverkabelung in der Schrankreihe, oben

Systemverkabelung im Schrankrahmen

Stromversorgungsleitungen im Schrankrahmen

Systemverkabelung in der Schrankreihe, unten

Bild 11.41 Verkabelung auf vorhandenem Flächenrost

Bild 11.42
Verkabelungswege,
Rückansicht

Diese angebotenen Kabelwege erlauben es, das optimale Verkabelungsprinzip auszuwählen je nach Funktion, Schrankanordnung und Wirtschaftlichkeit. Drei Prinzipien kommen hierbei in Betracht, das Orthogonal-, das „Kreuz- und Quer''-, und das Vorhangprinzip. Bei der orthogonalen Verkabelung laufen die Kabel in X- und Y-Richtung in den Kabelkanälen, bei der „Kreuz- und Quer''-Verkabelung ist die Laufrichtung der Kabel willkürlich und bei der Vorhangverkabelung laufen die Kabel über die gesamte Gestellbreite von oben nach unten.

11.3.3.3 Stromversorgung

Die zukünftigen Vermittlungsanlagen benötigen durchweg Gleichspannung als Verteilspannung zur Versorgung der Baugruppen. Diese Spannung liefert eine zentrale Stromversorgungsanlage. Von hier aus wird die Spannung über Schnittstellen verteilt und mit Leitungen an die Schrankrahmen herangeführt. Spannungswandler im Baugruppenrahmen gesteckt, setzen die Verteilungspannung in die einzelnen Arbeitsgleichspannungen für die Funktionseinheiten um.

Die Verteilspannung erzeugt eine geregelte Gleichrichteranlage. Parallel zu dieser sind Batterien geschaltet, die bei momentanen Netzausfall die Stromversorgung der Anlage übernehmen. Die Batterien stehen in einem separaten Raum, damit ihre Säuredämpfe die Anlage nicht beschädigen können.

Die zentrale Verteilung der Stromversorgungs- und Erdleitungen geht vom Stromverteilschrank aus. Dazu dient ein Standard-Schrankrahmen in dem die Verteileinheiten untergebracht sind. Die Aufstellung dieses Rahmens ist beliebig. Er kann sowohl in die Schrankreihe integriert werden, als auch außerhalb der Reihe stehen. Von hier führen Leitungen einerseits zur zentralen Stromversorgungsanlage und zum Erdungspunkt des Gebäudes, andererseits zu den Schrankreihen. Jede der zu den Schrankreihen führenden Leitungen ist im Stromverteil-Schrank abgesichert. Bei kleinen Anlagen, bis zu drei Schrankreihen, geht die Verteilung von einem Wandkasten aus. Der Wandkasten ist im Bild 11.43 abgebildet.

Das Führen der Leitungen vom Verteiler zu den Schränken hängt von der Aufstellung ab. Bei Normalfußboden laufen die Leitungen über die oberen Kabelkanäle, bei Aufstellung auf einem Rechner-Fußboden sind die Leitungen bis zur Schrankreihe unter dem Fußboden verlegt. Entlang der Schrankreihe verlaufen sie dann wieder in den oberen Kanälen.

Abzweigklemmen in Quetsch-Schneid-Technologie übernehmen die Anschlüsse zu den Schrankrahmen. Die Anschlüsse enden an den Sicherungen und Klemmen in Sicherungsrahmen. Von hier aus verteilen steckbare Einzelleitungen die Speisespannung zu den Baugruppen und Spannungswandlern.

Bild 11.43 Wandkasten

Die Erdleitung trennt sich auf in die Sicherheitserde als Berührungsschutz und in die Elektronikerde. Mit der Sicherheitserde sind alle berührbaren metallischen Einheiten verbunden, während die Elektronikerde das „Null"-Potenial für die elektrischen Funktionseinheiten darstellt. Die beiden Erdpotentiale sollen möglichst „weit" weg von den Fuktionseinheiten zusammengeführt sein, damit Schwankungen in der Sicherheitserde die Elektronikerde nicht beeinflussen können.

11.3.3.4 Entwärmung

Vollelektronische Systeme zeichnen sich mehr und mehr aus durch kompakte Aufbauten und zunehmende Miniaturisierung der Bauelemente. Höhere Verlustleistungen pro Raumeinheit und Wärmekonzentration in den Schränken sind die Folge. Damit fällt der optimalen Entwärmung der Anlage eine immer größer werdende Bedeutung zu, können doch in den Schränken Verlustleistungen von über 1200 Watt auftreten. Für eine zuverlässige Funktion der Anlage, dürfen aber die Bauelemente bestimmte Temperaturen nicht überschreiten. Der restliche Teil der Wärme muß abgeführt werden durch natürliche Konvektion oder durch Zwangskühlung. Beide Möglichkeiten müssen durch die Bauweise realisierbar sein. Welche vorrangig zum Einsatz kommt hängt von der Größe der Anlage, den räumlichen Gegebenheiten und der Verlustleistung in den Schränken ab.

Kleinere Anlagen, die auf Normalfußboden stehen, werden hauptsächlich durch die natürliche Konvektion entwärmt. Dazu bietet die Bauweise perforierte Türen an, die über die gesamte Höhe Kühllufteintritt zulassen. Bei der reinen Konvektionskühlung ist darauf zu achten, daß sich eine gute Kaminwirkung zwischen den Baugruppen über die gesamte Schrankhöhe ausbilden kann, können doch Luftgeschwindigkeiten von 0,6 m/s und mehr auftreten. Das bedeutet nicht zu geringe Abstände zwischen den Baugruppen vorsehen und die Baugruppen mit den höchsten Verlustleistungen im untersten Baugruppenrahmen unterbringen. Vorteilhaft ist auch eine gleichmäßige Verteilung der Verlustleistung über die Schrankbreite. Steht keine Klimaanlage zur Verfügung, muß der Raum so groß ausgelegt sein, daß sich die warme Luft aus den Schränken wieder ausreichend abkühlen kann. Ist eine zusätzliche Kühlung in den Schränken erforderlich, so lassen sich im Sicherungsrahmen Lüfter und in der Schrankmitte Wärmeableitbleche montieren. Die Lüfter saugen die warme Luft aus den Schränken und geben sie an den Raum ab. Das Wärmeableitblech, anstelle eines Baugruppenrahmens über die gesamte Schrankbreite montiert, verhindert, daß die im unteren Teil des Schranks erwärmte Luft in den oberen Bereich gelangt und dort zu unzulässigen Übertemperaturen führt.

Bei großen Anlagen auf Rechnerfußboden stehend bietet sich an, die Kühlluft von einer zentralen Klimaanlage aus von unten in die Schränke einzublasen und die Warmluft in Kanälen über den Schrankreihen abzusaugen. Dafür erhalten

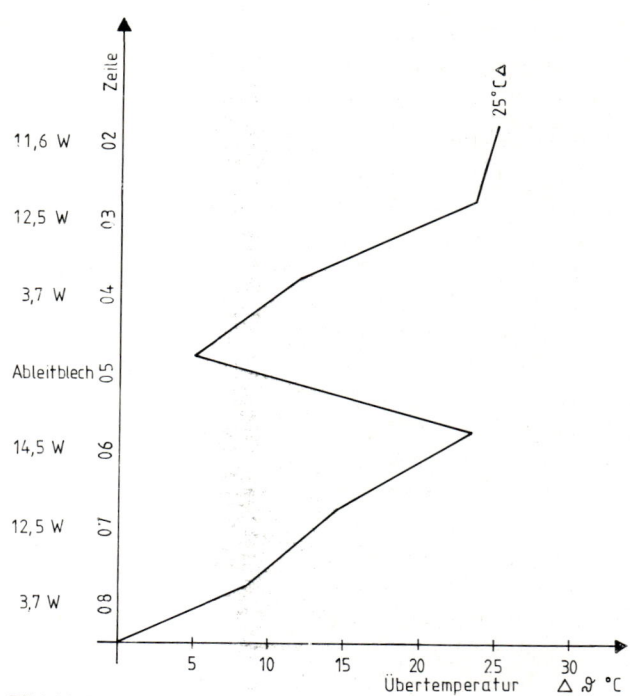

Bild 11.44 Temperaturprofil

die Bodenplatten unter den Schränken entsprechende Öffnungen für den Lufteintritt. Die Türen müssen hierbei unperforiert sein, um den Druckverlust der Kühlluft über die Schrankhöhe in Grenzen zu halten. Bei dieser Art der Zwangskühlung ist darauf zu achten, daß durch den Luftzug und den Geräuschpegel die Behaglichkeitsgrenze für das Personal nicht überschritten wird.

In der Praxis wird es immer notwendig sein, jede Schrankkonfiguration hinsichtlich der Entwärmung zu testen und somit die optimale Schrankbelegung zu finden. Ein typisches Temperaturprofil zeigt das Bild 11.44. Die angegebenen Watt-Werte sind Verlustleistungen je Baugruppe in einem bestimmten Kamin, der sich durch den Baugruppenabstand ergibt.

11.3.3.5 Bedienbarkeit und Wartung

Zur Bewertung einer Anlage zählen mit zunehmender Tendenz die Bedienbarkeit und die Wartung einer solchen. Moderne rechnergesteuerte Systeme weisen hochkomplexe Verknüpfungen auf, so daß ein bedienungs- und wartungsfreundlicher Aufbau einer Anlage unumgänglich ist. Der Schwerpunkt hierbei liegt, daß zu jeder Zeit Störungen oder Zustandsänderungen des Systems schnell erkannt werden können und momentane Eingriffs-, Änderungs- und Austauschmöglichkeiten gegeben sind.
Erreichen läßt sich dies durch:

– Einen leicht überschaubaren Aufbau der Anlage.
– Eine Kennzeichnung für eine schnelle Identifizierung der Funktionseinheiten.

- Eine übersichtliche Dokumentation und Logistik.
- Einen Bedienplatz für schnelle Eingriffe in das System.
- Leichten Zugang zu den Funktionseinheiten.

Bei Bedarf müssen das Bedien- und Wartungspersonal einen raschen Gesamtüberblick über die Anlage und das System haben. In modernen Anlagen findet die Kommunikation zwischen Mensch und System über den Bedienplatz statt, der nach ergonomischen Gesichtspunkten gestaltet sein muß. Meist setzt sich ein solcher Bedienplatz aus einem Bildschirmgerät, einer Eingabetastatur und einem Schnelldrukker zusammen. Von hier aus können Eingriffe in das Programm vorgenommen oder Störungen im System beseitigt werden. Zustandsänderungen jeglicher Art druckt der Schnelldrucker aus, so daß das Bedien- oder Wartungspersonal sofort darauf reagieren kann. In den Schränken selbst sind, wo erforderlich, Bedienfelder montiert zum Anschalten entsprechender Prüfeinrichtungen.

Die Wartung moderner Anlagen wird umso leichter, je mehr diese nach dem modularen Aufbauprinzip erstellt sind. Das Konstruktionsprinzip volle Steckbarkeit erleichtert noch wesentlich die Wartung. Fällt zum Beispiel eine Baugruppe aus, so wird diese durch eine neue ersetzt. Der Hersteller sollte dann die Reparatur der ausgefallenen Baugruppe übernehmen. Das bedeutet allerdings, daß der Hersteller je nach Wichtigkeit der Funktion und nach der Ausfallwahrscheinlichkeit Ersatzbaugruppen einlagern muß. Für Reparaturen sind Spezialwerkzeuge zu vermeiden. Normal übliche Werkzeuge wie z. B. Schraubenzieher, Lötkolben und Abisolierzange müssen dafür z. B. genügen.

11.3.3.6 Installation und Erweiterung

Um den Installations- und Prüfaufwand am Aufbauort in Grenzen halten zu können, muß für zukünftige Anlagen das Installationsprinzip lauten: Hinstellen und Einschalten. Das bedeutet allerdings, daß ein großer Teil der bisher am Aufbauort notwendigen Arbeiten in die Fertigungsstätten zu verlegen ist. Die Anlagen werden dort komplett aufgebaut und getestet. Zum Aufbauort gelangen nur noch vollbestückte Gestelle, die dann aneinandergereiht und verkabelt werden müssen. Mit handelsüblichen Transportrollern lassen sich die freistehenden Gestelle an jede beliebige Stelle des Aufbauorts fahren. Nach der Verkabelung und der Verle-

gung der Stromversorgungsleitungen schließt das Anbringen der Schrankverkleidung den Aufbau ab.

Zukünftige Anlagen tragen keine besonderen Vorleistungen für spätere Erweiterungen. Die Bauweise und Systeme sind so konzipiert, daß eine bestehende Anlage ohne Betriebsunterbrechung beliebig erweiterbar ist. Dies läßt sich durch eine modulare Bauweise und eine dezentrale Systemkonfiguration erreichen.

11.4 Ausblick

Die Ausführungen hatten das Ziel, die Anforderungen an zukünftige rechnergesteuerte digitale Vermittlungsanlagen aufzuzeigen und welche Lösungen sich anbieten, die Forderungen zu erfüllen. Im wesentlichen waren dies:

- Freistehende Schrankreihen.
- Volle Steckbarkeit.
- Baukastenprinzip.
- Modularer Aufbau.

Dem Wunsch nach kürzeren Zugriffszeiten für Informationen und höheren Informationsfluß kann in Zukunft nur durch schnellere Kommunikationssysteme entsprochen werden. Die digitale Technik mit ihren Vorteilen gegenüber der Analogtechnik trägt zur Realisierung bei. Mit ihrer Einführung lassen sich neue Anwendungen finden wie:

- Digitale Teilnehmereinrichtungen.
- Bestellungen über Telefonnetz.
- Bildschirmtextzentralen.
- Schnellkopiersysteme über Telefonnetz.
- Anschluß an Rechenzentralen.

Neue Bauelemente- und Verfahrenstechnologien müssen dafür entwickelt werden, und es läßt sich schon heute absehen, welche konstruktiven Aufgaben in Zukunft zu lösen sind:

- Neue Verbindungstechnologien zur Einsparung von Edelmetallen und zur Erzielung höherer Packungsdichten.
- Entwärmung der Anlagen.
- Rückgewinnung von Energie.

Gerade der letzte Punkt wird in Zukunft an Bedeutung gewinnen, wenn die Energiekosten weiterhin so kräftig steigen.

Sachwortverzeichnis

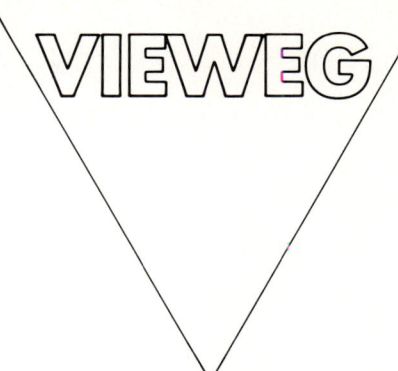

Helmut Müller

Konstruktive Gestaltung und Fertigung in der Elektronik

Band 1: Elementare integrierte Strukturen
Mit 456 Abbildungen, 80 Tafeln und zahlreichen Arbeitsdiagrammen im Anhang. 1981. X, 326 S. 21 X 28 cm. Gebunden

Inhalt: Einführung — Werkstoffe, Basismaterialien, Substrate — Verfahrenstechnologische Grundlagen — Gestaltungsparameter der Druckvorlagen — Gestaltungsverfahren für Druckvorlagen, Druckoriginale und Druckwerkzeuge — Gedruckte Bauelemente — Gedruckte Schaltungen — Anhang mit Arbeitsdiagrammen.

Unter elementaren integrierten Strukturen sind jene Formen der Verdrahtungs- und Schaltungsintegration zu verstehen, die z.B. unter den Bezeichnungen gedruckte Schaltungen, gedruckte Verdrahtungen, Multilayer, preßlaminierte Mikrowellenschaltungen, flexible gedruckte Schaltungen die Basis ökonomischer Systemkonzeptionen der Elektronik bilden. Band 1 der Reihe „Konstruktive Gestaltung und Fertigung in der Elektronik" behandelt diese Integrationsformen und zeigt anwendungsorientierte Problemlösungen auf.

Der Autor hat diesen ersten Band als ein Konstruktionswerk konzipiert. Deshalb spricht es all diejenigen an, Studenten wie auch in der Elektroindustrie Tätige, die mit der konstruktiven Gestaltung elementarer integrierter Strukturen befaßt sind. Der Verfahrenstechnologie und der Dimensionierung der Leiter- und Elementstrukturen wird ein weiter Raum gegeben.

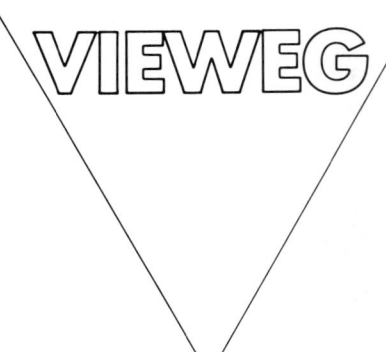

Helmut Müller (Hrsg.)

Zeichnungen, Darstellungen, Schaltungsdokumentationen in der Elektrotechnik

Von Karl Hermann Breuer und Helmut Fritzsche. Mit 256 Abb. und 56 Tafeln. 1983. Ca. 200 S. DIN C 5. Kart.

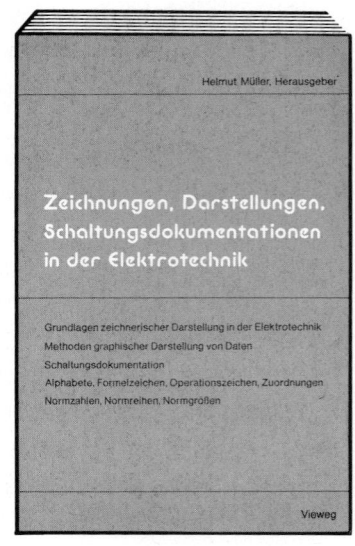

Inhalt: Grundlagen zeichnerischer Darstellung in der Elektrotechnik — Methoden graphischer Darstellung von Daten — Schaltungsdokumentation — Darstellung und Anwendung von Alphabeten, Formelzeichen, Operationszeichen, Zuordnungen — Normzahlen, Normreihen, Normgrößen.

Das Buch vermittelt die Symbolsprache der Elektrotechnik im Bereich des Zeichnungswesens und der Anwendung. Durch seine Konzeption eignet es sich nicht nur für die studentische Ausbildung an Hochschulen und als Handbuch für die praktische Ingenieurarbeit, sondern durch den hohen Grad an Praxisorientiertheit auch für den Einsatz in Berufsfachschulen und generell im Berufsfeld Elektrotechnik.